Der Kesselwärter

Ein Lehrbuch für Wärter von Dampfkessel- und Heizanlagen

Herausgegeben von

Dipl.-Ing. Heinz Huppmann,
Oberingenieur

Ing. Georg Zeller,
Oberinspektor

des Technischen Überwachungs-Vereins München

Mit 184 Bildern

München und Berlin 1939

Verlag von R. Oldenbourg

Vorwort.

In den Kesselwärterlehrgängen und bei der Unterweisung von Heizern ist immer wieder der Wunsch nach einem Buche ausgesprochen worden, das in übersichtlicher Form das im Unterricht und in den Übungen Besprochene nachzulesen gestattet.

Diesem Bedürfnis Rechnung tragend, haben wir versucht, auf Grund der bei den abgehaltenen Kesselwärterlehrgängen und der gelegentlich der Kesselprüfung in den einzelnen Betrieben gemachten Erfahrungen das für den Kesselwärter Wissenswerte an Hand der vom Reichs- und Preußischen Wirtschaftsminister herausgegebenen Richtlinien in übersichtlicher Weise darzustellen. Unser Ziel ist dabei gewesen, nicht über die Vor- und Nachteile dieser oder jener Einrichtung zu rechten, sondern dem Kesselwärter zu helfen, die ihm anvertraute Anlage in bezug auf Sicherheit und Wirtschaftlichkeit einwandfrei zu führen.

Der erste Abschnitt (Allgemeiner Teil) ist für den Hoch- und Niederdruckkesselwärter bestimmt, während der zweite Abschnitt nur dem Hochdruckkesselwärter und der dritte Abschnitt dem Wärter von Niederdruckdampf- und Warmwasserheizungsanlagen gewidmet ist.

Durch diese Trennung und durch eine scharfe Unterteilung der einzelnen Abschnitte haben wir versucht, aus dem Lehrbuch zugleich auch ein Nachschlagebuch für jeden zu machen, der mit der Wartung von Dampfkessel- und Heizungsanlagen zu tun hat.

Bei der Reichhaltigkeit des ganzen Stoffes ist es nicht zu umgehen gewesen, das eine oder andere Gebiet kurz zu fassen oder nur zu streifen. Sollte sich dies als Lücke erweisen, so bitten wir, uns Mitteilung zu geben, damit bei der nächsten Auflage abgeholfen werden kann.

Möge das Buch dazu beitragen, den mit der Wartung von Kessel- und Heizanlagen Betrauten die Möglichkeit zu verschaffen, ihr Wissen und Können zu vertiefen und in der Praxis entsprechend zu verwerten.

Bei der Bearbeitung sind uns viele Fachgenossen helfend und beratend zur Seite gestanden.

Unser Dank gilt im besonderen

Herrn Dr.-Ing. Dipl.-Ing. Ferd. Schweisgut, Vorstand des chem. Labor. des Technischen Überwachungs-Vereins München, der den Abschnitt Speisewasserpflege behandelt hat,

IV

Herrn Dipl.-Ing. H. Aull, Obering. des Technischen Überwachungs-Vereins München, der an der Gesamtbearbeitung des ganzen Stoffgebietes verdienstvollen Anteil hat, und nicht zuletzt

der Direktion des Technischen Überwachungs-Vereins München, die die Herausgabe des Buches mit Rat und Tat gefördert hat.

Allen Firmen, die uns die notwendigen Zeichnungen und Bildstöcke zur Verfügung gestellt und praktische Hinweise gegeben haben, sowie dem Verlag, der sich um eine würdige Ausstattung des Buches bemüht hat, sei auch an dieser Stelle herzlichst gedankt.

München, im April 1939.

Die Verfasser.

Inhaltsverzeichnis.

I. Allgemeines.

A. Aufgabe und Eigenschaften des Kesselwärters.

Der Kesselwärter hat die Aufgabe, die ihm anvertraute Kesselanlage in sicherheitstechnischer und wirtschaftlicher Hinsicht einwandfrei zu warten. Er muß sich dabei befleißigen, den Betrieb jederzeit mit der benötigten Dampfmenge unter sparsamster Verwendung des Brennstoffes zu versorgen und die Anlage in einem solchen Zustand zu erhalten, daß weder für ihn und seine Arbeitskameraden, noch für die Umgebung Gefahren entstehen können.

Um diesen Forderungen gerecht zu werden, bedarf es neben körperlicher Eignung, angeborner oder anerzogener Zuverlässigkeit und Nüchternheit, umfangreicher Sachkunde.

Sachkunde besitzt ein Kesselwärter erst dann, wenn er

1. auftretende unvorhergesehene Störungen zu meistern versteht, d. h. wenn er irgendwelche Unregelmäßigkeiten und Gefahren rechtzeitig erkennt und durch richtiges und entschlossenes Handeln beseitigt,
2. unter den gegebenen Betriebsverhältnissen eine möglichst gute Brennstoffausnützung erzielt.

Daher muß der Kesselwärter wissen, wo er einzugreifen hat und was er durch seine Handlungsweise erreicht. Er muß in großem Zuge alle im Kessel sich abspielenden Vorgänge kennen und mit der Wirkungsweise der in seiner Anlage eingebauten Hilfseinrichtungen vertraut sein.

B. Zweck einer Kesselanlage.

Die Kesselanlage hat den Zweck, mit der an den Brennstoff gebundenen Wärme das in einem geschlossenen Hohlkörper befindliche Wasser in Dampf von höherer als atmosphärischer Spannung zur Verwendung außerhalb des Dampfentwicklers zu verwandeln.

Eine Kesselanlage umfaßt demnach im wesentlichen:

1. die Wärmeerzeugungsanlage,
2. den von der Atmosphäre abgeschlossenen, teils mit Wasser, teils mit Dampf gefüllten Hohlkörper, Kessel genannt, und
3. die Dampfleitung.

Bevor in die Besprechung der Einzelteile einer Kesselanlage eingegangen werden kann, müssen die zum weiteren Verständnis notwendigen, noch nicht so geläufigen Begriffe erläutert werden.

C. Grundbegriffe.

1. Die Temperatur.

Ein Körper, dem Wärme zugeführt wird, fühlt sich

a) in den meisten Fällen wärmer an als vorher,

b) vergrößert in der Regel seinen Rauminhalt durch Ausdehnung und

c) ändert in gewissen Fällen seinen Zustand; er wird entweder weich
oder flüssig, oder er geht in Dampf über.

Den Grad der Erwärmung eines Körpers nennt man seine
Temperatur.

Allerdings hat sich das Gefühl, ob ein Körper warm oder kalt ist,
schon sehr oft als trügerisch erwiesen. Betritt man z. B. an einem
kalten Wintertag einen wenig geheizten Raum, so empfindet man diesen
als warm, während die darin Befindlichen über ein Gefühl der Kälte
klagen können. Man muß sich deshalb nach einem Temperaturmesser
umschauen, der solche menschliche Täuschungen ausschließt. Dazu bedient man sich der zweiten Wirkung der Erwärmung: der Eigenschaft
jener Körper, die sich bei Zuführung von Wärme ausdehnen.

2. Ausdehnung der Körper.

Eine Messingkugel, die bei Zimmertemperatur durch einen Ring
gerade noch hindurchgeht, bleibt nach ihrer Erwärmung im Ring
hängen; sie ist größer geworden. Ein Kupfer- oder Eisenstab wird nach
dem Erwärmen mit einem Gasbrenner länger. Spannt man einen solchen Stab an einem Ende fest ein, so wird eine nächst dem freien Ende
untergelegte Nadel dabei fortgerollt, was mit Hilfe eines Zeigers, der
mit der Nadel fest verbunden ist, leicht nachgewiesen werden kann.
Beim Erwärmen einer vollständig mit Wasser gefüllten Flasche wird
das Wasser in einem durch den Verschlußpfropfen geführten engen Glasröhrchen hochsteigen. Auch die Gase dehnen sich beim Erwärmen aus,
was mit einer leeren, luftdicht verschlossenen Flasche nachgewiesen werden kann, durch deren Kork ein waagrecht umgebogenes enges Röhrchen
führt, das mit einem kleinen Flüssigkeitspfropfen verschlossen ist. Erwärmt man die eingeschlossene Luftmenge durch Eintauchen der Flasche
in heißes Wasser, so wird der kleine im engen Rohr befindliche Flüssigkeitspfropfen fortgeschoben.

Die Ausdehnungen der festen, flüssigen und gasförmigen Körper
verlaufen nach bestimmten Naturgesetzen, so daß diese Eigenschaften
zur einwandfreien Temperaturmessung herangezogen werden können.

Zu jeder Temperatur, die ein bestimmter Körper hat, gehört auch eine ganz bestimmte Ausdehnung. Man braucht also die Ausdehnung eines bekannten Körpers nur zu messen und kann dann auf die herrschende Temperatur schließen.

Auf dieser Tatsache beruhen die meisten Temperaturmesser, die Thermometer, die man aus jedem beliebigen Stoff herstellen kann. Man wählt aber nur solche Stoffe, die in dem Temperaturbereich, der gemessen werden soll, sich möglichst gleichmäßig und stark ausdehnen.

3. Das Thermometer.

Das bekannteste Thermometer ist das Quecksilber-Thermometer. Es besteht aus einem kleinen, mit Quecksilber gefüllten Gefäß, dem Thermometergefäß, an das sich ein sehr enges Glasrohr, das Thermometerrohr, anschließt. Damit sich das Quecksilber im Rohr widerstandslos ausdehnen kann, muß das Rohr oben zugeschmolzen und luftleer sein.

Hält man ein solches Thermometer in schmelzendes Eis, so kann man feststellen, daß das Quecksilber sich solange nicht ausdehnt, bis sämtliches Eis geschmolzen ist. Diesen Punkt heißt man Eispunkt oder Nullpunkt. Erwärmt man das Wasser weiter, so beginnt das Quecksilber sich auszudehnen — man sagt, das Thermometer steigt — bis zu dem Augenblick, in dem sich im Wasser starke Dampfbläschen bilden — bis das Wasser siedet. Dieser Punkt, der Siedepunkt genannt, liegt am Meeresspiegel unter ganz bestimmten Verhältnissen, die später noch erläutert werden, immer bei der gleichen Temperatur.

Um nun Zwischentemperaturen messen zu können, teilt man die Strecke zwischen den beiden Festpunkten nach Celsius in 100 Teile ein, die Grade genannt und als Zahl mit hochgestellter Null — z. B. 25^0 — geschrieben werden. Da in anderen Ländern noch andere Teilungen, wie Réaumur, der die Strecke in 80 Teile einteilt, oder Fahrenheit, der sie in 180 Teile teilt, gebräuchlich sind, wird hinter 25^0 noch ein C (Celsius) oder R (Réaumur) oder F (Fahrenheit) gesetzt, also z. B. 25^0 C oder 20^0 R oder 77^0 F.

In Deutschland ist die Celsiusteilung allein maßgebend.

Die Umrechnung von Celsiusgraden in Réaumurgrade ist sehr einfach; man braucht z. B. 25^0 C nur mit $8/10$ zu vervielfachen und erhält dann $\dfrac{25 \times 8}{10} = 20^0$ R.

Da der Schmelzpunkt des Eises bei Fahrenheit schon bei 32^0 liegt, erhält man Celsiusgrade aus Fahrenheitgraden dadurch, daß man die ^{0}F um 32 vermindert und diesen Rest mit $5/9$ vervielfacht; z. B. 77^0 F entspricht $(77 - 32) \times 5/9 = 45 \times 5/9 = 25^0$ C.

Damit man auch Temperaturen unter 0^0, also unter dem Eispunkt, und über dem Siedepunkt, also über 100^0 C, messen kann, wird die Gradeinteilung nach unten und oben im gleichen Maßstab fortgesetzt. Gewöhnliche Quecksilberthermometer können jedoch nur bis 35º C Kälte (oder — 35º C) und bis 350º C Wärme (+ 350º C) verwendet werden, weil Quecksilber bei etwa — 40º C gefriert und bei etwa + 360º C siedet. Sind tiefere Temperaturen als — 35º C zu messen, so nimmt man als Anzeigeflüssigkeit blau oder rot gefärbten, wasserfreien Alkohol, der erst bei etwa — 100º C gefriert. Höhere Temperaturen als 350º C werden mit gasgefüllten Quecksilberthermometern oder mit besonderen Instrumenten gemessen, auf deren Wirkungsweise bei der Besprechung der Ausrüstungsteile (S. 172) noch eingegangen wird.

4. Wärmemenge.

Bei dem Schmelzversuch des Eises ist die Temperatur trotz Zuführung von Wärme solange nicht gestiegen, als sich noch Eis im Schmelzwasser befunden hat. Die durch die Gasflamme zugeführte Wärme konnte also mit dem Thermometer nicht gemessen werden. Daß aber »etwas« zugeführt worden ist, hat sich dadurch erwiesen, daß das Eis geschmolzen ist. Dieses »etwas« nennt man Wärmemenge.

Die Wärme ist weder ein Stoff, noch ein Körper; sie nimmt keinen Raum ein. Die Wärme ist vielmehr, ähnlich wie die Elektrizität, eine Energieform.

Messen kann man eine Wärmemenge nur dadurch, daß man sie mit einer anderen Wärmemenge, mit einer Wärmemengeneinheit vergleicht.

Als Einheit der Wärmemenge versteht man die Wärmemenge, die notwendig ist, um die Temperatur von 1 kg Wasser um 1º C, und zwar von 14,5º C auf 15,5º C zu erhöhen. Sie heißt Kilokalorie (geschrieben kcal).

5. Luftdruck.

Bei der Besprechung des Thermometers ist behauptet worden, daß der Siedepunkt des Wassers am Meeresspiegel unter ganz bestimmten Verhältnissen immer bei 100º C liegt. Macht man den gleichen Versuch aber an einem anderen Ort — z. B. in München —, so siedet das Wasser schon bei etwa 98º C, auf der Zugspitze sogar schon bei etwa 90º C. Diese Erscheinung ist auf den unterschiedlichen Luftdruck zurückzuführen.

Die Erde ist, wie allgemein bekannt, von einer Luftschicht umgeben, die etwa 75 km hoch ist. Die Luft nimmt also einen Raum ein; sie ist ein Körper und hat daher wie alle Körper auch ein Gewicht. Man kann dies leicht durch eine Vergleichswägung einer Kohlefadenglühbirne in luftleerem und in mit Luft gefülltem Zustand bestätigen. (1 l Luft wiegt etwa 1,29 g.) Da unter einem Gewicht der Druck auf die Unterlage verstanden wird, ist das Luftgewicht der Druck der Luft auf die Erdoberfläche. Wäre die Erdoberfläche gleichmäßig, so würde der Druck der Luft auf der Erdoberfläche überall gleich sein, weil die über ihr lastende Luftschicht überall gleich hoch und gleich schwer wäre. Die Erde hat aber Berge und Täler; die Höhe der Luftschicht ist daher auf der Spitze eines Berges um die Höhe des Berges niedriger. Der Druck der Luft muß demnach auf einem Berg niedriger sein als im Tal. Am größten ist er am Meeresspiegel, wenn man von den Orten, die unter dem Meeresspiegel liegen, absieht.

Da das Gewicht — gleich Druck auf seine Unterlage — der Luftschicht groß ist, vergleicht man es mit dem Gewicht einer sehr schweren Flüssigkeit, mit dem Quecksilber. Man füllt eine am Ende zugeschmolzene Glasröhre von etwa 80 bis 85 cm Länge vollkommen mit Quecksilber, verschließt ihr offenes Ende mit dem Finger, stürzt sie um und taucht das verschlossene Ende in einem mit Quecksilber gefüllten offenen Gefäß unter. Nimmt man den Finger weg, so entleert sich ganz gegen alle Erwartungen die Röhre nicht. Nur ein kleiner Teil des Quecksilbers läuft heraus, während der weitaus größte Teil, etwa 76 cm, in der Röhre stehenbleibt.

Der Raum, der sich zwischen dem Quecksilberspiegel und dem zugeschmolzenen Rohrende befindet, ist luftleer geworden; denn es sind bei dem Versuch keine aufsteigenden Luftblasen zu sehen gewesen. Es muß also die Luft auf den Quecksilberspiegel im offenen Gefäß die Kraft oder den Druck ausüben, der notwendig ist, um der noch in der Röhre befindlichen Quecksilbersäule das Gleichgewicht zu halten, also ihren Druck auf die Unterlage gewissermaßen aufzuheben.

Diese Einrichtung nennt man das Barometer und die Höhe der vom Luftdruck getragenen Quecksilbersäule den Barometerstand. Macht man am gleichen Ort den beschriebenen Versuch das eine Mal an einem regnerischen, trüben Tag und das andere Mal an einem heiteren, sonnigen Tag, so wird man verschiedene Quecksilberhöhen in der Röhre feststellen. Bei trockener Witterung haben wir hohen Barometerstand, während bei feuchtem Wetter das Barometer »fällt«. Dies ist auf den Feuchtigkeitsgehalt, auf den Wasserdampfgehalt der Luft zurückzuführen. Es ist bekannt, daß Wasserdampf leichter ist als Luft, denn Dampfschwaden steigen in die Höhe. Da demnach wasserdampfhaltige Luft leichter ist als trockene Luft, muß der Druck auf die Unterlage oder das Gewicht feuchter Luft geringer sein als das von trockener.

Es ist nun aber immer noch nicht bekannt, wie groß wirklich der Druck der Luft ist.

Ein Druck, ein Gewicht wird durch die Einheit des Gewichtes, das Kilogramm (kg) oder das Gramm (g) ausgedrückt. Man muß also die gefundene Quecksilberhöhe in kg umrechnen. Nimmt man an, der Barometerstand betrage 76 cm und die Quecksilbersäule habe 1 cm^2 Querschnitt, so sind also 76 cm^3 Quecksilber in der Röhre enthalten.

Da 1 cm³ Quecksilber 13,6 g wiegt, wiegen 76 cm³ Quecksilber 76 × 13,6 g = 1033 g. Die Luft drückt also in diesem Fall wie eine Quecksilbersäule von 1033 g oder 1,033 kg auf jeden cm² Fläche. Diesen Druck der Luft kann man im Mittel am Meeresspiegel feststellen.

Mit der Zahl 1033 läßt es sich nicht bequem rechnen; einfacher wäre es, mit 1000 g = 1 kg rechnen zu können. Diesem Gewicht entspricht eine Quecksilbermenge von $\frac{1000}{13,6} = 73,5$ cm³ und somit eine Quecksilbersäule von 73,5 cm Höhe und 1 cm² Querschnitt. Danach beträgt bei einem Barometerstand von 73,5 cm und einem Querschnitt der Quecksilbersäule von 1 cm² ihr Gewicht genau 1000 g = 1 kg.

Diesen Druck der Luft von 1000 g = 1 kg auf 1 cm² Fläche hat man gesetzlich als Maßeinheit zur Bestimmung von Drücken angenommen und nennt ihn: »Atmosphäre« (1 at).

Eine Atmosphäre ist also gleich dem Druck von 1 kg auf 1 cm² Fläche; sie entspricht einer Quecksilbersäule von 73,5 cm Höhe.

Hätte man anstatt Quecksilber Wasser in die Barometerröhre gefüllt, so müßte die Wassersäule dem Gewichtsunterschied entsprechend höher sein als die Quecksilbersäule, um derselben Luftsäule das Gleichgewicht halten zu können.

Wasser ist 13,6 mal leichter als Quecksilber. Dem Gewicht einer Quecksilbersäule von 73,5 cm Höhe und 1 cm² Querschnitt würde daher eine Wassersäule von gleichem Querschnitt und einer Höhe von 13,6 · 73,5 = 1000 cm = 10 m entsprechen. Man kann also auch sagen: Eine Atmosphäre hält auch einer Wassersäule von 10 m Höhe und 1 cm² Querschnitt das Gleichgewicht.

Den Druck der uns umgebenden Luft nennt man »die absolute Atmosphäre« (ata = Atmosphäre absolut).

6. Überdruck.

Überdruck (atü = Atmosphäre Überdruck) ist der Überschuß an Druck über die absolute Atmosphäre.

Die Manometer an den Dampfkesseln zeigen nur den Überdruck an. Zu diesem ist also noch 1 at hinzuzuzählen, wenn der wirklich vorhandene Druck in »absoluten Atmosphären« angegeben werden soll. (5 at Überdruck = 6 at absolut; 9 ata = 8 atü.)

D. Das Sieden und Verdampfen des Wassers.

1. Vorbemerkung.

Wie bereits bekannt ist, ändert sich beim Sieden des Wassers in einem offenen Gefäß die Temperatur des Wassers nicht. An jenen

Stellen der Gefäßwandungen, die zuerst die Siedetemperatur annehmen, bilden sich in schneller Folge Dampfblasen, die im Wasser aufsteigen und das Brodeln verursachen. Mit dem Verdampfen ist die Bildung von Blasen in der Flüssigkeit verbunden, im Gegensatz zum Verdunsten, das sich ohne äußere Anzeichen nur an der Oberfläche abspielt (eine Wassermenge in einem Gefäß mit großer Oberfläche verdunstet rascher als in einem Gefäß mit kleiner Oberfläche!). Sieden kann erst dann stattfinden, wenn der Druck im Innern der entstehenden Dampfbläschen groß genug ist, um den auf der Flüssigkeit lastenden Druck zu überwinden. Beim Sieden im offenen Gefäß kommt der Luftdruck in Betracht. Durch diesen wird der Siedepunkt des Wassers, wie schon erwähnt, beeinflußt. Bringt man Wasser in einem geschlossenen Gefäß zum Sieden, so ist festzustellen, daß mit der Druckzunahme auch der Siedepunkt, d. h. die Verdampfungstemperatur, steigt. Aus den beiden ersten Spalten der nachstehenden Zahlentafel ist dieser Zusammenhang zwischen Druck und Sättigungstemperatur gleich Verdampfungstemperatur zu ersehen.

Die gleichen Erscheinungen findet man beim Anheizen eines Kessels. Das bis zur vorgeschriebenen Marke reichende Wasser wird im Kessel, der noch mit der Außenluft verbunden ist, erwärmt. Bei etwa 100° C beginnt das Wasser zu sieden; die über der Wasseroberfläche befindliche Luft wird mit dem entweichenden Wasserdampf mitgerissen. Wird nun der Kessel von der Außenluft abgesperrt, so steigt bei weiterer Wärmezufuhr der Druck durch die erzeugte Dampfmenge an. Der Siedevorgang wird etwas gehemmt, weil die entstehenden Dampfblasen einen größeren Druck zu überwinden haben. Die Folge davon ist: Die Wassertemperatur steigt ebenfalls langsam an. Der weiter entwickelte Dampf muß in dem gleichen Raum unterkommen wie die erste Dampfmenge. Es findet eine Verdichtung und damit eine Drucksteigerung statt. Die Temperatur steigt wieder — der Vorgang wiederholt sich.

Der auf dem Kesselwasser lastende Dampfdruck und die Temperatur treiben sich wechselseitig hoch, solange der Kessel weiter beheizt und kein Dampf entnommen wird, wobei immer wieder für den Zusammenhang zwischen Druck und Temperatur die in der Zahlentafel angegebenen Werte gelten.

Es ist noch zu untersuchen, was mit der Wärmemenge geschieht, die dem Wasser im offenen Gefäß nach Erreichen des Siedepunktes zugeführt wird, da ja in diesem Falle die Temperatur gleich bleibt, obwohl das Wasser allmählich verdampft.

Die zugeführte Wärmemenge hat dazu gedient, die kleinsten Wasserteilchen voneinander loszulösen und hat sie so befähigt, sehr große Räume mit Dampf zu erfüllen. Durch genaue Versuche hat man die Wärmemenge, die notwendig ist, um 1 kg Wasser von 0° C in Dampf

Tabelle für gesättigten Wasserdampf nach Dr.-Ing. W. Koch VDI.

Druck ata	Sättigungs- temperatur °C	Volumen von 1 kg gesättigtem Dampf in m³	Gewicht von 1 m³ gesättigtem Dampf in kg	Wärmeinhalt	
				der Flüssigkeit kcal/kg	des Dampfes kcal/kg
0,2	59,67	7,795	0,1283	59,61	623,1
0,4	75,42	4,069	0,2458	75,36	629,5
0,6	85,45	2,783	0,3594	85,41	633,4
0,8	92,99	2,125	0,4705	92,99	636,2
1	99,09	1,725	0,5797	99,12	638,5
2	119,62	0,9016	1,109	119,87	645,8
3	132,88	0,6166	1,622	133,4	650,3
4	142,92	0,4706	2,125	143,6	653,4
5	151,11	0,3816	2,621	152,1	655,8
6	158,08	0,3213	3,112	159,3	657,8
7	164,17	0,2778	3,600	165,6	659,4
8	169,61	0,2448	4,085	171,3	660,8
9	174,53	0,2189	4,568	176,4	662,0
10	179,04	0,1981	5,049	181,2	663,0
11	183,20	0,1808	5,530	185,6	663,9
12	187,08	0,1664	6,010	189,7	664,7
13	190,71	0,1541	6,488	193,5	665,4
14	194,13	0,1435	6,967	197,1	666,0
15	197,36	0,1343	7,446	200,6	666,6
16	200,43	0,1262	7,925	203,9	667,1
17	203,35	0,1190	8,405	207,1	667,5
18	206,14	0,1126	8,886	210,1	667,9
20	211,38	0,1016	9,846	215,8	668,5
22	216,23	0,09251	10,81	221,2	668,9
24	220,75	0,08492	11,78	226,1	669,3
26	224,99	0,07846	12,75	230,8	669,5
28	228,98	0,07288	13,72	235,2	669,6
30	232,76	0,06802	14,70	239,5	669,7
35	241,42	0,05822	17,18	249,4	669,5
40	249,18	0,05078	19,69	258,2	669,0
45	256,23	0,04495	22,25	266,5	668,2
50	262,70	0,04024	24,85	274,2	667,3
60	274,29	0,03310	30,21	288,4	665,0
70	284,48	0,02795	35,78	300,9	662,1
80	293,62	0,02404	41,60	312,6	658,9
90	301,92	0,02096	47,71	323,6	655,1
100	309,53	0,01845	54,21	334,0	651,1
120	323,15	0,01462	68,42	353,9	641,9
140	335,09	0,01181	84,68	372,4	631,0
160	345,74	0,009616	104,0	390,8	618,3
200	364,08	0,00620	161,2	431,5	582,3
220	372,1	0,00449	223,0	463,4	547,0

von 0 atü = 1 ata zu verwandeln, zu etwa 640 kcal festgestellt. Da man, wie aus der Begriffsbestimmung der Wärmeeinheit hervorgeht, zur Erwärmung von 1 kg Wasser von 0° auf 100° C = 100 kcal verbraucht, benötigt die eigentliche Dampfbildung 540 kcal, ohne daß sich diese große Wärmemenge durch Temperaturerhöhung bemerkbar macht; denn der Dampf ist ja auch nicht heißer als das zugehörige Wasser. Diese Wärmemenge heißt man Verdampfungswärme,

im Gegensatz zur Wärmemenge in der Flüssigkeit, zur Flüssigkeitswärme.

2. Die Flüssigkeitswärme.

Die Flüssigkeitswärme in Kalorien ausgedrückt ist, wie aus der
Zahlentafel auf S. 8 entnommen werden kann, zahlenmäßig ungefähr
so groß wie die Siedetemperatur des Wassers bei dem zugehörigen
Druck in Celsiusgraden.

3. Die Verdampfungswärme.

Die Verdampfungswärme für 1 kg Dampf wird mit steigendem
Druck immer weniger, so daß die Gesamtwärme (Flüssigkeitswärme +
Verdampfungswärme) mit zunehmendem Druck ganz langsam steigt,
um bei Drücken über 30 ata wieder zu sinken.

4. Gesättigter Dampf.

Die Angaben in der Zahlentafel gelten nur für den Dampf, der
sich mit der Flüssigkeit zusammen in einem Raum befindet. Diesen
Dampf heißt man gesättigten Dampf.

Bei gesättigtem Dampf gehört zu einem bestimmten
Druck immer eine bestimmte Temperatur. Entzieht man dem
gesättigten Dampf Wärme, sorgt aber dafür, daß der Druck gleich
bleibt, so tritt keine Temperaturerniedrigung ein. Es schlägt sich aber
ein Teil des Dampfes als Wasser nieder. Geben z. B. bei einem Dampfkessel einzelne Teile des Dampfraumes infolge ungenügender Isolierung
nach außen viel Wärme ab, so behält der diese Kesselteile berührende
Dampf doch die gleiche Temperatur wie der übrige im Kessel befindliche Dampf. Es findet nur Niederschlag eines Teils des Dampfes zu
Wasser statt.

5. Nasser Dampf.

Enthält Dampf noch Wasserteilchen, so spricht man von nassem
Dampf. Dies wird der Fall sein, wenn der Dampf das Wasser schnell
verlassen muß und wenn ihm nur eine kleine Fläche zum Austritt aus
dem Wasser zur Verfügung steht. Je größer die Wasserfläche ist, um
so geringer braucht die Geschwindigkeit des Dampfes zu sein, mit der
er das Wasser verläßt. Er wird dann weniger Wasserteilchen mitreißen.
Darum darf der Kesselwärter den Kessel nicht zu hoch speisen, weil
dadurch einerseits die Wasserfläche immer kleiner wird und anderseits
der Dampfraum nicht mehr ausreichend groß ist, um die Dampfgeschwindigkeit herabzumindern und damit das Ausscheiden von Wasser-
tröpfchen herbeizuführen.

6. Überhitzter Dampf.

Leitet man z. B. gesättigten Dampf von 1 atü mit 119,6° C (nach
Dampftafel S. 8) in ein stehendes zylindrisches Gefäß, das durch einen

dichthaltenden Kolben verschlossen wird, dann bewegt sich der Kolben nach Maßgabe der eingeleiteten Dampfmenge nach oben, wenn das Gewicht des Kolbens dem Dampfdruck entspricht. Die Bewegung des Kolbens hört sofort auf, wenn die Dampfzuführung unterbrochen wird. Erwärmt man jetzt die in dem Gefäß eingeschlossene Dampfmenge, so sieht man, daß sich die Temperatur des Dampfes erhöht. Außerdem beginnt der Kolben wieder zu steigen. Der Druck, der ja durch das Gewicht des Kolbens gegeben ist, ist gleich geblieben. Durch die zugeführte Wärmemenge wird demnach die Temperatur erhöht und das Volumen des Dampfes vergrößert. Dieser nicht mehr mit Flüssigkeit in Verbindung stehende Dampf verhält sich ähnlich wie Luft und heißt **überhitzter Dampf. Er besitzt bei gleichem Druck eine höhere Temperatur und ein größeres Volumen als gesättigter Dampf.**

Vorteile des überhitzten Dampfes gegenüber Sattdampf.

Überhitzter Dampf ist

a) trocken; vom Sattdampf mitgerissene Wasserteilchen werden in Dampf verwandelt; denn erst nach dem Verdampfen aller Wasserteilchen kann die Überhitzung beginnen;

b) zur Fortleitung in langen Rohrleitungen besser geeignet, da er weniger Niederschlagswasser bildet;

c) für Krafterzeugung in einer Dampfmaschine wirtschaftlicher, weil sich unter sonst gleichen Verhältnissen ein geringerer Dampfverbrauch ergibt.

Diese Vorteile des überhitzten Dampfes müssen jedoch durch einen gewissen Mehraufwand an Wärme erkauft werden, da zur Überhitzung des Dampfes natürlich eine bestimmte Wärmemenge notwendig ist, die von dem herrschenden Druck abhängt. Es genügt, sich zu merken, daß zur Überhitzung von 1 kg Dampf um 1^0 C etwa 0,5 kcal notwendig sind.

II. Die Brennstoffe.

A. Vorbemerkung.

Man unterscheidet feste, flüssige und gasförmige Brennstoffe. Die festen Brennstoffe teilt man in natürliche und künstliche ein. Bei den flüssigen und gasförmigen handelt es sich in der Regel um künstliche Brennstoffe.

Die natürlichen festen Brennstoffe werden größtenteils im Berg- oder Tagbau gewonnen; die künstlichen Brennstoffe werden aus der Rohkohle durch entsprechende Behandlung (Veredelung) hergestellt.

B. Entstehung der festen natürlichen Brennstoffe.

Die heute geförderten Kohlen sind nichts anderes als die Über-
reste einer durch Naturgewalten untergegangenen, verschütteten Pflan-
zenwelt, die unter Luftabschluß, Einwirkung der Sonnenwärme, des
Wassers und des darauf lastenden Erddruckes in ihrem Gefügeaufbau
eine Änderung erfahren hat. Die Beimengungen der mineralischen Bestandteile, die im Ursprungszustand nicht in dem Maße vorhanden
waren, sind im Laufe der vielen Jahrtausende durch Erdverschiebungen
eingetreten.

1. Feste natürliche Brennstoffe.

Als solche kommen hauptsächlich in Betracht: Holz, Torf, Braunkohlen und Steinkohlen. Je nach dem Alter der Kohlen spricht man
von jungen und alten Kohlen. Zu den jüngeren Kohlen zählen die
Braunkohlenarten und zu den älteren die Steinkohlenarten. Bei den
letzteren ist die Vermoderung am weitesten fortgeschritten; sie lassen
in ihrem Gefüge pflanzliche Bestandteile nicht mehr erkennen.

2. Arten der festen natürlichen Brennstoffe.

a) Holz.

Lufttrockenes Holz (Scheitholz, Stückholz, Späne und Sägemehl).
Lohe (Abfallprodukt beim Gerbereibetrieb).

b) Torf.

Entsprechend der Gegend und dem Boden der Torfgewinnung bezeichnet man Torf mit Heide-, Schilf-, Gras- oder Moostorf; gemäß seiner
Zersetzung und der Schichtentiefe unterscheidet man amorphen Torf,
Pech- bzw. Specktorf. Je nach der Gewinnung spricht man von Hand-
oder Maschinentorf.

c) Braunkohlen.

Der Zersetzungsgrad scheidet die Braunkohlen in erdige Braunkohle
(erdige Masse) und in Lignite (faserige Braunkohle, bei der das Holz-
gefüge noch stark in Erscheinung tritt). Die Gewinnung erfolgt meistens
im Tagbau.

d) Pechkohlen.

Ein Zwischenprodukt zwischen Braun- und Steinkohlen. Sie sind
schwarz mit muscheligem Bruch.

e) Steinkohlen.

Die Steinkohlen hat man nach ihrem Verhalten im Feuer zu unterscheiden in:

Sandkohlen oder Magerkohlen; diese backen und schmelzen nicht,
sondern fallen im Feuer auseinander;

Backkohlen; diese schmelzen im Feuer zusammen;
Sinterkohlen; diese backen, aber schmelzen nicht.
Schließlich spricht man noch von Fettkohlen, Gas- und Flamm-
kohlen, Eß- und Magerkohlen.

Die Brennstoffe teilt man außerdem nach der bei der Verbrennung
entstehenden Flammenbildung in lang- und kurzflammige Brennstoffe. Die Flammenbildung ist eine Folge des Gehaltes an flüchtigen
Bestandteilen. Je ärmer ein Brennstoff an flüchtigen Bestandteilen ist,
desto kurzflammiger wird er verbrennen; je reicher er ist, desto langflam-
miger wird er sich verheizen lassen. Zu den ersteren Brennstoffen zählen
alle älteren Steinkohlenarten; die gasärmste Steinkohle ist die Anthrazit-
kohle.

3. Handelsbezeichnungen.

Im Handel werden die Kohlen entsprechend ihrer Stückgröße
(Körnung) in der Hauptsache wie folgt bezeichnet:

1. Grobkohlen . . . . Stückgröße unbestimmt.
2. Stückkohlen. . . . . » über 80 mm.
3. Würfelkohlen . . . . » 40 bis 80 mm.
4. Nußkohlen I, II, III, IV. . . » 6 » 40 »
5. Waschgrieß . . . . » 3 » 6 »
6. Staub- oder Feinkohlen . . . » unter 3 mm.

Es sollen damit nur die hauptsächlichsten Sortierungen angedeutet
sein; die verschiedenen Kohlenbergwerke führen noch andere Bezeich-
nungen und Körnungen.

C. Künstliche feste Brennstoffe.

1. Vorbemerkung.

Hierzu zählen sämtliche gepreßten Torf- und Kohlenarten sowie
die Verkokungserzeugnisse von Steinkohlen in Zechen und Gasanstalten
und von Braunkohlen in den Schwelanlagen der Benzinfabriken. Erstere
kennt man unter dem Namen Brikette, letztere unter dem Namen
Koks.

2. Torfbrikett.

Beim Brikettieren wird der Rohtorf mit Hilfe von besonders gebauten Pressen unter Zusetzung von trockenem Torfstaub von einem
Teil seines Wassers befreit, dann in beheizten Einrichtungen getrocknet
und schließlich in Pressen zusammengedrückt. Auf diese Weise kann
der Wassergehalt von 90 auf 12 bis 15% gesenkt werden.

3. Braunkohlenbrikett.

Das Brikettieren von Braunkohlen erfolgt nach vorangegangenem
Zerkleinern und Trocknen bis auf einen Wassergehalt von etwa 15%.

Das heiße Brikettieren geht ohne Zusatz irgendeines Bindemittels unter einem Druck von 1000 bis 1500 at in Pressen vor sich. Die zum Binden der Kohle erforderlichen Stoffe sind in letzterer als bituminöse Bestandteile vorhanden.

4. Steinkohlenbrikett.

Das Brikettieren von Steinkohlen hat den Zweck, die beim Abbau und bei der Aufbereitung der Kohle anfallende Kleinkohle nutzbar zu machen. Da jedoch die Steinkohle keine bindenden Bestandteile enthält, muß der Kohle beim Brikettieren ein Bindemittel, nämlich Pech, zugesetzt werden. Der Preßdruck beträgt 200 bis 300 atü.

5. Koks.

Koks wird durch trockene Destillation der Rohkohle erzeugt; den Vorgang bezeichnet man mit Verkoken. Die in der Rohkohle enthaltenen flüchtigen Bestandteile und Gase werden durch Erhitzen unter Luftabschluß ausgetrieben. Das Endprodukt der auf diese Weise entgasten Brennstoffe heißt Koks. Man spricht von Zechen- und Gaskoks. In den Zechen wird Kohle verkokt, um Koks für die Eisengewinnung zu erhalten; in den Gasanstalten wird Kohle verkokt, um Leuchtgas zu erzeugen; hier ist also Koks im gewissen Sinne Nebenprodukt.

In den Zechen werden kurzflammige, also gasarme, in den Gasanstalten langflammige, also gasreiche Brennstoffe verarbeitet.

Ist die Ursprungskohle in beiden Fällen gleichwertig, dann unterscheiden sich die anfallenden Koksarten in ihrer Qualität fast nicht; die Heizwerte sind praktisch gleich. Unterschiedlich sind sie hinsichtlich ihrer Festigkeit und Härte. Dies beruht auf dem verschieden langen Verkokungsprozeß und den unterschiedlichen Erhitzungstemperaturen.

In neuerer Zeit werden zur künstlichen Benzinerzeugung auch Rohbraunkohlen, Braunkohlenbriketts und Steinkohlen verschwelt. Dabei entsteht ebenfalls ein Koks, der unter den Namen Schwelkoks, Hartkoks u. dgl. in den Handel kommt.

D. Flüssige Brennstoffe.

Der für den Dampfkesselbetrieb in der Hauptsache in Betracht kommende flüssige Brennstoff ist das Steinkohlenteeröl. Der Steinkohlenteer wird bei der Leuchtgasfabrikation in großen Mengen als Nebenprodukt gewonnen.

Die Vorteile des Steinkohlenteeröls als Brennstoffmittel bestehen neben anderen in seiner hohen Heizkraft und der Möglichkeit, bei richtiger Arbeitsweise rauchfreie Verbrennung zu erzielen.

E. Gasförmige Brennstoffe.

Für Heizzwecke in Kesselfeuerungen kommen Hochofengas (Gicht-gas), Generatorgas und Abhitzegas zur Verwendung.

Das Gichtgas ist ein Nebenprodukt beim Hochofenprozeß.

Das Generator- oder Luftgas wird beim Durchleiten eines Luft-stromes durch eine hohe, glühende Brennstoffschicht, wie diese in Schachtöfen (Generatoren) vorhanden sind, erzeugt. Die dabei aus dem Brennstoff austretenden unverbrannten Gase bilden dann das Generator-gas. In geeigneten Generatoren können sämtliche festen Brennstoffe verarbeitet werden.

Gicht- und Generatorgas enthalten brennbare Gase, die bei Zuführ-ung von Sauerstoff vollständig verbrannt werden.

Das Abhitzegas, das alle Glüh- und Verbrennungsöfen liefern, ist nicht brennbar, enthält aber hohe Wärmemengen, die ausgenützt werden.

F. Lagerung der festen Brennstoffe.

Oberster Grundsatz ist, den Brennstoff vor Nässe, also Regen und Schnee, zu schützen. Je nach der Körnung und Festigkeit ist der Brenn-stoff mehr oder weniger wasseraufnahmefähig. Nasser Brennstoff zündet schwerer und verbraucht viel Eigenwärme, um das Wasser zu ver-dampfen. Daraus ergibt sich die Folgerung, den Brennstoff geschützt und trocken einzulagern.

Er erleidet aber auch durch Verwitterung eine Wertminderung, die sich durch Abnahme des Heizwertes und Verminderung des Ge-haltes an flüchtigen Bestandteilen auswirkt. Da die Verwitterung (Oxydation) stets als Begleiterscheinung eine Temperatursteigerung zur Folge hat, kann sie zur Selbstentzündung der Kohle führen. Letzterem Übelstand kann dadurch begegnet werden, daß man innerhalb des Kohlenhaufens Luftströmungen vermindert und für hinreichende Küh-lung sorgt.

Selbstentzündung tritt vor allem bei Brennstoffen mit viel Gehalt an flüchtigen Bestandteilen (Kohlenwasserstoffverbindungen) auf; so beson-ders bei Braunkohlen und Braunkohlenbriketten. Hiernach folgen Ruhr-, schlesische und sächsische Steinkohlen. Koks, Anthrazit und Saarkohlen neigen wenig zur Verwitterung und damit wenig zur Selbstentzündung.

Besonderen Verwitterungs- und Selbstentzündungsgefahren sind Kohlenhaufen ausgesetzt, die mit gemischter Körnung geschüttet wer-den, weil größere Kohlenstücke den Luftzutritt zu dem empfindlichen Staub begünstigen. Auch Beimengungen von Sand, Erde, Holzstücken und ähnlichen schlechten Wärmeleitern lösen dieselbe Gefahr aus, weil diese die Wärmeableitung verhindern. Holzstücke fördern auch die Entzündung. Also beim Lagern in dieser Hinsicht besondere Sorgfalt walten lassen!

Es ist selbstverständlich, daß Kohlenlager von Wärmequellen möglichst weit entfernt zu halten sind.

Werden Selbstentzündungen wahrgenommen, so muß der Kohlenhaufen umgeschaufelt und der Brandherd beseitigt werden.

Die Lagerung der Kohle in Bunkern, die auf die Außenluft eine kaminartige Wirkung ausüben, ist streng zu vermeiden; die Lager und Bunker sind so anzulegen, daß sie der Außenluft möglichst große Kühlflächen darbieten.

G. Zusammensetzung der Brennstoffe.

1. Feste Brennstoffe.

Jeder feste Brennstoff besteht aus brennbaren und nicht brennbaren Bestandteilen. Neben dem Kohlenstoff (C) gehören Wasserstoff (H), Schwefel (S) und die flüchtigen Bestandteile, die als chemische Verbindungen im Brennstoff enthalten sind und aus Kohlenwasserstoffverbindungen bestehen, zu den brennbaren Bestandteilen. Nicht brennbar sind das Wasser (H_2O), der Stickstoff (N), der Sauerstoff (O) und die Asche.

In der nachstehenden Zahlentafel ist die mittlere Zusammensetzung verschiedener fester Brennstoffsorten angegeben.

Feste Brennstoffe (Mittelwerte).

Bezeichnung	Mittlere Zusammensetzung in %					unterer Heizwert in kcal
	Wasser	Asche	Schwefel	Summe der brennbaren Teile	flüchtige Teile	
Anthrazit	0,95	3,9	1,23	90,47	9,7	7975
Steinkohle: Ruhrkohle .	1,3	6,5	1,5	86,2	22	7650
» Saarkohle . . .	2,7	7,2	1,1	80,5	36	7100
» Schles. Kohle .	1,9	5,9	1,1	83,2	28	7000
» Sächs. Kohle .	5,4	4,1	1,2	80,2	30	7100
Oberbayer. Pechkohle . . .	9	17	5	62,0	35	5200
Steinkohlenbriketts	7,1	1,7	1,2	87,6	15,7	7800
Koks aus Westf. Kohle . .	1,8	8,9	1,0	85,3	2,0	⎫
» » Saarkohle	1,4	8,4	1,1	87,5	1,8	⎬ 7000
» » Oberschles. Kohle	3,7	6,4	1,0	87,9	1,9	⎭
Braunkohle Brucher Bezirk	25	3,5	—	—	—	5000
» Falkenauer »	28	6	—	—	—	4800
» Brüxer »	26,4	4	—	53,6	—	4600
Sächs. Braunkohle	35,3	7,2	2,3	45,5	33,4	3700
Bayer. Braunkohle	60	4	—	25	—	1850
Mitteldeutsche Braunkohle (Durchschnitt)	45,3	6,5	—	—	—	2690
Braunkohlenbriketts . . .	15,6	9,1	2,1	58,7	43,5	4600
Torf: roh	85	—	—	—	—	—
» lufttrocken	20	6	0,5	49	49	3800
Holz: »	18	1	—	46	—	3600
Sägespäne	35	0,3	—	—	—	2700
Lohe, gepreßt	62	1,8	—	2,2	—	1300

Entnommen aus dem Buch: Spalkhaver-Schneider-Rüster.

2. Flüssige Brennstoffe.

Die flüssigen Brennstoffe weisen im großen und ganzen dieselbe Zusammensetzung auf, nur enthalten sie kein Wasser. Aus diesem Grunde verschiebt sich die prozentuale Zusammensetzung.

3. Gasförmige Brennstoffe.

Die gasförmigen Brennstoffe bestehen meistens aus Wasserstoff (H), Kohlenwasserstoffen, Kohlenoxyd (CO), Kohlensäure (CO_2), Sauerstoff (O) und Stickstoff (N).

H. Heizwert der Brennstoffe.

Unter dem Heizwert eines Brennstoffes ist diejenige Wärmemenge (kcal) zu verstehen, die bei der vollständigen Verbrennung der in 1 kg Brennstoff enthaltenen brennbaren Bestandteile frei wird und nutzbar verwendet werden kann.

Es ist ohne weiteres klar, daß der Brennstoffheizwert um so besser ist, je weniger Wasser und je weniger Verunreinigungen (Asche) der Brennstoff enthält.

In der vorangehenden Zusammenstellung ist der mittlere Heizwert von verschiedenen festen Brennstoffen angegeben.

J. Wärmepreis der Brennstoffe.

Der Wärmepreis eines Brennstoffes stellt diejenigen Kosten dar, auf die sich 100 000 Kalorien des Brennstoffes in der Kesselanlage stellen. Kostet beispielsweise die Tonne eines festen Brennstoffes (bei flüssigen auf 100 kg und bei gasförmigen auf 1 m³ bezogen) mit einem Heizwert von 5000 kcal frei Kesselhaus 21,— RM., dann kosten eben 1000×5000 = 5 000 000 kcal 21,— RM. Somit errechnet sich der Wärmepreis für 100 000 kcal zu

$$\frac{21 \times 100\,000}{5\,000\,000} = 0{,}42 \text{ RM.} = 42 \text{ Pfennigen.}$$

Der Wärmepreis eines Brennstoffes bildet einen Maßstab für dessen Wirtschaftlichkeit. Jedoch ist er nicht allein maßgebend, denn es ist denkbar, daß ein im Wärmepreis günstiger Brennstoff sich auf einer gegebenen Feuerung nicht wirtschaftlich verheizen läßt.

III. Die Verbrennung.

A. Vorbemerkung.

Unter Verbrennung im allgemeinen Sinne stellt man sich die Vereinigung der brennbaren Bestandteile eines Brennstoffes mit dem Luftsauerstoff unter Flammen- bzw. Gasbildung vor. Bei dieser chemischen Verbindung entsteht ein neues Gas. Die Flammenbildung wird um so stärker auftreten, je mehr flüchtige Bestandteile der Brennstoff enthält.

Zur Verbrennung gehören also:

1. Brennstoff (fest, gasförmig oder flüssig),
2. Verbrennungsluft (Sauerstoff) und
3. Zündtemperatur.

B. Verbrennungsvorgang.

1. Zündung.

Der Brennstoff wird durch irgendeine Wärmequelle, später durch die Eigenwärme, entzündet, bei genügender Wärmezufuhr entgast und verkokt und schließlich verbrannt. Die Vorgänge spielen sich in den einzelnen Feuerungen, je nach der Art der Beschickung, verschieden ab.

Damit der Brennstoff zum Zünden bzw. Glühen kommt, muß eine bestimmte Zündtemperatur erreicht werden.

Folgend sind die Zündtemperaturen einiger Brennstoffe angegeben:

Holz	entzündet sich bei etwa			300° C,
Torf	»	» »	»	230° C,
Braunkohle	»	» »	»	300° C,
Steinkohle . . .	»	» »	»	330° C,
Koks	»	» »	»	700° C,
Steinkohlenteeröl	»	» »	»	500 bis 700° C,
Generatorgas . .	»	» »	»	700 » 800° C.

2. Verbrennungstemperatur.

Sind die notwendigen Voraussetzungen gegeben, so erfolgt die Verbrennung, bei der sich der Kohlen- und der Wasserstoff des Brennstoffes mit dem Sauerstoff der Luft verbindet. Die dabei praktisch erreichten Verbrennungstemperaturen betragen bis über 1500° C.

3. Vollkommene Verbrennung.

Vollkommene Verbrennung kommt zustande, wenn aller vorhandene Kohlenstoff, Wasserstoff und Schwefel mit dem erforderlichen Sauerstoff zu Kohlensäure (CO_2), Wasserdampf (H_2O) und schwefliger Säure (SO_2) verbrennt.

Zur Erreichung einer vollkommenen Verbrennung ist es demnach notwendig, dem Brennstoff genügend Sauerstoff zuzuführen. Wir entnehmen ihn der atmosphärischen Luft, die allerdings zum größeren Teil aus Stickstoff besteht. Da dieser nicht brennbar ist, wird er der Feuerung unnütz zugeführt. Trotzdem hat seine Anwesenheit für den Feuerungsbetrieb den Vorteil, zu verhindern, daß die Feuerraumtemperatur unerwünscht hoch ansteigt.

4. Unvollkommene Verbrennung.

Wird nicht genügend Luft zugeführt, so ist die Verbrennung unvollkommen. In diesem Falle enthalten die Abgase Kohlenoxyd (CO). Die im Brennstoff etwa schon vorhandenen oder bei der Entgasung gebildeten Kohlenwasserstoffe (CH_4 leichte Kohlenwasserstoffe und C_2H_4 schwere Kohlenwasserstoffe) ziehen unverbrannt ab, bzw. die Wasserstoffe verbrennen zu Wasserdampf, und der frei werdende Kohlenstoff scheidet sich als Ruß aus.

Das Vorhandensein ·von Kohlenwasserstoffen zeigt sich auch in mehr oder minder starker Rauchbildung.

5. Luftbedarf.

Die Verbrennung von Kohlenstoff (C) und Wasserstoff (H) mit dem Sauerstoff (O) geht nach bestimmten Gesetzen vor sich.

Enthält z. B. 1 kg Brennstoff 53% C, 4% H und 8% O, so sind zu seiner vollkommenen Verbrennung nach genauen Berechnungen 1,66 kg = 1,16 m³ O notwendig.

Die errechnete Menge bezieht sich auf reinen Sauerstoff, der uns aber, wie schon erwähnt, nicht zur Verfügung steht. Die uns zur Verfügung stehende Luft enthält 23 Gewichtsprozente bzw. 21 Volumenprozente Sauerstoff und 77 Gewichtsprozente bzw. 79 Volumenprozente Stickstoff.

Um 1 kg des vorbezeichneten Brennstoffes die theoretisch erforderliche Luft zuzuführen, sind demnach $\frac{1,66}{0,23} = 7,23$ kg oder $\frac{1,16}{0,21} = 5,5$ m³ Luft notwendig.

Da es im praktischen Feuerungsbetrieb infolge der Schichthöhe und Schichtlagerung nicht möglich ist, jedem einzelnen Kohlenteilchen genau die zu seiner Verbrennung erforderliche Luft gleichmäßig verteilt zuzuführen, ist man gezwungen, mit einem gewissen Luftüberschuß zu arbeiten.

6. Luftüberschußzahl.

Das Verhältnis zwischen wirklicher Luftmenge und theoretischer Luftmenge wird mit Luftüberschußzahl bezeichnet.

Die Luftüberschußzahl für eine praktisch gute Verbrennung bewegt sich je nach der Brennstoffart, der Brennstoffkörnung, der Rostausführung und der Ausbildung des Verbrennungsraumes zwischen 1,1 und 1,5.

Arbeitet man mit dem 1,5fachen Luftüberschuß, so sind im obigen Beispiel zur vollständigen Verbrennung von 1 kg Brennstoff

$$7,23 \times 1,5 = 10,85 \text{ kg oder } 5,5 \times 1,5 = 8,75 \text{ m}^3 \text{ Luft}$$

nötig.

Würde man reinen Kohlenstoff mit der erforderlichen Luftmenge vollkommen verbrennen, so müssen in den Abgasen an Stelle des zugeführten Luftsauerstoffes 21 Volumenprozente Kohlensäure (CO_2) vorzufinden sein.

In den Brennstoffen sind aber außer dem Kohlenstoff noch andere brennbare Bestandteile enthalten, wie Wasserstoff und Schwefel, die zu ihrer Verbrennung ebenfalls Sauerstoff benötigen. Durch den erforderlichen Luftüberschuß wird außerdem auch nicht aller zugeführte Sauerstoff vom Kohlenstoff gebunden; ein Teil entweicht mit den Abgasen.

Der theoretisch höchste erreichbare Kohlensäuregehalt bei festen Brennstoffen bewegt sich zwischen 20,7 und 18,5%; im Mittel beträgt er rd. 19%.

Geht die Verbrennung mit einem Kohlensäuregehalt von 12% vor sich, dann hat man mit einem $\frac{19}{12} = 1{,}58$fachen Luftüberschuß gearbeitet.

7. Verbrennungswärme.

Verbrennt
Kohlenstoff mit Sauerstoff zu Kohlensäure, so werden 8080 kcal an Wärme frei,

»　　　　»　　　　» zu Kohlenoxyd, so werden 2435 kcal an Wärme frei,

Wasserstoff　»　　　　» zu Wasserdampf, so werden 28 700 kcal an Wärme frei,

Kohlenoxyd　»　　　　» zu Kohlensäure, so werden 2430 kcal an Wärme frei,

Schwefel　　»　　　　» zu schwefliger Säure, so werden 2500 kcal an Wärme frei.

Daraus ist eindeutig zu erkennen, daß man nur mit einer vollkommenen Verbrennung den größtmöglichen Heizeffekt erzielen kann. Denn bei Verbrennung zu Kohlenoxyd (CO) ist die dabei entwickelte Wärme $\frac{8080}{2435} = 3{,}3$mal niedriger als bei der Verbrennung zu Kohlensäure (CO_2). Dies wirkt sich natürlich im Brennstoffverbrauch aus. Das gleiche ist der Fall, wenn bei der Entgasung des Brennstoffes, also beim Austreiben und Bilden von Kohlenwasserstoffverbindungen, der notwendige Sauerstoff bzw. die nötige Zündtemperatur zum Verbrennen der Schwelgase fehlen.

C. Praktische Verbrennungsprüfung.

Beim Feuerungsbetrieb ist folgendes zu beachten:

1. Im Verbrennungsraum muß die notwendige Temperatur zum Entzünden des Brennstoffes vorhanden sein.

2. Dem Brennstoff ist die zu seiner Verbrennung erforderliche Luft zuzuführen.

Ist die für den zu verheizenden Brennstoff nötige Zündtemperatur nicht vorhanden, so kann die Verbrennung nicht eingeleitet werden. Wird zuwenig Luft zugeführt, so geht die Verbrennung unvollkommen vor sich, was die Bildung von Kohlenoxyd und das Entweichen von unverbrannten Gasen zur Folge hat. Wird der Feuerung zuviel Luft zugeführt, so bedingt das einen Rückgang der Feuerungstemperatur infolge zu starker Abkühlung, unnützen Verbrauch an Brennstoffwärme zum Erwärmen der Überschußluft und endlich Überlastung des Schornsteins, der das Gas-Luftgemisch abzuführen hat. Zuviel und zuwenig Luft beeinträchtigen den Wirkungsgrad der Feuerung und damit der ganzen Anlage.

Ein tüchtiger Heizer muß also darauf bedacht sein, daß er die Luftzufuhr in die Feuerung entsprechend regelt.

Die Luftzufuhr hängt ab:

1. von der Art des zu verheizenden Brennstoffes, gasarmer Brennstoff benötigt weniger Luft als gasreicher;
2. von der Stückigkeit des Brennstoffes, großstückiger Brennstoff hat weniger Angriffsflächen als kleinstückiger;
3. von der Schichthöhe des Brennstoffes und dem Abbrand;
4. von der Möglichkeit einer innigen Mischung der Luft mit den Verbrennungsgasen im Verbrennungsraum.

D. Zweitluftzuführung.

Wenn bislang von Luftzufuhr gesprochen wurde, so war immer jene Luft gemeint, die normalerweise durch den Rost zum Brennstoff gelangt. Bei gasreichen Brennstoffen reicht diese Luftzufuhr zu einer rauchlosen bzw. rauchschwachen Verbrennung nicht aus. Man ist in diesem Falle genötigt, zur Nachverbrennung der auf dem Rost nicht vollkommen verbrannten Gase sog. Zweitluft einzuführen. Die Zweitlufteinführung in den Verbrennungsraum, nach Möglichkeit über mehrere Stellen verteilt, erfolgt dort, wo die Temperatur am höchsten ist und eine innige Mischung der Verbrennungsgase und der zugeführten Luft zwecks Nachverbrennens noch möglich und von Wert ist. Auch hier ist zu berücksichtigen, daß zuviel Zweitluft statt zum Vorteil zum Nachteil werden kann. Zweckmäßigerweise wird die Zweitluft vorgewärmt.

Stehen einem Heizer zur Beurteilung der Feuerungsverhältnisse keine besonderen Meßgeräte zur Verfügung, so sind für ihn zur Beurteilung der Güte der Verbrennung folgende Anhaltspunkte von Wert:

1. Die Rostuntersichten müssen stets hell erscheinen. Der Rost ist dann sauber und der Luftzutritt zum Brennstoff gewährleistet.

2. Verbrennt der Brennstoff mit hell leuchtender Flamme, so ist bei gleichmäßig bedecktem Rost jedenfalls kein Luftmangel vorhanden.
3. Dem Schornstein darf höchstens leicht gefärbter Rauch entsteigen. Ist dies der Fall, so ist die Verbrennung der Kohlenwasserstoffverbindungen erreicht worden.
4. Zeigen sich im Verbrennungsraum keine blauen Flämmchen, so kann angenommen werden, daß keine Kohlenoxydgase vorhanden sind.
5. Der Rauchgasschieber soll nur so weit geöffnet werden, daß der Kesseldruck gerade gehalten werden kann und Rauchbildung verhütet wird.

IV. Der Schornstein.

A. Natürlicher Schornsteinzug.

Damit zum Brennstoff die zum Verbrennen erforderliche Luft gelangt, muß im Verbrennungsraum gegenüber der Außenluft (Atmosphärendruck) ein bestimmter Unterdruck herrschen. Je größer dieser ist, desto stärker ist bei sonst gleichen Verhältnissen die Luftzuführung und umgekehrt.

Zur Erzeugung des notwendigen Unterdruckes (Zuges) bedient man sich in der Regel eines Schornsteins; man spricht in diesem Falle von natürlichem Zug.

Zug — richtiger: Unterdruck — entsteht durch das unterschiedliche Gewicht der kalten Außenluft und der heißen Gase im Schornstein. Die leichteren Rauchgase werden durch die schwerere Außenluft aus dem Schornstein gedrückt. Man mißt den Zug in mm Wassersäule (WS).

B. Beeinflussung des Zuges.

Die Unterdruckbildung bzw. Zugstärke am Schornsteinfuß ist abhängig

1. von der Schornsteinhöhe, gemessen von der Rostebene bis zur Schornsteinmündung,
2. von der Außenlufttemperatur in °C und
3. von der mittleren Temperatur der Abgase im Schornstein in °C.

Die Zugstärke (Unterdruck) ist um so größer, je höher der Schornstein und je größer der Temperaturunterschied zwischen der Außenluft und den Rauchgasen ist.

Um die Zugwirkung nicht ungünstig zu beeinflussen, ist darauf zu achten, daß der Zutritt von Falschluft auf dem Gasweg vermieden wird.

Also Undichtheiten, die durch Fugen und Mauerwerkrisse, mangelhaft geführte Rauchgasschieber, schlecht schließende Reinigungstüren usw. verursacht werden, beseitigen! Zur Zugverschlechterung führen auch nasse oder feuchte Fuchskanäle, weil für das Austrocknen Gaswärme verbraucht wird und damit die Gastemperatur sinkt.

C. Erforderliche Größe des Schornsteinzuges.

Die erforderliche Zugstärke am Schornstein richtet sich

1. nach der Art des zu verheizenden Brennstoffes; dicht liegender, also kleinkörniger Brennstoff benötigt mehr Zug als locker liegender, also großkörniger Brennstoff; gasreicher Brennstoff benötigt mehr Luft als gasarmer;
2. nach der Art des Rostes, eng- oder weitspaltig;
3. nach der Rostbelastung, also nach der stündlich zu verheizenden Brennstoffmenge;
4. nach den auftretenden Widerständen auf dem Wege von der Feuerung bis zum Schornstein.

D. Künstlicher Schornsteinzug.

Reicht der vorhandene Schornsteinzug, gute Instandhaltung und sachgemäße Ausführung der Einrichtungen vorausgesetzt, zu einer ordentlichen Feuerführung nicht aus, so muß eine Verbesserung der Zugverhältnisse angestrebt werden.

Man wird zunächst an eine Erhöhung des Schornsteins denken. Ist diese aus baulichen Gründen (Standfestigkeit) nicht möglich, so muß man mit künstlichen Einrichtungen nachhelfen.

Fehlt es nur wenig an Zug, so genügt es in den meisten Fällen, wenn man dem Schornstein die Arbeit abnimmt, die er aufzuwenden hat, um die Verbrennungsluft durch den Rost und die Brennschicht zu fördern. Zu diesem Zwecke führt man die Verbrennungsluft mit einem Dampfstrahlgebläse oder besser, weil wirtschaftlicher, mit einem Unterwindgebläse der Feuerung zu. Der Unterwinddruck ist dabei so zu regeln, daß über dem Rost, also im Verbrennungsraum, Druckausgleich herrscht. Der Schornsteinzug wirkt in diesem Falle erst vom Verbrennungsraum ab.

Sind jedoch die Zugverhältnisse, vielleicht durch den nachträglichen Einbau eines Rauchgasvorwärmers, gänzlich ungenügend, so muß ein Saugzug aufgestellt werden. Der Saugzugventilator, der zwischen Kessel und Schornstein eingebaut wird, saugt die Gase an und drückt sie in den Schornstein. Die Anordnung eines Umgehungskanals sollte nicht vergessen werden.

V. Wärmeübertragung.

Im vorhergehenden Abschnitt ist gezeigt worden, welche Maßnahmen man ergreifen muß, um aus dem Brennstoff möglichst viel Wärme freizubekommen. Jetzt gilt es, einen möglichst großen Teil dieser Wärme dem Wasser durch die Kesselwand zuzuführen. Die Wärme muß auf das Wasser übertragen werden.

Wenn man einen Körper, z. B. eine Eisenstange, erhitzen will, dann steckt man sie ins Schmiedefeuer. Die Stange wird dann an der Stelle, die von dem heißen Brennstoff berührt wird, allmählich glühend; die Wärmeübertragung erfolgt durch Berührung. Legt man die Stange nicht in, sondern neben das Feuer, aber so, daß ein Teil der Stange von dem glühenden Brennstoff bestrahlt wird, dann wird dieser Teil mit der Zeit ebenfalls heiß. Die Stange hat die Wärme aber durch »die Hitze, die das Feuer ausgestrahlt hat«, aufgenommen.

In beiden Fällen kann man das andere Ende der Stange noch eine Zeitlang mit der Hand halten. Nach längerem Erwärmen aber wird auch dieses Ende, das weder vom Brennstoff berührt wird, noch den Wärmestrahlen ausgesetzt ist, immer wärmer. Die heißen Teile der Stange haben nämlich die aufgenommene Wärme an die benachbarten Teile weitergegeben. Auf diese Weise ist die Wärme bis an das Ende der Stange befördert worden — das Eisen hat die Wärme fortgeleitet.

Will man die Stange trotz weiterer Erwärmung des einen Endes noch länger am anderen Ende mit der Hand halten, umwickelt man dieses Ende mit einem Lappen. Dieser wird mit der Zeit zwar auch immer wärmer, jedenfalls aber leitet er die Wärme viel langsamer als das Eisen weiter.

Dies zeigt, daß die Wärmeleitfähigkeit der Stoffe verschieden ist; man unterteilt sie in gute und schlechte Wärmeleiter. Gute Wärmeleiter sind sämtliche Metalle; schlechte Wärmeleiter dagegen sind u. a. Wolle, Haare, Stroh, Filz, Seide, Holz, Sand, Kieselgur, Asche, Ruß, Kesselstein, Öl, Milch, eine abgeschlossene Luft- oder Dampfschicht.

Überblickt man nochmals den beschriebenen Versuch, so erkennt man, daß Wärme auf einen Körper durch Berührung und durch Strahlung übertragen, und daß sie in diesem Körper fortgeleitet werden kann.

Im Kessel wird die Wärme in erster Linie durch Berührung übertragen, indem die Heizgase auf ihrem Wege Wandungen berühren, die eine niedrigere Temperatur haben. Gleichzeitig findet aber auch eine Übertragung der Wärme durch Strahlung von der glühenden Feuerschicht auf dem Rost, von den mit Flamme verbrennenden Heizgasen, sowie von stark erhitzten Mauerwerksteilen oder sonstigen Einbauten an die Kesselwandungen statt. In diesen selbst wird ·die Wärme fortgeleitet und dann von den Kesselwandungen auf das Wasser oder den Dampf wiederum durch Berührung übertragen.

Damit aber auf Wasser oder Dampf die zugedachten Wärmemengen übergehen können, muß dafür gesorgt werden, daß zwischen Heizgasen, Kesselwandungen und Wasser oder Dampf keine Stoffe auftreten, die den Wärmeübergang behindern. Man muß also auf reine Kesselwandungen ‚achten und die auf der Feuerseite durch die Verbrennung entstehenden schlechten Wärmeleiter, wie Asche und Ruß, sowie den auf der Wasserseite sich bildenden Kesselstein rechtzeitig beseitigen.

Wenn man bedenkt, daß eine Flugasche- oder Rußschicht oder ein Ölbelag nur den 400. bis 600. Teil, eine Kesselsteinschicht nur den 20. bis 40. Teil der Wärmemenge durchläßt, die durch eine gleich starke Schicht von Flußeisen geht, dann kann man den ungünstigen Wärmeübergang, der durch unsaubere Heizflächen hervorgerufen wird, erst voll und ganz begreifen. Darum Kesselwandungen möglichst frei von Flugasche, Ruß einerseits und Öl oder Kesselstein anderseits halten!

Die erforderlichen Wärmemengen können dem Wasser oder dem Dampf nur dann zugeführt werden, wenn die Heizflächen und die Temperaturunterschiede zwischen den Heizgasen bzw. Kesselwandungen einerseits und dem zu erhitzenden Stoff, dem Wasser oder dem Dampf anderseits, genügend groß sind. Die Kessel müssen demnach so gebaut sein, daß sich die Heizgase an großen Kesselwandungen abkühlen können. Außerdem müssen an den Kesselteilen, an denen die Heizgastemperatur bereits niedriger ist, möglichst kalte Wasserteilchen vorbeiziehen, während hoch erhitzte Kesselwandungen nur durch schon erwärmtes Wasser gekühlt werden sollen. Je größer die Geschwindigkeit der Heizgase auf der Feuerseite sein wird, um so stärker wird auch der Wärmeaustausch zwischen den Heizgasen und dem Wasser sein. Das gleiche gilt auch in erhöhtem Maße für Dampf, von dem als schlechtem Wärmeleiter bereits gesprochen wurde. Man kann ihm nur dann genügend Wärme zuführen, wenn er möglichst oft mit den Wandungen in Berührung kommt und möglichst rasch an den erwärmten Kesselteilen vorüberzieht.

Die beste Wärmeübertragung findet also dann statt, wenn

1. die Kesselwandungen rein sind,
2. die Flächen für die Wärmeübertragung,
3. die Temperaturunterschiede und
4. die Geschwindigkeiten der Heizgase bzw. des Dampfes sehr groß sind.

VI. Wärmeverluste und Wirkungsgrad.

A. Vorbemerkung.

Im Feuerungs- bzw. Kesselbetrieb treten folgende Verluste auf:

1. der Verlust an brennbaren Bestandteilen in den Herdrückständen;
2. der Verlust durch die fühlbare Wärme der Abgase in dem Schornstein (Abgasverlust);
3. der Verlust durch nicht vollkommen verbrannte Gase und Ruß;
4. der Verlust durch Leitung und Strahlung.

Je größer diese Verluste sind, desto unwirtschaftlicher arbeitet der Betrieb, desto höher ist der Brennstoffverbrauch, desto teurer kommt der Betrieb zu stehen. Es ist also Aufgabe des Heizers, tatkräftig und verständig mitzuhelfen, diese Verluste möglichst gering zu halten.

B. Rückstandsverlust.

Ist der Rost der Körnung des verheizten Brennstoffes angepaßt, so sind größere Rückstandsverluste dadurch bedingt, daß bei schadhaften, verbogenen Roststäben die Zwischenräume zwischen den Roststäben größer sind, als der Brennstoffkörnung entspricht. Der Durchfall von Kleinkohle wird daher begünstigt. Dies wirkt sich um so übler aus, wenn im Feuer öfter gerührt werden muß. Es ist also zur Vermeidung dieses Mißstandes jeder schadhafte Roststab sofort zu erneuern.

Bei backenden Brennstoffen ist das Einschließen von nicht verbrannten Kohlenstücken in den Schlackenkuchen sehr leicht möglich. Beim Abschlacken werden kleine Kohlenstücke mit den Herdrückständen entfernt.

Bei Unterwindfeuerungen und Saugzuganlagen, aber auch bei kräftigem natürlichem Zug, hier besonders bei überlasteten Rosten, ist es wichtig zu beobachten, ob nicht Flugkoks und Feinkohle mit in die Züge getragen werden. Durch Zugminderung, wenn angängig, kann dem begegnet werden.

Im übrigen empfiehlt es sich, die anfallenden Herdrückstände zu wiegen und festzustellen, welchen Prozentgehalt sie von der verheizten Brennstoffmenge ausmachen. Man gewinnt dabei gleichzeitig ein Bild über die ungefähre Wertigkeit des Brennstoffes.

Ist das prozentuale Gewicht der Rückstände größer als der angegebene Aschengehalt des Brennstoffes in Prozenten, so befinden sich in den Rückständen unverbrannte Kohlenteile, oder, wenn diese nicht nachzuweisen sind, ist der Brennstoff minderwertiger, als angenommen.

3*

C. Abgasverlust.

Der Verlust durch die fühlbare Wärme der Abgase (Abgasverlust, Schornsteinverlust) entsteht durch ihren Abzug mit einer höheren Temperatur als der Luft. Mit einem gewissen Verlust muß hier gerechnet werden, weil die Erreichung des natürlichen Schornsteinzuges eine über der Lufttemperatur liegende Gastemperatur voraussetzt, und es außerdem nicht möglich ist, die Heizgase im Kessel beliebig tief abzukühlen. (S. unter Schornstein!)

Die Höhe des Abgasverlustes ist in der Hauptsache abhängig von der Höhe der Gastemperatur und der Zusammensetzung der Abgase. Da der veränderliche Hauptbestandteil der Gase bei richtig erfolgter Verbrennung Kohlensäure ist, kann man sagen, der Kohlensäuregehalt der Gase ist neben der Gastemperatur für die Größe des Verlustes bestimmend.

Auf die genaue Berechnungsart des Schornsteinverlustes soll hier nicht eingegangen werden, weil hiezu die Zusammensetzung der Gase und des Brennstoffes notwendig ist. Im übrigen weicht das Ergebnis der genauen Berechnung von der nachstehenden nicht merklich ab.

Nach »Siegert« errechnet sich der Schornsteinverlust nach der Formel:

$$S_v = \frac{T - t}{k} \times x \text{ in } \%.$$

Hierin bedeuten:

$T =$ Abgastemperatur in °C,
$t =$ Lufttemperatur in °C,
$k =$ Kohlensäuregehalt der Gase in %,
$x =$ einen Beiwert, der von dem Kohlensäure- und dem Wassergehalt des Brennstoffes beeinflußt wird. Er beträgt bei Steinkohlen zwischen 0,65 und 0,72 und bei Braunkohlen bis 1,0.

Aus der Gleichung zur Berechnung des Schornsteinverlustes ist eindeutig zu erkennen, daß der Verlust mit steigender Gastemperatur und sinkendem Kohlensäuregehalt steigt.

Im nachstehenden soll an Hand einer Zahlentafel nachgewiesen werden, welcher Abgasverlust entsteht, wenn die Verbrennung mit verschiedenen Kohlensäuregehalten vor sich geht. Hierbei ist angenommen, daß die Abgastemperatur in allen Fällen 270° C beträgt.

CO_2-Gehalt in % . .	14	12	10	8	6	4
S_v in %	11,6	13,5	16,3	20,4	27,1	40,6

Beträgt der Gesamtkohlenaufwand bei 300 Arbeitstagen zu je 10 h 900 t Kohle im Jahr und kostet 1 t Kohle RM. 36,—, so errechnet sich ein

Geldverlust in RM. rd. bzw.	3750,—	4360,—	5260,—	6600,—	8760,—	13150,—
Kohlenverlust in t rd.	104	121	147	184	244	366

Berücksichtigt man ferner, daß bei niedriger Kohlensäure, also beim Heizen mit zu hohem Luftüberschuß, die Abgastemperatur steigt, so ergibt sich praktisch ein noch größerer Verlust.

Der Heizer hat also alles daranzusetzen, den Abgasverlust möglichst gering zu halten. Wie dies zu erreichen ist, wurde schon früher erwähnt.

Allgemein kann gesagt werden, daß eine Steigerung des Kohlensäuregehaltes über 14% hinaus keine merkliche Minderung des Abgasverlustes bringt, dagegen das Auftreten von unverbrannten Gasen herbeiführen kann.

D. Verlust durch unverbrannte Gase.

Wie schon früher ausgeführt, trägt an dem Entstehen von unverbrannten, d. h. nicht vollständig verbrannten Gasen eine schlechte oder nicht genügende Luftzufuhr die Schuld; die Verbrennung erfolgt unter Luftmangel. Es entstehen Kohlenoxydgase mit bedeutend geringerer Heizkraft und die Kohlenwasserstoffverbindungen, die sich als Rauch oder beim Ausscheiden des Kohlenstoffes als Ruß zeigen, können nicht vollkommen verbrannt werden.

Allgemein gilt: 1% unverbranntes Gas wirkt sich wärmewirtschaftlich viel ungünstiger aus als ein 4 bis 6% niedrigerer Kohlensäuregehalt der Abgase.

Die Auswirkung von unverbrannten Gasen soll an Hand der nachstehenden Zahlentafel gezeigt werden.

CO-Gehalt in %	0,2	0,4	0,6	0,8	1,0	1,5	2,0	3,0
Verlust in %	1,3	2,5	3,7	4,8	6,0	8,5	10,9	15,1

Legt man den weiter oben genannten Brennstoffverbrauch zugrunde, so ergeben sich die nachstehenden Verluste:

in RM. rd. 410,— .	785,—	1160,—	1510,—	1890,—	2670,—	3420,—	4750,—
in t Kohle rd. 11,4 .	21,8	32,2	42,0	52,5	74,0	95,0	132,0

Auch daraus ist ohne weiteres zu erkennen, daß es unbedingt wichtig ist, die Verbrennung so zu führen, daß sie vollkommen ist. Hier soll zu dem bereits früher Gesagten noch angefügt werden, daß unvollkommene Verbrennung auch dann eintritt, wenn die Feuerungstemperatur nicht genügend hoch ist bzw. durch zu langes Offenstehenlassen der Feuerungstüren zuviel Kaltluft in den Verbrennungsraum gelangt.

E. Verlust durch Leitung und Strahlung.

Der Verlust durch Leitung und Strahlung, also der Wärmeverlust des Kessels durch Abkühlung, ist in der Hauptsache abhängig von der Größe der abstrahlenden Oberfläche, von der Beschaffenheit der Umfassungen und schließlich von dem Temperaturunterschied zwischen der Umfassung und der Raumluft.

Um diese Art Verluste möglichst gering zu halten, ist es notwendig, daß bei eingemauerten Kesseln das Mauerwerk und bei isolierten Kesseln die Isolierung gut instand gehalten wird und vollständig dicht ist. Je besser das Mauerwerk bzw. die Isolierung ist, desto geringer sind die Strahlungs- und Leitungsverluste. Ein zugfreies und gut temperiertes Kesselhaus trägt außerdem viel zur Minderung dieser Verluste bei.

Mit der Raumluft in Berührung stehende Kesselteile müssen selbstverständlich mit entsprechendem Wärmeschutz versehen sein.

Zu diesen Verlusten gehören auch die beim Anheizen und zeitweiligen Stillstand des Kessels auftretenden Abkühlungsverluste. Sie können möglichst herabgedrückt werden, wenn man dafür sorgt, daß ein übermäßiges Abkühlen der Kesselwandungen, des Feuerungs- und Kesselmauerwerkes tunlichst vermieden wird. Bei Kesselstillstand ist darauf zu achten, daß durch die Feuerungen und Feuerzüge keine Luft gesaugt wird. Dies wird erreicht durch dichten Abschluß der Feuer- und Aschenfalltüren, durch Abdecken des Rostes mit Herdrückständen und durch dichten Abschluß des Rauchgasschiebers, der geschlossen zu halten ist.

F. Wirkungsgrad.

Unter dem Wirkungsgrad (Nutzeffekt) einer Anlage ist das Verhältnis zwischen der zur Dampferzeugung benötigten und der im verheizten Brennstoff enthaltenen Wärmemenge zu verstehen.

Dies wird am besten durch ein Beispiel erläutert:

In einem Kessel werden in 1 h 300 kg Kohlen mit einem Heizwert von 5000 kcal verheizt. In der gleichen Zeit werden 1470 kg Wasser von 30° verdampft, wobei Sattdampf von 10 atü Druck entsteht. Bringt man die erzeugte Dampfmenge zur aufgewendeten Brennstoffmenge ins Verhältnis, nämlich $\dfrac{1470}{300}$, so besagt dies, daß mit 1 kg Kohle 4,9 kg Wasser verdampft wurden; man sagt dann, mit der Kohle wurde eine 4,9fache Verdampfung erzielt. (Verdampfungsziffer.)

Um 4,9 kg Wasser von 30° in Dampf von 10 atü Druck überzuführen, waren

$$4,9 \times (\underset{\text{Dampfwärme}}{664} \quad - \quad \underset{\text{Wasserwärme}}{30}) = 3100 \text{ kcal}$$

nötig.

Zur Erzeugung dieser Wärme wurden 1 kg Kohle = 5000 kcal aufgewendet. Der Wirkungsgrad errechnet sich somit zu

$$\frac{3100}{5000} = 0,62 = 62\,\%.$$

Mit anderen Worten: 62% der Brennstoffwärme wurden zur Dampfbildung nutzbar gemacht.

Besteht die Anlage aus Kessel, Dampfüberhitzer und Rauchgasvorwärmer und wird im Überhitzer der Sattdampf auf 350° C überhitzt und das Speisewasser im Vorwärmer von 30 auf 120° C vorgewärmt, so errechnet sich der Wirkungsgrad unter sonstiger Beibehaltung der vorstehenden Zahlenwerte wie folgt:

Wärmeaufnahme im Kessel:
$$4,9 \times (664 - 120) = 2680 \text{ kcal},$$
Wärmeaufnahme im Überhitzer:
$$4,9 \times (753 - 664) = 435 \text{ kcal},$$
Wärmeaufnahme im Vorwärmer:
$$4,9 \times (120 - 30) = 440 \text{ kcal}.$$

Die Teilwirkungsgrade ergeben sich dann zu:

$$\text{für Dampfbildung} \quad = \frac{2680}{5000} = 53,5\%,$$

$$\text{für Dampfüberhitzung} = \frac{435}{5000} = 8,7\%,$$

$$\text{für Wasservorwärmung} = \frac{440}{5000} = 8,8\%,$$

$$\overline{71,0\%.}$$

Daraus ist ohne weiteres erkennbar, daß der Wirkungsgrad einer Anlage durch den Einbau eines Überhitzers und eines Rauchgasvorwärmers gesteigert und damit die Wirtschaftlichkeit des Betriebs gehoben werden kann. Ist anderseits ein Kessel bereits über die Normalleistung hinaus beansprucht, so ist mit der Speisewasseraufwärmung noch ein weiterer Vorteil verbunden, nämlich der einer Entlastung des Kessels. (S. auch das Wärmestrombild auf S. 197!)

VII. Hochdruckdampfkesselanlagen.

A. Feuerungsanlagen:

1. Bestandteile einer Feuerung für feste Brennstoffe.

Zur Feuerung gehören:
a) der Rost,
b) der Verbrennungsraum,
c) der Aschenraum,

d) der Bedienungsraum und

e) die Zugeinrichtung.

Der Rost hat einerseits dem Brennstoff die zu seiner Verbrennung erforderliche Luft möglichst gleichmäßig über die ganze Brennstoffschicht zuzuführen und anderseits die beim Verbrennen anfallende Asche und Schlacke abzuführen.

Im Verbrennungsraum soll eine innige Mischung der aus dem Brennstoff ausgetriebenen Gase mit der zugeführten Verbrennungsluft ermöglicht und damit eine einwandfreie Verbrennung erreicht werden (Raumverbrennung).

Der Aschenraum ist zur Aufnahme der anfallenden Asche notwendig.

Ein Bedienungsraum (Heizerstand vor dem Kessel) ist erforderlich, damit der Heizer in der Lage ist, die Feuerung ordentlich bedienen zu können.

Durch die Zugeinrichtung schließlich wird dem Rost die zur Verbrennung erforderliche Luft zugeführt und die entstehenden Gase abgeführt.

2. Rostfläche.

Die Größe eines Rostes (Rostfläche) wird entsprechend den Abmessungen in m² berechnet. Ist also ein Rost 2 m lang und 1 m breit, so beträgt die Rostfläche $2,0 \times 1,0 = 2,0$ m². Diese Rostfläche wird mit Gesamtrostfläche bezeichnet im Gegensatz zur freien Rostfläche, unter der man die Summe aller Rostspaltflächen versteht. Die freie Rostfläche wird bestimmt von der Körnung des Brennstoffes, vom Verhalten des Brennstoffes bei der Verbrennung und schließlich vom Gehalt des Brennstoffes an flüchtigen Bestandteilen. Je kleinkörniger der Brennstoff ist, desto enger müssen die Rostspalten sein. Gasreicher Brennstoff und backender Brennstoff verlangen großen Luftdurchgang.

3. Rostbeanspruchung.

Unter Rostbeanspruchung, Rostbelastung oder Brenngeschwindigkeit versteht man diejenige Brennstoffmenge, die auf 1 m² Rostfläche in 1 h verbrannt wird. Werden also auf einem Rost mit 3 m² Rostfläche in 10 h insgesamt 3000 kg Kohlen verbrannt, so ist die Rostbeanspruchung

$$\frac{3000}{10 \times 3,0} = 100 \text{ kg/m}^2\text{/h.}$$

Die Höhe der erreichbaren und dabei noch wirtschaftlichen Rostbeanspruchung ist abhängig von der Art des Brennstoffes, von der Art der Feuerung und von der Größe des zur Verfügung stehenden Zuges.

Allgemeine gültige Zahlen über die Rostbelastung lassen sich daher nicht angeben.

Annähernd kann man aber je nach den Betriebsverhältnissen mit folgenden Rostbeanspruchungen rechnen:

Steinkohlen . . . . 30 bis 100 kg/m²/h
obb. Pechkohlen . . . . . . 100 » 150 »
Braunkohlen . . . . 120 » 200 »
Braunkohlenbrikett . . . . 100 » 120 »
lufttrockenem Holz . 130 » 170 »
gepreßtem Torf . . . . . . 120 » 200 »
Gas- und Zechenkoks . . . . 80 » 100 »

4. Praktische Kennzeichen der Rostbeanspruchung.

Im nachstehenden sollen einige praktische Hinweise, die auf zu hohe bzw. zu geringe Rostbelastungen schließen lassen, gemacht werden. Dabei ist vorausgesetzt, daß der Feuerungsbetrieb mit den gegebenen Mitteln ordentlich geführt wird und auch sonst der Anlagezustand einwandfrei ist.

a) Ist es trotz bester Feuerführung nicht möglich, den benötigten Dampf zu erzeugen bzw. den Druck zu halten, so ist der Rost zu klein; die erforderliche Brennstoffmenge kann auf ihm nicht verheizt werden.
   Abhilfe: Zugverstärkung, besserer Brennstoff, größerer Rost.

b) Der erforderliche Druck kann zwar noch gehalten werden, aber bei der dabei erforderlichen Brennschichthöhe entsteigt dem Schornstein schwarzer Rauch. Auch in diesem Falle ist der Rost zu hoch beansprucht.
   Abhilfe: Wie unter a) angegeben.

c) Muß der Heizer um den Druck zu halten, öfters im Feuer rühren und häufig abschlacken, so ist die Rostbeanspruchung ebenfalls zu groß, d. h. der Rost zu klein.
   Abhilfe: Der Rost ist zu vergrößern.

d) Bei einer gegebenen Belastung stellt sich heraus, daß der Rost nur ganz mäßig bedeckt gehalten werden darf, um nicht die Sicherheitsventile zum Abblasen zu bringen. Die Brenngeschwindigkeit ist dann zu gering, also der Rost zu groß.
   Abhilfe: Rost, wenn möglich, mit Schamottesteinen teilweise abdecken, Übergang auf einen minderen Brennstoff oder kleineren Rost einbauen.

e) Ziehen die Verbrennungsgase mit einem geringen Gehalt an Kohlensäure ab und ist die Abgastemperatur dabei hoch, so arbeitet man wegen des zu großen Rostes und der dadurch bedingten mäßigen Bedeckung mit zu hohem Luftüberschuß.
   Abhilfe: Wie unter d) angegeben.

5. Bestandteile des Rostes.

Die gewöhnlichen Roste bestehen aus

a) dem Feuergeschränk,
b) der Schürplatte,
c) den Roststäben und
d) der Feuerbrücke.

Das Feuergeschränk dient zur Auflage der Roststäbe und zur Begrenzung des Feuerraumes; es gehören zu ihm auch die Schürtüre und die Aschenraumtüre.

Die Schürplatte, die dem eigentlichen Rost vorgebaut ist, ist zur Beschickung und bei manchen Feuerungen auch zum Verschwelen bzw. Trocknen des Brennstoffes erforderlich.

Die Roststäbe, die zusammengereiht die Rostfläche bilden, nehmen den Brennstoff auf und ermöglichen seine Verbrennung.

Die Feuerbrücke bildet den hinteren Abschluß des Rostes und hat den Hauptzweck, das Beschicken des Rostes über seine Länge hinaus zu verhindern.

6. Feuerungen für feste Brennstoffe.

Je nach der Lage der Feuerungen zum Kessel unterscheidet man Innenfeuerungen, Vorfeuerungen, Unterfeuerungen und Zwischenfeuerungen.

Entsprechend der Lage und Ausführung der Rostbahn kennt man
Planroste — Schrägroste — Treppenroste — Muldenroste.

Die Beschickungsart trennt die Feuerungen in handbeschickte und in selbsttätig beschickte Roste.

Schließlich spricht man noch von Feuerungen mit festem und bewegtem Rost.

a) Die Planrostfeuerung.

Der Rost, auf dem praktisch jeder feste Brennstoff verheizt werden kann, ist der Planrost; man kann auf ihm hoch- und minderwertigen, klein- und großstückigen, gasreichen und gasarmen Brennstoff verfeuern, wenn die Roststabform dem Brennstoff einigermaßen angepaßt ist.

Der Planrost findet Verwendung als Innen-, Vor- und Unterfeuerung. Beim innengefeuerten Kessel kann man ihn auch nach außen verlängern, um entweder eine größere Rostlänge zu gewinnen oder zu erreichen, daß die Verbrennungsgase zu ihrer vollständigen Verbrennung einen längeren Weg zurücklegen, ehe sie auf die kältere Heizfläche treffen. In Bild 1 ist eine nach außen verlängerte Planrostinnenfeuerung, die von Hand beschickt wird, dargestellt.

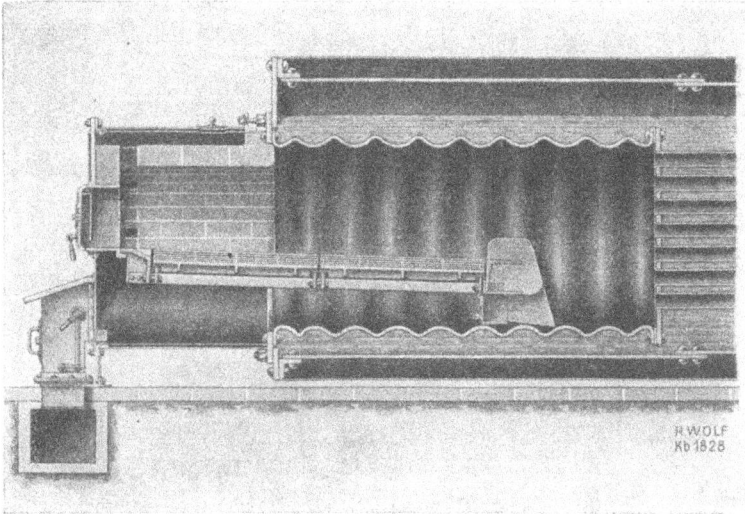

Bild 1. Planrostfeuerung einer Wolf-Lokomobile.

α) *Roststabformen für Planroste.*

Bild 2 zeigt einen einfachen Flach- bzw. Langroststab. Er ist für jeden beliebigen Brennstoff geeignet, wenn die Spaltenbreite des Rostes der Körnung des Brennstoffes entspricht. Bei hochwertigen Brennstoffen wird man zur Erreichung einer genügenden Roststabkühlung am besten hohe Roststäbe verwenden.

Bild 2. Langroststab.

Bild 3. Schlangenroststab.

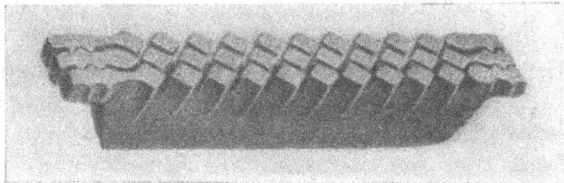

Bild 4. Polygonroststab.

Bild 5. Platten- oder Rundrost.

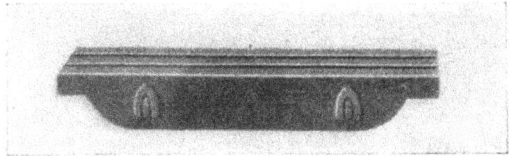

Bild 6. Bündelstabrost.

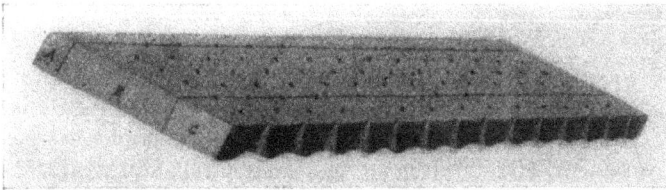

Bild 7.
Düsenstabrost.

Der Wellen-, der Schlangen- und der Polygonroststab — Bild 3 und 4 — sind für kleinkörnige Brennstoffe und gasreiche Kohle wegen der großen freien Rostfläche besonders geeignet. Der Platten-rost und der Bündelrost — Bild 5 und 6 — dienen zur Verheizung minderwertigerer, d. h. nicht zu scharfer Brennstoffe. Der Düsenrost — Bild 7 — ist für die Verheizung von Kleinkohle und minderwertigem Brennstoff gedacht. Beim Düsenrost kommt man aber mit natürlichem Schornsteinzug nicht mehr aus.

β) Beschickung der Planroste von Hand.

Die ganze Rostfläche muß gleichmäßig mit Brennstoff bedeckt sein. Jede Anhäufung des Brennstoffes an irgendeiner Stelle des Rostes be-dingt ungleichmäßigen Abbrand und damit ungleiche Verbrennungs-verhältnisse. Wo die Kohle zu seicht liegt, tritt bei gegebener Zug-stärke schnellerer Abbrand mit anschließendem Luftüberschuß ein; wo sie zu dick liegt, verbrennt die Kohle unter Umständen mit zuwenig Luft. Dies ist besonders dann ungünstig, wenn der rückwärtige Teil des Rostes eher abbrennt als der vordere.

Kommt gasreicher Brennstoff zur Verheizung, so darf wegen der Rauchbildung nicht zuviel Kohle auf einmal aufgegeben werden. Hier muß als Grundsatz gelten, oft und wenig aufgeben. Bei großer Feuerleistung soll der aufzugebende Brennstoff über das ganze Brennstoffbett gleichmäßig verteilt werden. Man heißt diese Art zu feuern »streufeuern«.

Eine bessere Beschickungsart — sie kommt bei kleinerer Feuerleistung in Anwendung — besteht darin, den Brennstoff auf die Schürplatte zu legen und erst nach seiner Entgasung auf das Brennstoffbett zu schieben. Man heißt dies »kopffeuern«. Allerdings ist dabei unbedingt nötig, daß das Brennstoffbett guten Brand aufweist, denn die ausgetriebenen Gase des vorne aufgelegten Brennstoffes sollen auf dem Wege über die Brennstoffglut verbrennen.

Genügt bei dieser Beschickungsart die Primärluftzuführung nicht, um eine rauchfreie Verbrennung zu erzielen, so kann man dem dadurch beikommen, daß man während der Entgasungsperiode die Feuertüre zwecks Zutritt von Oberluft etwas geöffnet hält. Bei Heizrohrkesseln ist in dieser Hinsicht jedoch Vorsicht geboten.

γ) Höhe der Brennstoffschicht.

Die zu haltende Brennschichthöhe ist abhängig von der Art des Brennstoffes, von der Rostbelastung und von der Höhe des Schornsteinzuges. Bestimmte Zahlenwerte lassen sich nicht angeben. Ganz allgemein gilt, großstückiger Brennstoff verlangt wegen der leichteren Luftdurchlässigkeit eine höhere Brennschicht als kleinkörniger, dicht gelagerter Brennstoff. Gasreicher Brennstoff bedingt eine kleinere Schütthöhe als gasarmer Brennstoff.

δ) Abschlacken eines Planrostes.

Solange die Rostuntersicht hell erscheint, geht die Verbrennung ordentlich vor sich, der Rost ist sauber. Erscheinen unter dem Rost dunkle Flecken oder bleibt dieser trotz Stocherns schwarz, so ist das ein Zeichen, daß der Rost verschlackt ist.

Besitzt die Kesselanlage nur eine Feuerung, so muß das Abschlacken, um den Betrieb nicht zu stark zu beeinträchtigen, möglichst rasch erfolgen. Es ist zu berücksichtigen, daß während dieser Zeit nicht nur die Dampferzeugung unterbunden wird, sondern auch durch das Offenstehen der Feuertüre kalte Luft einströmt, die den Verbrennungsraum stark abkühlt. Um dieses nach Möglichkeit hintanzuhalten, ist der Rauchgasschieber zu drosseln. Die vorhandene Glut wird nun auf die eine Seite des Rostes geschoben und die Rückstände von der frei gemachten Seite gezogen. Darauf wird die andere Seite ebenso behandelt. Ist der Rost dann frei von Asche und Schlacke, so wird die Glut auf den ganzen Rost gleichmäßig ausgebreitet und frischer Brennstoff in kleinen

Mengen gleichmäßig verteilt aufgegeben. Hierbei ist von der Oberluft-
zuführung Gebrauch zu machen.

ε) *Maßnahmen für rauchschwache Verbrennung.*

1. Zweitluftzuführung.

Auf eine behelfsmäßige Maßnahme — Offenstehenlassen der Feuer-
türen — zur Zweitluftzuführung ist bereits hingewiesen worden. Zum
gleichen Zweck sind vielfach in der Feuertüre genügend große, verschließbare Luftschlitze angeordnet. In beiden Fällen besteht aber der
Nachteil, daß kalte Luft in den Verbrennungsraum gelangt. Besser
eignet sich daher die Einführung von Zweitluft durch die Feuerbrücke
(s. Bild 8), weil hier die Luft durch die ganze Aschenfallänge streicht

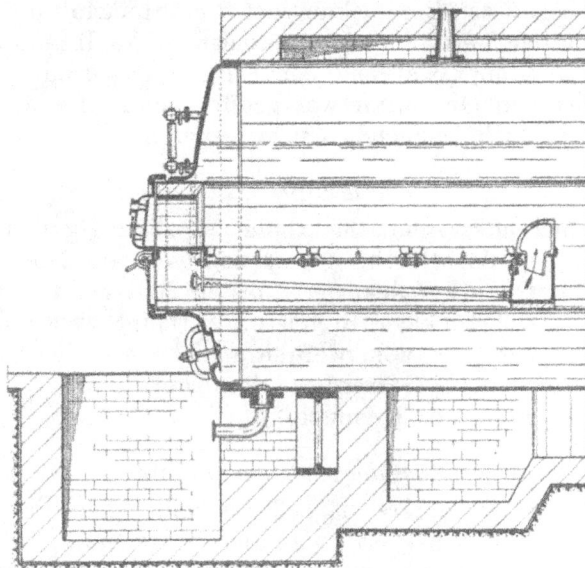

Bild 8. Zweitluftzuführung durch die Feuerbüchse nach Thost, Feuerungsanlagen in Zwickau.

und dabei durch die Abstrahlung des Rostes vorgewärmt wird und weil
sie beim Durchströmen der heißen Feuerbrücke noch eine besondere
Aufwärmung erfährt. Allerdings muß bei dieser Art Zweitluftzuführung
die Möglichkeit geschaffen sein, diese im Bedarfsfalle wegnehmen zu
können.

2. Einbauten.

Eine Besserung der Verbrennung und damit Vermeidung von Rauchentwicklung wird auch durch entsprechende Einbauten, wie Drallsteine
und Gittermauerwerk, erreicht. Beide Einbauten setzen aber gute
Zugverhältnisse voraus.

3. Rostbeschicker.

Um dem Heizer seine schwere und verantwortungsvolle Arbeit zu erleichtern und durch gleichmäßige Beschickung eine bessere Verbrennung herbeizuführen, rüstet man die Feuerungen vielfach mit selbsttätigen Rostbeschickern aus. Die Handfeuerung wird zur mechanischen Feuerung.

In den Bildern 9 und 10 sind derartige Einrichtungen, von denen es noch andere gute Bauarten gibt, dargestellt.

Mit allen diesen Apparaten wird die der Verbrennung angepaßte Kohlenmenge in regelbaren Abständen und über die ganze Rostfläche verteilt selbsttätig aufgegeben. Es ist jedoch Voraussetzung, daß

a) möglichst gleichkörniger Brennstoff verheizt wird, weil nur dann dessen Verteilung gleichmäßig über die ganze Rostfläche erfolgen kann,

b) der Instandhaltung der einzelnen Einrichtungsteile größte Aufmerksamkeit geschenkt wird, und

c) die Arbeitsweise der Beschicker durch Beobachtung des Brennstoffbettes geprüft wird.

Bild 9. Rostbeschicker von Münckner & Cie., Bautzen

Bild 9 zeigt den Rostbeschicker der Maschinenfabrik Münckner & Co. in Bautzen. Im Boden des Kohlentrichters ist ein aus einer segmentartigen Scheibe bestehender und mit einem

Nocken versehener Ringschieber eingebaut, der durch eine senkrechte Antriebswelle eine hin- und hergehende Bewegung erhält und hierbei die Kohlen über den Segmentabschnitt durch die Stirnflächen des Segments nach der offenen Seite des Kohlentrichters hinausschiebt. Es fällt also bei jedem Hub des Ringschiebers eine bestimmte Kohlenmenge über die Überfallnase, die ein unzeitiges Nachrutschen der Kohle

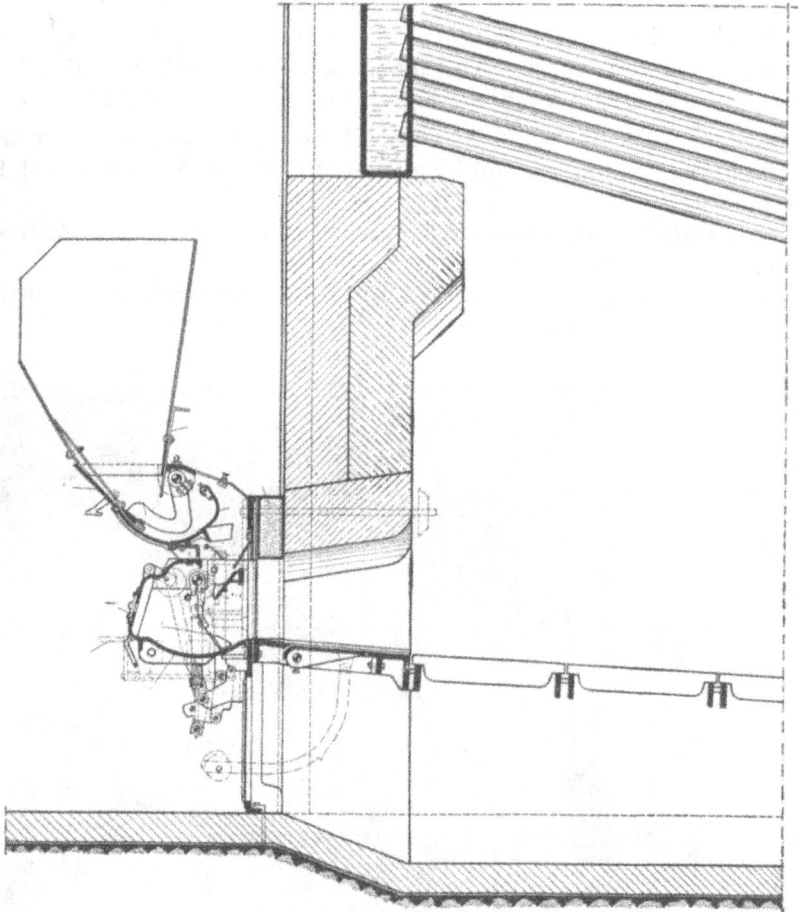

Bild 10. Rostbeschicker von C. H. Weck, Greiz-Dölau.

bei ausgeschlagener Wurfschaufel verhindert, auf die Wurfplatte. Damit die Kohle richtig vor die Wurfschaufel gelangt, ist noch eine Leitschaufel angebracht. Die Zuführung der Kohlen durch den Ringschieber läßt sich derart regeln, daß die Kohle entweder mitten vor die Wurfschaufel oder seitwärts, und zwar abwechselnd links oder rechts davon fällt, so daß auch eine beliebige Breitenstreuung erzielt werden kann. Der Wurf der Kohle wird durch Federn in Verbindung mit einem Knaggenrad und Daumen bewirkt. Durch verschiedene Knaggenstellungen wird der Rost der Länge nach gleichmäßig beschickt.

Der Antrieb besteht aus Stirnzahnrädern, die in einem gußeisernen Gehäuse staubdicht eingekapselt und durch einen dichtschließenden Deckel zugänglich sind.

Für Zweitlufteinführung ist gesorgt.

Der in Bild 10 dargestellte Rostbeschicker von der Firma C. H. W e c k in G r e i z - D ö l a u besitzt einen Kohlentrichter mit darunterliegenden gußeisernen Brennstoffzuführungströgen. Die Brennstoffzuteilung nach den Wurfkästen erfolgt durch im Hub verstellbare Bogenschieber mit breiten, keilförmigen Förderschuhen. Diese nehmen beim Vorwärtsgang den Brennstoff mit und schieben sich beim Rückwärtsgang unter die Kohle. Eingebaute Rühreisen verhindern, daß der Brennstoff im Trichter hängenbleiben kann; durch mechanisch bewegte Kohlenabschlußklappen wird ein Nachbröckeln von Brennstoff und durch federnde Kohlentrogplatten ein Schwergehen der Apparate bei krustenbildenden Kohlen vermieden. An der Kohlenüberfallstelle ist ein verstellbares, trichterförmiges Gußstück mit einer pendelnden Anweisplatte eingesetzt, mit dem die Durchgangsweite verändert werden kann. Die herabgleitende Kohle wird hiedurch zusammengefaßt und fällt gegen eine verstellbare, muldenförmige Leitschaufel, von wo aus sie vor die Streunase der Wurfschaufel gelangt. Der Apparat arbeitet mit 8 Wurfweiten.

Der Antrieb erfolgt durch Transmission oder Motorgetriebe. In den meisten Fällen wird letzteres mit Schneckenradübersetzung gewählt. Auch bei diesem Apparat ist das Getriebe eingekapselt. Für Zweitluftzuführung ist auch hier gesorgt.

b) Die Schrägrostfeuerung.

Den in einem Winkel zur Waagrechten, also schräg liegenden Planrost heißt man Schrägrost — s. Bild 11. Er ist aus gewöhnlichen Langroststäben derart zusammengesetzt, daß im oberen Teil die Rostspalten in der Regel enger gehalten sind als im unteren Teil. Die Rostneigung muß dem Böschungswinkel des zu verheizenden Brennstoffes angepaßt sein, um ein Nach-

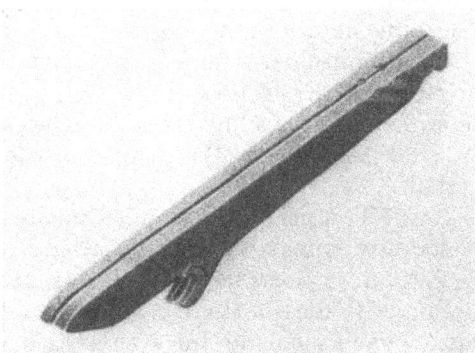

Bild 11. Schrägrost.

rutschen des Brennstoffes entsprechend dem Abbrand zu erreichen. Dem Schrägrost ist gleich dem Planrost eine Schürplatte (Vergasungsplatte) vorgelagert.

Diese Feuerungen werden als Innen-, Unter- und Vorfeuerungen angewendet; auf ihnen kommen nur sortierte, also gleichmäßig gekörnte Brennstoffe mit wenig Feingehalt sowie Torf und Holzabfälle zur Verbrennung.

Den Abschluß des Rostes bildet ein Schlackenhaufen, der immer vorhanden sein muß, um den Eintritt von Falschluft in den Verbrennungsraum zu verhindern. Der Schlackenhaufenverschluß wird zweckmäßigerweise durch einen an den Hauptrost anschließenden Planrost ersetzt, weil mit ihm ein besserer Ausbrand der Rückstände erzielt wird.

Das Beschicken und das Abschlacken erfolgt in der gleichen Weise wie bei dem im nachstehenden Abschnitt behandelten Treppenrost. Es sei deshalb darauf Bezug genommen.

c) Die Treppenrostfeuerung.

Beim Treppenrost — Bild 12 — bestehen, wie schon der Name sagt, die Roststäbe aus untereinandergereihten Treppen bzw. Stufen, deren Abstände voneinander (Rostspalten) von oben nach unten in der Regel abnehmen; dies ist erforderlich, weil die Brennschichthöhe von oben nach unten ebenfalls abnimmt. Die Rostneigung muß auch hier dem Böschungswinkel des Brennstoffes angepaßt sein. Da aber ein und derselbe Brennstoff je nach seinem Wasser- bzw. Feuchtigkeitsgehalt verschieden abrutscht, macht man die Rostneigung durch eine entsprechende Zugstangeneinrichtung verstellbar. Die Brennschichthöhe ist durch einen Brennschichtschieber regelbar. Vor dem Rost ist eine Schwelplatte, am Ende des Rostes ein Ausbrandrost angeordnet. Letzterer kann als Ziehplattenrost oder als Kipprost ausgebildet werden. In Bild 13 ist eine Treppenrostvorfeuerung mit Ziehplattenrost dargestellt.

Bild 12. Treppenrost.

Auf Treppenrosten können hochwertige Brennstoffe wie Steinkohle, Koks usw. nicht verheizt werden, weil wegen der großen Angriffsflächen der Rostplatten bei der starken Wärmeentwicklung dieser Brennstoffe die Platten in ganz kurzer Zeit zerstört würden. Treppenroste eignen sich nur für weniger scharfen Brennstoff, wie obb. Kohle, Braunkohle, Lohe, Sägemehl usw. — Die Feinheit des Brennstoffes ist ohne Belang. Grobstückiger Brennstoff ist für Treppenroste ungeeignet, da hiebei der Luftüberschuß zu groß wird. Außerdem tritt ein zu starkes Abrutschen des Brennstoffes ein, wobei Gasverpuffungen auftreten können.

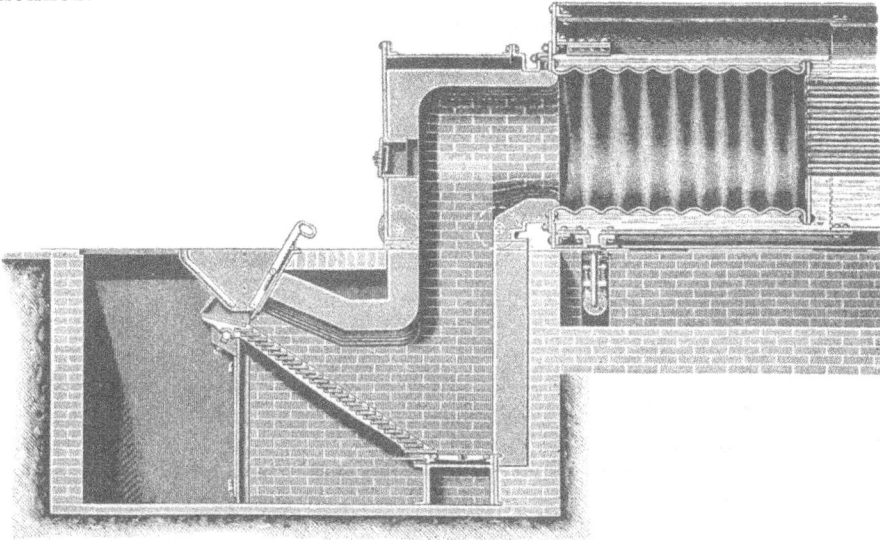

Bild 13. Treppenrostfeuerung an einer Wolf-Lokomobile.

Für Sägemehlverheizung ist noch eine Abart des Treppenrostes bekannt, bei welcher der Rost aus Langstäben besteht, an die stufenförmige Treppen angegossen sind. S. Bild 14.

Bild 14. Schaufelroststab.

Auf derartigen Rosten können alle schlackenarmen, minderwertigen Brennstoffe einwandfrei verheizt werden.

α) *Beschickung der Treppenroste von Hand.*

Das Beschicken des Schrägrostes und des Treppenrostes geht, wenn der Schütttrichter mit Brennstoff aufgefüllt ist, mehr oder minder selbsttätig vor sich. Der Brennstoff rutscht bei richtiger Rostneigung entsprechend dem Abbrand von selbst nach. Treten Störungen ein, so hilft man sich mit Durchriegeln mit einer Flachlanze; man fährt einfach mit dieser die einzelnen Roststufen von oben beginnend der Breite nach

4*

durch. Dies ist schon deshalb notwendig, um ein Festbrennen der Schlacke an den Plattenspitzen, was besonders beim Übergang vom Treppenrost zum Ausbrandrost der Fall ist, zu verhindern. Grundsätzlich falsch ist es, das Nachstochern durch den Schütttrichter vorzunehmen, weil hiebei der Brennstoff über den ganzen Rost rutscht, am unteren Rostende einen Haufen bildet und dann wegen Luftmangels nicht ordentlich verbrennen kann. Der Ausbrandrost muß stets mit ausgebrannter Schlacke gut bedeckt sein, um den Eintritt von Falschluft in den Verbrennungsraum zu verhindern.

Wenn der Treppenrost gut bedient wird, dann zeigt sich folgender Zustand:

1. Im oberen Drittel des Rostes wird der Brennstoff nicht verbrannt, sondern nur getrocknet und entgast. Damit wird auch erreicht, daß der Brennstoff im Schütttrichter nicht zum Brennen kommt.
2. Der übrige Teil des Hauptrostes befindet sich im guten Feuerzustande, die Gase ziehen mit helleuchtender Flamme ab, die Rostuntersicht ist hier hell.
3. Der Ausbrandrost ist gut bedeckt, so daß nur soviel Luft durch ihn eintreten kann, als zum Nachverbrennen der etwa auf ihn gelangten Kohlenteile nötig ist.

β) *Abschlacken der Treppenroste.*

Beim Abschlacken ist wie folgt zu verfahren:

Nachdem das Feuer ziemlich abgebrannt ist, wird als erstes der Ausbrandrost gezogen oder gekippt und gründlich gesäubert. Ist er wieder in seiner Verschlußstellung, dann wird mit dem Durchriegeln der einzelnen Rostplatten, und zwar von oben nach unten begonnen. Man befreit damit die Rostplatten von der Schlacke und befördert diese gleichzeitig auf den Fangrost, der dann wieder zu Beginn des Feuers entsprechend abgedeckt ist. Ein anderer Arbeitsvorgang ist falsch und führt zu Brennstoffverlusten.

γ) *Zweitluft für Treppenroste.*

Kommt gasreicher Brennstoff zur Verheizung, so ist das Einführen von vorgewärmter Zweitluft in den Verbrennungsraum erforderlich (Bild 15). Hierbei ist zu beachten, daß die Kanäle so weit angelegt und so geführt werden, daß sie der eintretenden Luft keinen zu großen Widerstand entgegenstellen. Die Zweitluftzuführung muß auch hier regelbar sein.

d) Die Muldenrostfeuerung.

Bei der in dem Bild 16 gezeigten Muldenrostfeuerung bildet der aus grätenartig geschlitzten Roststäben gebildete Rost eine Mulde, in der die Verbrennung stattfindet. Die Muldenrostfeuerung stellt eine Vor-

Längsschnitt

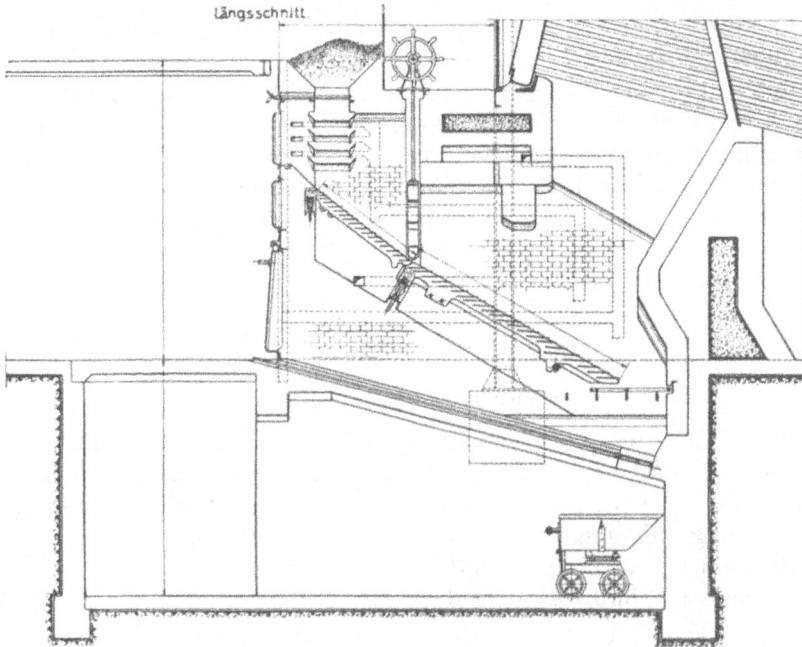

Bild 15. Thostscher Hochleistungs-Treppenrost mit Zweitluftzuführung.

Bild 16. Muldenrostfeuerung von Weinhold und Hiller in Leipzig W 35.

feuerung dar und ist geeignet, große Mengen minderwertigen Brennstoffes, hauptsächlich Rohbraunkohle, zu verarbeiten. Die auf der ganzen Länge zu beiden Seiten des Rostes angeordneten Schächte nehmen den Brennstoff auf, wo er durch die abstrahlende Wärme des Gewölbemauerwerkes vorgetrocknet und entgast wird, ehe er auf den Verbrennungsrost gelangt.

Die Zuführungsmenge von Brennstoff auf den Rost und damit die Brennschichthöhe kann geregelt werden. Durch die Ausbildung eines günstigen Verbrennungsraumes und der geeigneten Zuführung von vorgewärmter Zweitluft in Kanälen, die zu beiden Seiten des Verbrennungsgewölbes angeordnet sind, wird eine ordentliche Verbrennung und eine einwandfreie Nachverbrennung der ausgetriebenen Gase beim Vortrocknen des Brennstoffes erreicht.

e) Die Wanderrostfeuerung.

α) *Der normale Wanderrost.*

Je größer die Kesseleinheiten und die Kesselleistungen werden, desto größer wird auch die zu verheizende Brennstoffmenge und damit die Rostfläche, denn die Kesselleistung ist letzten Endes von der Feuerungsleistung abhängig. Ein normaler Wasserrohrkessel mit etwa 350 m² Heizfläche ist imstande, stündlich rd. 10500 kg Dampf zu erzeugen. Nimmt man an, daß mit 1 kg der verheizten Kohle eine 6,7 fache Ver-

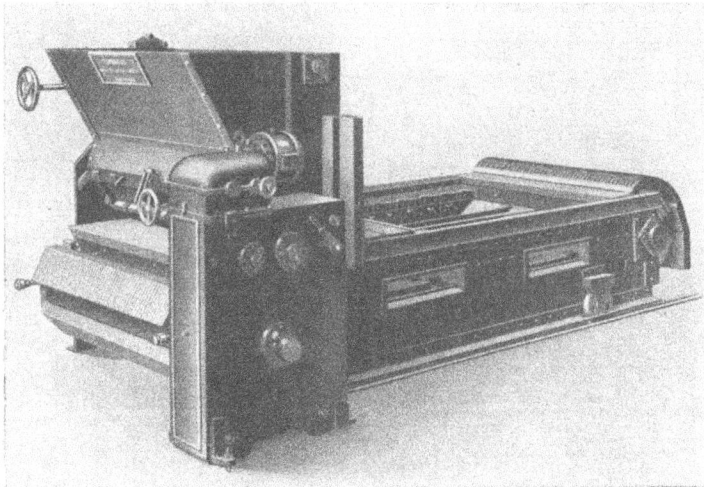

Bild 17. Wanderrost von C. H. Weck, Greiz-Dölau mit Schlackenabstreifer am Rostende.

dampfung erzielt wird, so sind stündlich rd. 1570 kg Kohlen zu verheizen. Hiezu ist bei einer angenommenen Rostbelastung von rund 150 kg/m²/h eine Rostfläche von rd. 10,4 m² erforderlich. Daß eine solche Rostfläche von Hand oder mit Rostbeschickern nicht mehr bedient werden kann, ist leicht einzusehen.

Diese Tatsache und der Umstand, daß man die in Bergwerken anfallende Kleinkohle (Waschgrieß) ohne Schwierigkeiten in industriellen Anlagen unterbringen wollte, sind bei der Einführung der Wanderroste mitbestimmend gewesen, da sich Wanderroste für größere Leistungen und zur Verheizung der meisten feinkörnigen Kohlensorten eignen.

Der Wander- oder Kettenrost (Bild 17) ist ein Planrost, der aber nicht feststeht, sondern sich bewegt. Er stellt ein endloses Band aus einzelnen Roststäben dar, die entweder neben- und hintereinandergereiht auf besonderen Formeisen befestigt sind, man spricht dann von einem Wanderrost, oder unter sich mit Bolzen zu einer Roststabkette befestigt sind, man spricht dann von einem Kettenrost.

Der Antrieb des Rostes erfolgt über ein Zahnradgetriebe, das entweder unmittelbar oder über ein Vorgelege durch einen Motor angetrieben wird. Durch entsprechende Stufenschaltungen kann der Rost entsprechend den Bedürfnissen mit verschiedenen Geschwindigkeiten laufen.

Der Wanderrost wird von einem Kohlentrichter aus über die ganze Breite des Rostes beschickt. Die Brennschichthöhe kann kurz vor dem Einlaufen der Kohle in den Verbrennungsraum durch einen mit Schamottesteinen ausgekleideten Brennschichtschieber eingestellt werden. Hinter dem Schieber entzündet sich der Brennstoff und entgast, um beim weiteren Vordringen in den Verbrennungsraum zu verbrennen. Je nach der leichteren oder schwereren Entzündbarkeit des Brennstoffes ist es notwendig, ein Zündgewölbe anzuordnen.

Bei Wanderrostfeuerungen ist zu berücksichtigen, daß entgegen allen bisher be-

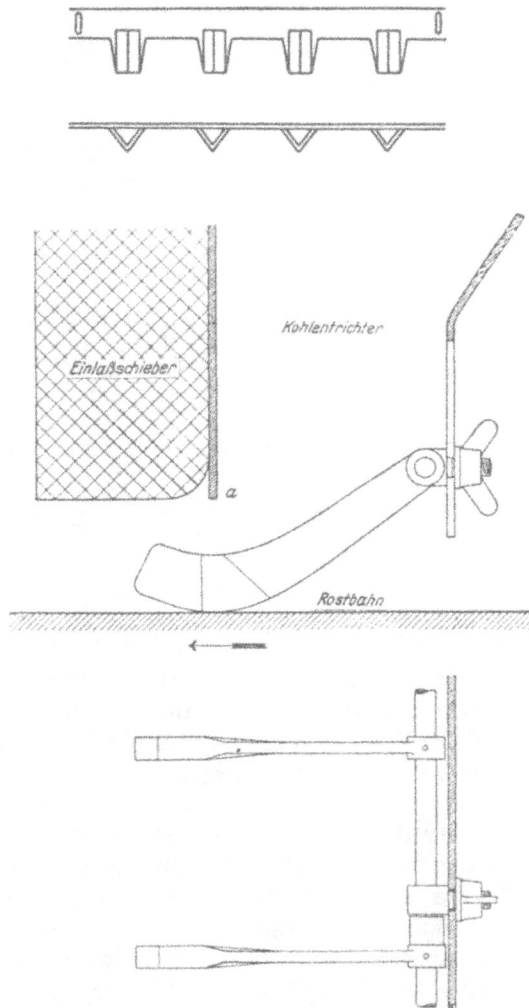

Bild 19. Furchenzieher.

handelten Feuerungen der Brennstoff von oben nach unten abbrennen muß. Das Zünden der Kohle wird erleichtert, wenn kurz hinter dem Brennstoffschieber Kohlenauflockerungseinrichtungen eingehängt sind. Diese leisten besonders beim Fahren mit hoher Schicht gute Dienste (s. Bild 18 und 19 auf Seite 45).

Am Rostende ist eine verschließbare Schlackenkammer vertieft angeordnet. Um nun einerseits die ganze Rostlänge ausnützen zu können und anderseits Verluste durch Unverbranntes in den Rückständen nach

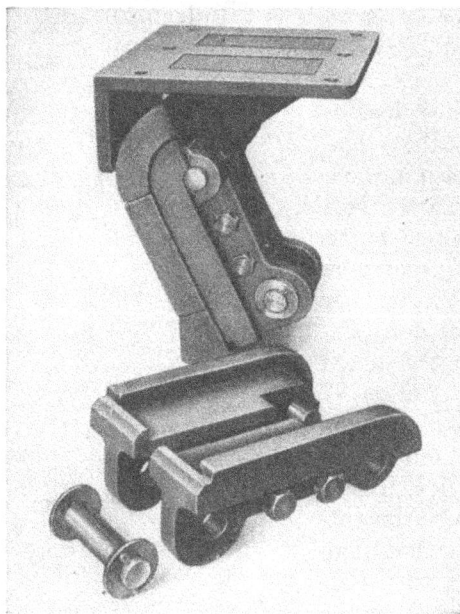

Bild 20.   Pendelstauer.   Dampfkesselfabrik Wagner in Cannstadt.

Möglichkeit zu vermeiden, wird am Rostende eine Schlackenstauvorrichtung vorgesehen. Die einfachste Einrichtung hiezu besteht aus gußeisernen Abstreifern, die mit auswechselbaren Stahlspitzen auf dem Rost aufliegen, die ankommende Schlacke anstauen und einen guten Ausbrand ermöglichen. Diese Abstreifer unterliegen aber durch die bei starkem Feuer auftretende große Hitze einem raschen Verschleiß.

An ihrer Stelle verwendet man deshalb besser wassergekühlte Hohlbalken bzw. Pendelstauer (Bild 20), wobei letzteren der Vorzug zu geben ist, da sie sich einzeln, je nach der Schlackenansammlung, abheben.

Wichtig bei diesen Rosten ist noch die seitliche Abdichtung der Brennbahn gegen die Feuerraumwände hin, da auch ein verhältnismäßig geringer Falschluftdurchtritt, der sich über die Seiten des gesamten Rostes erstreckt, von sehr schädlichem Einfluß auf die Güte der Verbrennung und die Haltbarkeit des Rostes sein kann. In Bild 21 ist eine Abdichtung, wie sie die Firma B o r s i g in B e r l i n - T e g e l bei der von ihr gebauten Wanderrostfeuerung anwendet, dargestellt.

Bild 2⅟₄. Seitliche Abdichtung eines Wanderrostes bei einem Borsig-Kessel.

Die Luftzuführung zum einfachen Wanderrost erfolgt am zweckmäßigsten von der Heizerstandseite, also von vorne aus. Hiebei bestreicht die Verbrennungsluft, ehe sie durch die Brennbahn dringt, den rückkehrenden Rostteil, wobei sie diesen kühlt und sich erwärmt.

β) Der Zonenwanderrost.

Es läßt sich nun leicht vorstellen, daß der für die Normalleistung gebaute Rost bei geringerer Belastung nicht mehr vollbedeckt ist; die Brennschicht brennt vielleicht schon im zweiten Rostdrittel ab. In diesem Zustande würde demnach unnötig viel Luft durch den hinteren Rostteil dringen und die Brennstoffausnützung infolge zu großen Luftüberschusses verschlechtern. Um diesem Mangel zu begegnen, ist es notwendig, für eine künstliche Abdeckung des Rostes an den Stellen zu sorgen, wo die Kohle bereits abgebrannt ist. Dies geschieht entweder

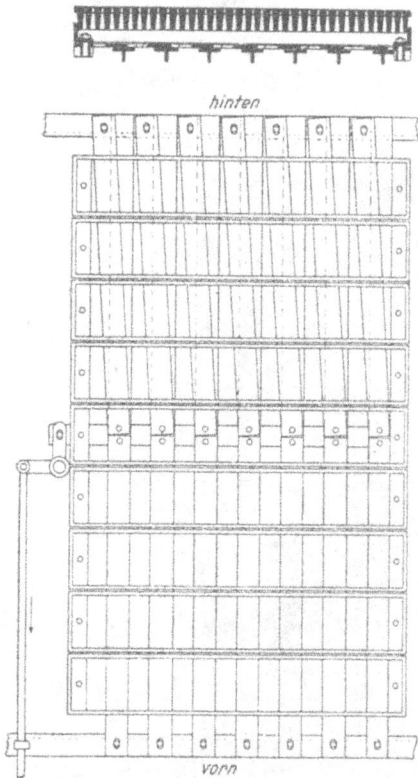

Bild 22. Luftschiebegitter unter einem Wanderrost von C. H. Weck, Greiz-Dölau.

durch Anordnung eines Luftschieber-gitters nach Bild 22 oder durch Ein-teilung der ganzen Rostlänge, wie in Bild 23 gezeigt, in abschließbare Luft-zonen. Der Hauptvorzug des Zonen-rostes gegenüber dem einfachen Wan-derrost besteht darin, daß sich bei geringen Lasten ein Teil der Rost-fläche abschalten läßt. Dadurch ver-meidet man in solchen Fällen hohen Luftüberschuß, insbesondere im Be-reich der ausbrennenden dünnen Schicht. Beim Zonenrost hat man es ohne weiteres in der Hand, die Verbrennungsluft dorthin zu leiten, wo sie notwendig ist. Auch kann beim Zonenrost der Übergang auf einen anderen Brennstoff leichter be-tätigt werden. Enthielt z. B. der bis-herige Brennstoff wenig flüchtige Be-standteile, so war auch die notwendige Luftmenge im ersten Rostdrittel ge-ring. Enthält der neue zu verheizende Brennstoff mehr flüchtige Bestand-teile, so verlangt dieser bei seiner Entgasung mehr Luft. Die Luftzu-führung kann aber mit dem Zonen-

Bild 23. Luftzoneneinteilung eines Wanderrostes von Borsig, Berlin-Tegel.

luftschieber entsprechend geregelt und den jeweiligen Bedürfnissen angepaßt werden.

Bei höheren Leistungen und bei Kohlen mit ungünstigen Brenn-
eigenschaften wird zusätzlich Unterwind verwendet (Bild 24). Dabei

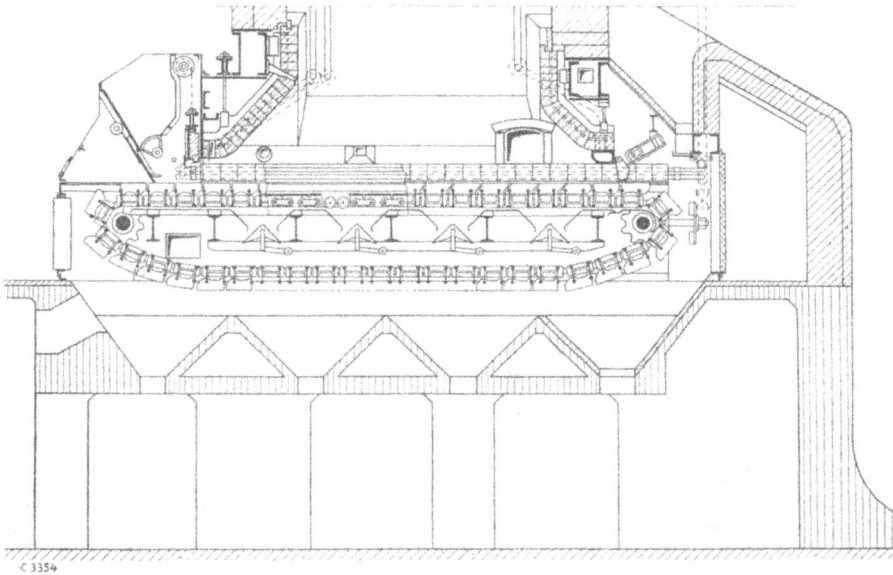

Bild 24. Unterwindzonenwanderrost von Borsig, Berlin-Tegel.

muß natürlich der Rost nach außen hin vollständig abgeschlossen, ab-
gekapselt werden. Diese Rosteinkapselung hat übrigens auch noch den
Vorteil, daß die Abkühlungsverluste bei Kesselstillstand geringer werden.

γ. Verhaltungsmaßregeln.

Bei der Bedienung von Wanderrostfeuerungen hat der Kesselwärter
zu beachten:

1. Bei wechselnder, nicht allzu großer Leistungsänderung ist die Brenngeschwindigkeit in erster Linie durch Änderung der Zugverhältnisse,
   sodann durch Verkleinern oder Vergrößern des Rostganges zu regeln.
   Eine Änderung der Brennschichthöhe wirkt sich nicht rasch genug
   aus und bringt den Nachteil eines ungleichmäßigen Abbrandes. Aufgabe des Heizers ist es, die für den Betrieb günstigste Brennschichthöhe selbst herauszufinden.

2. Hat die eingefahrene Kohle sich nicht entzündet, reißt also das
   Feuer ab, was bei zu raschem Rostgang eintreten kann, so ist die
   Rostgeschwindigkeit zu verringern oder der Rost eine Zeitlang ganz
   stillzusetzen, bis das Feuer wieder zurückgebrannt ist.

3. Muß der Kessel aus irgendwelchen Gründen plötzlich stillgelegt werden, so ist der Kohlentrichterschieber zu schließen. Die Brennstoffschicht ist, soweit sie nicht nach vorne herausgezogen werden kann, durch Einschalten des schnellsten Ganges nach hinten in den Schlackentrichter zu entleeren.

f) Neuzeitliche Feuerungen für hohe Brennleistungen.

Bei neuzeitlichen Feuerungen für hohe Brennleistungen sind nachfolgende Gesichtspunkte maßgebend:

1. Mechanische Beschickung,
2. Verheizung von Brennstoffen aller Art,
3. möglichst hohe Brennleistung,
4. möglichst rauchfreie Verbrennung und damit wirtschaftlicher Betrieb.

Auf einige der vielen, auf dem Markt erschienenen Bauarten solcher Feuerungen sei hier näher eingegangen.

α) *Flachschubstokerfeuerung.*

In Bild 25 ist der Flachschubstoker Bauart Weck, hergestellt von der Firma C. H. Weck in Greiz-Dölau, gezeigt.

Bei ihm gelangt die aus dem Trichter kommende Kohle in eine Flachrinne, in der sie mittels mehrerer im Hub verstellbarer Zubringer und keilförmige, an Schubstangen befestigter Zuschubstößel, Stoker

Bild 25. Weckscher Flachschubstoker, C. H. Weck, Greiz-Dölau.

genannt, in der Rostlängsrichtung befördert und gleichzeitig entgast wird. Der aus der Förderrinne austretende Teil der Kohle verbrennt auf dem seitwärts anschließenden schräg angeordneten Planrost. Die Kohlenschubstößel lassen sich im Hub unter sich verstellen, so daß eine gute Verteilung des Brennstoffes erreicht werden kann. Um die Feuerleistung nach Bedarf einstellen zu können, sind diese Stoker je nach Feuerungsgröße mit 6 bis 8 Geschwindigkeitsstufen versehen.

Auf dem feststehenden Planrost gleitet der Brennstoff infolge der Rostschräge und des Druckes des neu zugeführten Brennstoffes langsam abwärts. Die sich bildende Asche und Schlacke sammelt sich dabei seitlich längs der Feuerung auf dem waagerechten schmalen Schlackenrost, von dem sie durch eine bequem angeordnete Heiztüre entfernt werden kann.

Bei großen Weck-Stokerfeuerungen werden diese mit Zonenunterwind ausgerüstet.

β) *Doby-Stoker-Feuerung.*

Eine andere Stokerart ist der von der Firma Vereinigte Kesselwerke A.G. in Düsseldorf gelieferte Doby-Stoker, s. Bild 26.

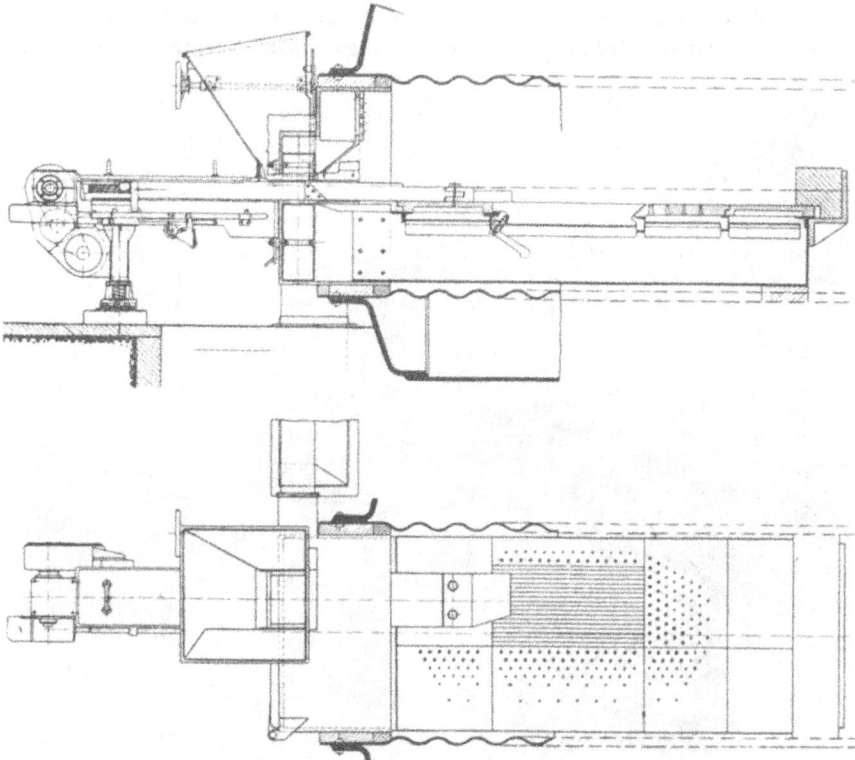

Bild 26. Doby-Stoker der Vereinigten Kesselwerke A. G. Düsseldorf.

Die Kohle wird bei dieser Feuerung über den Kohlentrichter mit Hilfe eines mechanisch angetriebenen Kolbens zugeführt. Kolbengang und Brennschicht sind regelbar eingerichtet. Der Brennstoff gelangt zunächst auf die Schwelplatte, wo er durch die abstrahlende Wärme der Feuerung vorgetrocknet und entgast wird. Durch acht Kolbenstöße wird daraufhin der entgaste Brennstoff auf den eigentlichen Verbrennungsrost, der ungefähr 10% der gesamten Rostfläche ausmacht, geschoben und unter Beimischung von Unterwindluft und Oberluft verbrannt. Durch die intensive Feuerunterhaltung auf diesem Rostteil wird erreicht, daß die Schwelgase vom Vortrocknungsrost einwandfrei verbrennen. Ein langer Kolbenhub befördert schließlich den fast ausgebrannten Brennstoff auf die seitlich und hinter dem Hauptrost angeordnete Düsenrostfläche, wo der Brennstoff Zeit findet, vollständig zu verbrennen. Der groß angelegte Verbrennungsraum in Verbindung mit der reichlich und regelbar zugeführten Verbrennungsluft in Form von Erst- und hoch vorgewärmter Zweitluft lassen eine gute Rost- und Raumverbrennung aufkommen, so daß eine rauchfreie Verbrennung zu erzielen ist.

Die Schlacken können im Verbrennungsraum auf den nicht mit Düsenlöchern versehenen Rostplatten angehäuft und nach Bedarf leicht und bequem gezogen werden, ohne den Feuerungsbetrieb sonderlich zu stören.

Bild 27. Borsig-Schmal-Schürrost.

γ) Schmal-Schürrost.

In Bild 27 ist der **Borsig-Schmal-Schürrost**, ein mechanisch betätigter Treppenvorschubrost, dargestellt. Bei diesem wird durch eine gegenläufige Bewegung der einzelnen Rostplatten unter stetigem Schüren der Brennstoff umgelagert und selbsttätig fortbewegt. Dabei wandert der Brennstoff über die ganze Brennbahn und gelangt am unteren Ende in ausgebranntem Zustande auf einen ausfahrbaren Schlackenrost.

Der Rost wird entweder über ein elektrisch betätigtes Untersetzungsgetriebe oder hydraulisch angetrieben.

δ) Vollmechanischer Planrost.

Der von der Firma **Steinmüller in Gummersbach** hergestellte, in Bild 28 gezeigte **vollmechanische** Planrost, der als Innen- und Unterfeuerung Verwendung findet, wird mit natürlichem Schornsteinzug, mit Unterwindgebläse und mit Zonenunterwind, je nach dem zu verheizenden Brennstoff und je nach der Belastung, betrieben. Schwankungen in der Zusammensetzung und Körnung des Brennstoffes bringen bei dieser Rostart keine nachteiligen Erscheinungen.

Der Rost selbst steht fest; auf ihm bewegt sich ein in Dreieckform gehaltenes Eisen, genannt Räumer, das auf der ganzen Rostbreite quer zur Längsachse des Rostes aufliegt.

Bild 28. Vollmechanischer Planrost der Firma Steinmüller, Gummersbach.

Der Räumer wird durch einen Kettenantrieb, der unter der Rostbahn liegt, in einstellbaren Zeitabständen von vorne nach hinten und von hinten nach vorne geführt. Dadurch, daß die dem Rostende zugekehrte Seite des Räumers stärker zur Horizontalen geneigt ist als die andere Seite, wird mehr Brenngut von vorne nach hinten als von hinten nach vorne gefördert. Gleichzeitig gelangt durch die Rückwärtsbewegung des Räumers glühender Brennstoff unter die frisch aufgegebene Kohle, was zur Folge hat, daß die Zündung und Durchzündung unmittelbar beim Brennschichtschieber erfolgt.

Durch die Hin- und Herbewegung des Räumers wird

1. ein gleichmäßiger Abbrand auf der ganzen Rostfläche,
2. eine gute Auflockerung und Durchmischung von Brenngut und frischer Kohle sowie
3. eine gleichbleibende Brennschichthöhe erreicht.

Die anfallende Schlacke staut sich am hinteren Rostende zwecks vollständigen Ausbrandes an; durch die Räumerbewegung wird bei jedem

Hub ein Teil dieses Anstaues über das Rostende abgeschoben; die Entschlackung geht also selbsttätig vor sich. Eine besondere Feuerbrücke kann diese Feuerungsart entbehren.

ε) *Unterschubfeuerung.*

Bei der Unterschubfeuerung der Kohlenscheidungs-G. m. b. H. in Berlin (Bild 29) fördert eine gegen das Ende zu sich verjüngende Transportschnecke, die in einem vertieft angeordneten Trog läuft, die vom Kohlentrichter kommende Kohle langsam und ununterbrochen über die ganze Rostlänge. Durch den stetigen Nachschub wird der Brennstoff nach oben verdrängt und auf den zu beiden Seiten des Troges schräg angeordneten Rost geschoben. Der Brennstoff entgast

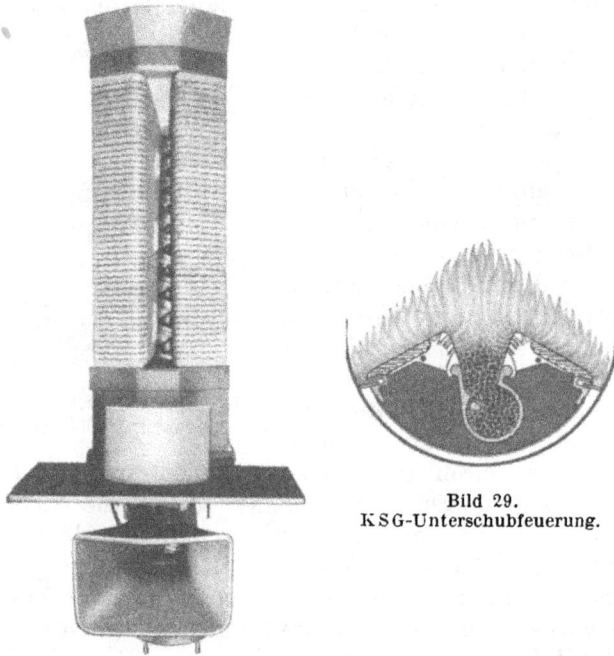

Bild 29.
KSG-Unterschubfeuerung.

bereits im oberen Trogteil, wo auch durch günstig angeordnete Luftkanäle Verbrennungsluft zugeführt wird. Hier wird einerseits eine gute Mischung der ausgetriebenen Gase und der Luft bewirkt und anderseits erreicht, daß das durch die Brennschicht strömende Gasluftgemisch sich leicht entzünden und verbrennen kann. Auf den seitlichen Rosten wird ein guter Ausbrand des Brennstoffes erzielt.

Je nach der Art des Brennstoffes ist die Feuerung mit natürlichem Schornsteinzug oder mit Unterwindgebläse ausgerüstet. In Bild 30 ist eine Feuerung mit Unterwindzuführung im Längsschnitt dargestellt.

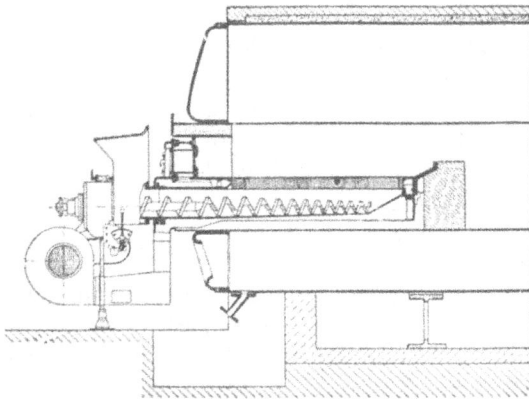

Bild 30. KSG-Unterschubfeuerung mit Unterwindventilator.

ζ) *Rückschubrostfeuerung*.

Eine neue Hochleistungsfeuerung für alle festen Brennstoffe gleich welcher Körnung und Beschaffenheit, ob trocken, naß, von hohem oder minderem Heizwert, gasreich oder gasarm, stellt der Martin-Rück-schub-Rost dar (Bild 31). Dieser Rost ist ein mechanisch betätigter Treppenrost, der jedoch von allen üblichen Schräg- oder Treppenrosten grundsätzlich dadurch abweicht, daß die Unterschicht des Brennstoffes

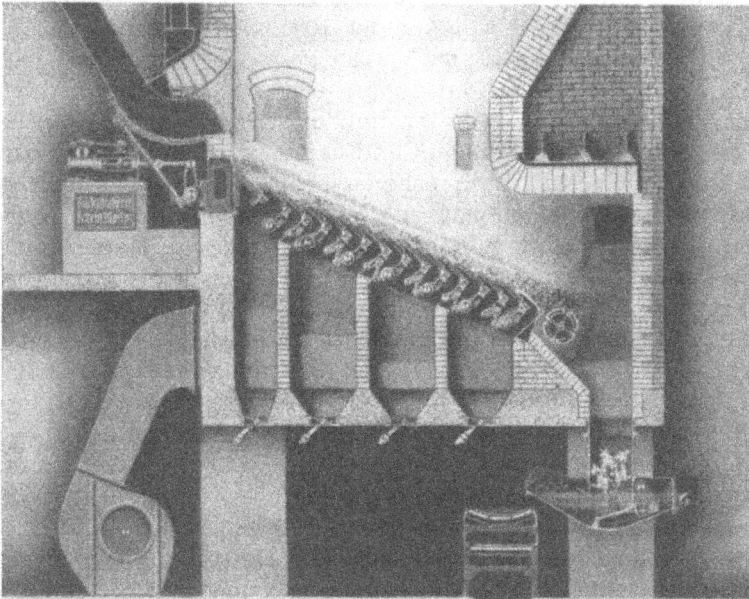

Bild 31. Martin-Rückschubrost mit Schlackenbrecher und Entschlacker.

vom Rostende zum Rostanfang und die Oberschicht des Brennstoffes vom Rostanfang zum Rostende gefördert wird. Dabei findet fortwährend ein Übergang von Feinteilen aus der Oberschicht in die Unterschicht und von Grobteilen aus der Unterschicht in die Oberschicht statt. Der frische Brennstoff findet so stets ein gutes Unterfeuer vor und Entzündung, Entgasung und Verbrennung gehen nicht nacheinander, sondern fast gleichzeitig vor sich. Durch die auf die ganze Rostlänge und -breite gleichbleibende Brennschichthöhe und die Art des Verbrennungsvorganges ist der Luftbedarf an jeder Roststelle der gleiche, was zur Erreichung einer guten Verbrennung und einer hohen gleichbleibenden Leistung von großem Vorteil ist. Die groben Schlackenteile werden nach unten abgedrängt und durch einen in Schwingbewegung befindlichen Schlackenrost, der in der Stauhöhe verstellbar ist, ausgetragen.

Jeder Schürkolben besteht aus einer Anzahl nebeneinandergereihter Roststäbe mit geeigneten Spalten für die richtige Verbrennungsluftverteilung. Der Schub der einzelnen Schürkolben erfolgt nach rückwärts, also gegen die Beschickung hin gerichtet. Die mit Unterwindventilator zugeführte Verbrennungsluft wird mit hohem Druck durch seitlich der Feuerung angeordnete hohle Eisenwangen geleitet und dabei hoch vorgewärmt, ehe sie unter den Rost gelangt.

η) Kohlenstaubfeuerung.

Ebenfalls von der Art des Brennstoffes unabhängig ist die Kohlenstaubfeuerung, weil bei dieser der Brennstoff vor der Verbrennung zu Staub gemahlen wird. Ihr Vorteil gegenüber anderen Feuerungen besteht in der Hauptsache darin, daß jeder beliebige Brennstoffwechsel erfolgen kann, ohne daß darunter die Nutzwirkung leidet. Weitere Vorteile sind geringer Luftüberschuß und damit sehr hohe CO_2-Werte, kurze Anheizdauer, schnellste Betriebsbereitschaft, leichte Feuerungsregelung und daher schnelle Anpassung an Belastungsschwankungen, hohe Verbrennungstemperaturen, vollständiger Ausbrand der Kohle, rauchfreier Betrieb, hoher Wirkungsgrad.

Wegen der Transportschwierigkeiten des Staubes besitzt jeder Betrieb mit Kohlenstaubfeuerung in der Regel seine eigene Mahlanlage, und zwar entweder für mehrere Kessel eine Zentralmahlanlage oder für jeden Kessel eine Eigenmahlanlage. Bei Zentralmahlanlagen wird der hergestellte Kohlenstaub mittels pneumatischer Förderanlagen oder mit Staubpumpen den einzelnen Feuerstellen zugeleitet; bei Einzelmahlanlagen gelangt der Staub von der Mühle unmittelbar in den Verbrennungsraum der Kessel.

Die Aufbereitung der Kohle, also die Herstellung des blasfertigen Brennstaubes, erfolgt in Zerkleinerungsmaschinen (Brecher und Mühlen), denen die Rohkohle durch Fördereinrichtungen zugeführt wird. Bei

Einzelmahlanlagen wird der fertig gemahlene Staub von der Mühle über Sichter (Sortierer) in den Verbrennungsraum gesaugt oder gedrückt. Kohle mit großer Feuchtigkeit wird vor der Feinmahlung getrocknet.

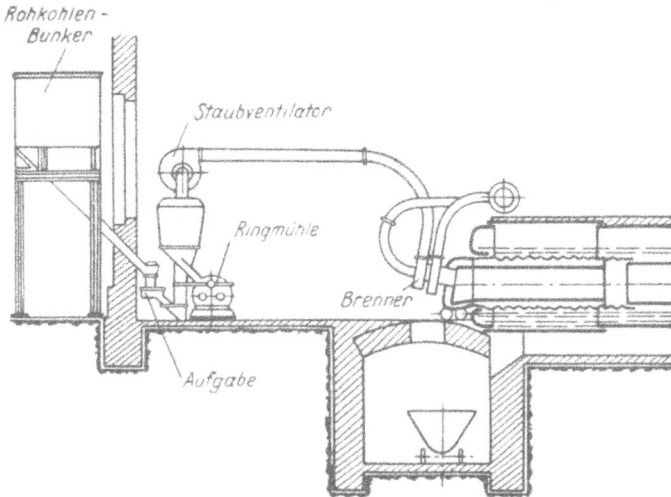

Bild 32. Babcock-Kohlenstaubfeuerung mit Einzel-Mahlanlage.

In Bild 32 ist eine Kohlenstaubfeuerung mit Einzelmahlmühle der Babcockwerke Oberhausen schematisch dargestellt. Sie besteht aus Mühle mit Sichter und Exhaustor. Der hoch vorgewärmte Luftstrom des Exhaustors befördert das Mahlgut in den Sichter scheidet, Steine und Eisen aus, trocknet den Brennstoff und bläst den Fertigstaub in die Brennkammer.

Dieser mit Kohlenstaub vermischte Luftstrom, die Erstluft, wird durch einen Brenner in den Feuerraum eingeblasen. Er genügt jedoch in den meisten Fällen nicht, umeine günstige Verbrennung zu erzielen. Die noch fehlende Luft wird daher als Zweitluft durch die doppelten Brennkammerwände gesaugt oder gedrückt.

Bild 33 zeigt einen von der gleichen Firma verwendeten Strahlenbrenner (Flachbrenner), der eine Reihe nebeneinanderliegender, dachförmiger Hohlkörper enthält, die außen von Staubluftgemisch und innen von der Zweitluft umspült werden.

Bild 33. Strahlenbrenner für Kohlenstaubfeuerung der Firma Babcockwerke Oberhausen.

Eine weitere Entwicklung der Kohlenstaubfeuerung stellt die Krämer-Mühlenfeuerung dar. In Bild 34 ist eine solche Feuerung

5*

in Verbindung mit einem Borsigkessel gezeigt. Sie umfaßt eine unterhalb der Kesselheizfläche angeordnete Brennkammer und eine dieser
Brennkammer vorgebaute Mahlkammer. Der obere Teil der Mahlkammer steht mit der Brennkammer durch eine oder mehrere Öffnungen
in Verbindung. In ihrem unteren Teil befindet sich die Mahlmühle, in
welcher der Brennstoff, der von oben in die Mahlkammer aufgegeben
wird, zerkleinert wird.

Ein von unten in die Mahlkammer eintretender, möglichst vorgewärmter Luftstrom trocknet und sichtet den frischen Brennstoff und

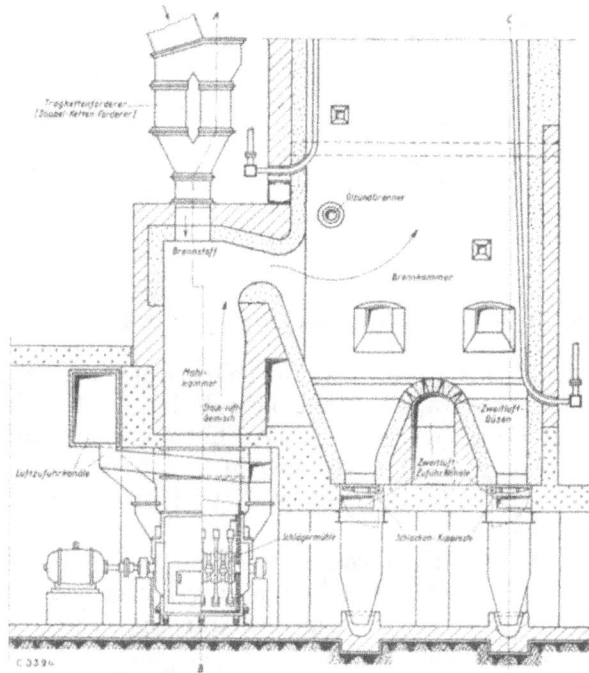

Bild 34. Krämer Mühlenfeuerung eines Borsigkessels.

das Mahlgut und trägt die genügend fein gemahlenen Kohlenteilchen
in der Mahlkammer empor. Durch den Kesselzug bzw. den Überdruck
in der Mahlkammer werden sie von hier in die Brennkammer über-
geleitet, wo sich das Staub-Luftgemisch entzündet und verbrennt. Besondere Brenner sind nicht vorgesehen. Die unverbrannten Kohlenteile
und die Herdrückstände sinken in der Brennkammer nach unten, wo
sie auf besonderen Ausbrandrosten, denen ebenfalls Luft zugeführt wird,
vollständig verbrennen können.

Bei den zuletzt geschilderten Feuerungen entstehen infolge des
geringeren Luftüberschusses und der hohen Verbrennungslufttemperatur
sehr hohe Temperaturen; die Verbrennungsräume werden daher zum

Schutze des Mauerwerkes gegen die Flammenwirkung weitgehendst mit Strahlungsheizflächen ausgerüstet, womit gleichzeitig eine günstigere Wärmeübertragung erzielt und die Temperatur so weit gekühlt wird, daß die Schlacke nicht zum Schmelzen kommt.

Bei allen Kohlenstaubfeuerungen ist zu beachten, daß das Austreten von Kohlenstaub ins Freie zuverlässig verhindert wird, denn frei schwebender Kohlenstaub neigt stark zu Zerknallen. In dieser Hinsicht soll auf das folgende, vom Arbeitsausschuß Feuerungstechnik beim Reichskohlenrat im Einvernehmen mit dem Reichsarbeitsministerium und den Länderregierungen sowie dem Verband der Deutschen Berufsgenossenschaften bearbeitete Merkblatt hingewiesen werden.

I. Allgemeines.

1. Kohlenstaub in Luft aufgewirbelt ist feuer- und explosionsgefährlich!
2. Lagernder Kohlenstaub neigt wie lagernde Kohle gröberer Körnung zur Selbstentzündung!
3. Gewisse Kohlenarten scheiden explosionsgefährliche und betäubende Gase ab!
4. Kohlenstaub, dicht und unter Abschluß gegen Außenluft gelagert und gefördert, bietet im allgemeinen keine größeren Gefahren als Kohle gröberer Körnung!

II. Verhaltungsmaßregeln beim Betrieb von Kohlenstaubanlagen.

1. Anlagen sauber halten!
2. Staub nie aufwirbeln!
   Behälter und Rohrleitungen dicht halten!
   Bei Arbeiten an Auslauf-, Schau- und Stochöffnungen diese möglichst nur teilweise öffnen und darauf achten, daß austretender Kohlenstaub sich nicht entzünden kann!
   Das Ausbreiten ausfließenden Staubes durch Umhüllen der Ausflußöffnungen mit nassen Säcken oder dergleichen verhindern!
   Rohrleitungen, Schnecken, Zellenräder und andere Fördereinrichtungen erst nach völligem Entleeren (bei gasreichen Kohlen nach Ausspülen mit Wasser) auseinandernehmen!
3. In Räumen, in denen mit Kohlenstaub gearbeitet wird, Vorsicht mit offenem Feuer!
   In Aufbereitungs- und Lagerräumen für Kohlenstaub nicht rauchen, kein offenes Licht und kein Feuer! Hier nur staubgeschützte elektrische Handgeräte und Handlampen verwenden! An Orten erhöhter Gefahr und wenn sonst besondere Umstände eine erhöhte Gefahr mit sich bringen (bei aufgewirbeltem Kohlenstaub, bei Reinigungs- und Instandhaltungsarbeiten), müssen bewegliche Stromverbraucher,

z. B. Handgeräte, Handlampen, sowie Steckvorrichtungen staubdicht gekapselt sein (s. später), sofern nicht in anderer Weise für
Schutz gegen das Eindringen von Staub gesorgt ist.

4. Temperatur des Staubes überwachen (Thermometer, Abfühlen)!
Vorsicht vor heißem Staub!
Bei brennendem Staub Filter ausschalten!
Vorsicht vor zu nassem Staub, der sich leicht festsetzt und dann zur
Selbstentzündung neigt.

5. Bei Gefahr, z. B. bei auffälliger Temperatursteigerung, Schwelgeruch,
Glimmherden, Brand, keinen Kohlenstaub mehr zuführen, den Zutritt frischer Luft sowie Aufwirbelung und Luftzug verhindern!

6. Explosionsklappen und Absperrschieber regelmäßig nachprüfen!
Meßgeräte, Regelvorrichtungen und Feuerlöschgeräte gut warten.
Sicherheitsvorrichtungen und Meßgeräte regelmäßig und sorgfältig
beobachten!

7. Gefährdete Bunker und Transportgefäße möglichst in die Feuerung,
in fließendes Wasser oder sonst gefahrlos leerfahren oder den Brand
ersticken! (Siehe auch Ziffer 8.)

8. Brände in gebunkertem oder gehäuftem Kohlenstaub nicht, wie
sonst üblich, mit Wasserstrahl, sondern nur mit für Kohlenstaub
geeigneten Löschverfahren (Dampf, Schaum, Kohlensäure, Stickstoff usw.) bekämpfen!
Ausgebreiteter glimmender oder brennender Kohlenstaub kann auch
durch Auflegen nasser Säcke, die dauernd feucht zu halten sind,
gelöscht werden!

9. In gefüllte Bunker, besonders bei Brandgefahr des Bunkerinhalts,
nicht einsteigen, in entleerte nur nach Entlüftung und nur in Gegenwart einer zweiten mit der Arbeit vertrauten kräftigen Person, die
den Hineinsteigenden beobachtet und am Seil hält! Das Seil außerdem sicher befestigen!
Sauerstoffgeräte bereit halten, damit sie der in ihrer Bedienung
zu schulende Helfer bei eventuellen Unfällen sofort zur Hand
hat!

10. Bei jedem längeren Stillstand, nach jeder Störung, vor jeder Inbetriebnahme und in regelmäßigen Zeiträumen (je nach der Neigung
der Kohle zur Selbstentzündung in etwa ½ bis 2 Monaten)[1] Bunker
entleeren, reinigen und Reinigung durch Befahren feststellen. Dabei Ziffer 9 beachten!

11. Brenner erst nach Entlüften des Feuerraumes und vorsichtig an-
zünden!

---

[1] Die Zeiträume können verlängert werden, wenn besondere Schutzmaß-
nahmen gegen Feuerbildung und Verpuffungen (Kohlensäure, Rauchgas o. ä.) getroffen sind.

Zündet der Staub nicht gleich, die Staubzufuhr sofort wieder abstellen und erneut lüften!

Vorsicht beim Schlackenziehen von Hand!

12. Auf gleichmäßige Staubzuführung zu Bunkern und Feuerungen achten!

III. Leitsätze für die Errichtung von Kohlenstaubanlagen.

1. Gelegenheiten zu Kohlenstaubablagerungen in Arbeits- und Betriebsräumen soweit möglich vermeiden (durch durchbrochene Laufstege und Treppen, schräge Fensterbänke usw.)!

2. Gute Reinigungsmöglichkeit der Räume vorsehen! (Dichte Fußböden, glatte, helle Wände.)

3. Bunker gegen Außenluft abschließen und nicht unnötig groß bemessen!
Vorsprünge und Winkel in Bunkern, Ausrüstungs- und Anschlußteilen, wo sich Kohlenstaub absetzen kann, vermeiden!
Bunkeranschlußleitungen möglichst wenig flach lagern! Klappen, Schau- und Stochöffnungen außer in der Bunkerdecke möglichst vermeiden! Diese nur ausnahmsweise und dann nur unter Schutz gegen Staubaustritt vorsehen (bei Tiefenprobenahme)!

4. Fördereinrichtungen so gestalten, daß sie dicht halten! Abschlußschieber und -klappen sollen sich schnell schließen lassen!

5. An Bunkern, Zyklonen und Rauchgaszügen reichlich bemessene, über Dach führende Explosionsschlote mit dicht schließenden, leicht ansprechenden Explosionsklappen anbringen!
Tote Räume in den Rauchgaszügen, in denen sich Staub und brennbare Gase ansammeln können, vermeiden!

6. Um ungewolltes Auftreten brennbarer Gase rechtzeitig verhüten zu können, soll an Kessel- und Ofenende ein Rauchgasprüfer angeschlossen sein, auf dem der der Art des Brennstoffes und des Arbeitsgutes entsprechende Höchstkohlensäuregehalt durch eine Marke bezeichnet wird!

7. Bei Bühnen, Laufstegen und Gerüsten (und zwar auch bei behelfsmäßigen) ausreichende Rückzugsmöglichkeit, z. B. Treppen, Leitern, Notseile, vorsehen!

8. Feuerlöschgeräte an stets zugänglicher und gut sichtbarer Stelle anbringen.

9. Für die elektrischen Anlagen und Einrichtungen in den Aufbereitungs- und Lagerräumen gelten die Vorschriften des Verbandes Deutscher Elektrotechniker für die Errichtung von Starkstromanlagen in feuergefährdeten Betriebsstätten und Lagerräumen mit den im Erlaß des Preußischen Ministers für Wirtschaft und Arbeit (früher Handel und Gewerbe) vom 8. Juni 1932 — I G 773/32 —,

betreffend, Sicherheit in Braunkohlenbrikettfabriken enthaltenen Abweichungen und Ergänzungen.

7. Feuerungen für flüssige Brennstoffe.

Die Vorzüge der Ölfeuerung gegenüber einer mit festen Brennstoffen beschickten Feuerung bestehen in folgendem:

a) vollkommene und deshalb rauchlose Verbrennung,
b) Fortfall der Rückstände,
c) bequeme Einlagerung des Brennstoffes und
d) leichte Wartung und Bedienung sowie gute Betriebsanpassung.

Als Nachteil haftet der Verfeuerung von flüssigen Brennstoffen deren unverhältnismäßig hoher Preis an.

In Deutschland kommen als Brennstoffe für Ölfeuerungen in der Hauptsache die aus dem heimischen Rohteer gewonnenen Produkte in Betracht, nämlich die Teeröle und der Rohteer selbst. Neuerdings auch unsere heimischen Rohöle bzw. deren Destillationsprodukte.

Die Verbrennung des Öles erfolgt in vollständig zerstäubtem Zustande. Man unterteilt hierbei in

a) Feuerungen mit Zentrifugalzerstäubern (Druckzerstäubung),
b) Feuerungen mit Dampfstrahlzerstäubung und
c) Feuerungen mit Luftzerstäubung.

In Bild 35 ist ein von der Firma Körting A.G. in Hannover gebauter Zentrifugalzerstäuber grundsätzlich dargestellt.

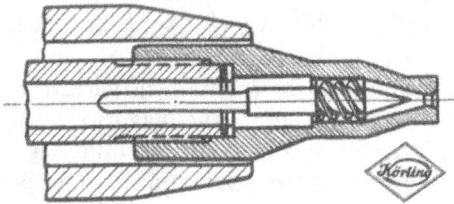

Bild 35. Schematische Darstellung der Düse des Zentrifugal-Ölbrenners der Firma Körting A. G., Hannover.

Das Öl wird durch eine Pumpe unter einem Druck von 5 bis 15 atü dem Brenner zugeführt, nachdem es auf dem Wege zwischen Pumpe und Brenner entsprechend angewärmt worden ist. Beim Austritt aus der Brennerdüse wird dem Öl neben der axialen auch eine derartig große drehende Bewegung erteilt, daß es durch die Zentrifugalkraft (daher Zentrifugalzerstäuber) in feinste Teile zerrissen und in nebelartiger Form in den Verbrennungsraum geworfen wird. Die entstehende Flamme ist kurz und ohne Stichflammenwirkung.

Die erforderliche Verbrennungsluft wird durch natürlichen Schornsteinzug zugeführt, ihre Menge regelt ein Luftschieber — s. Bild 36. Zweckmäßig wird die Verbrennungsluft möglichst hoch vorgewärmt.

Bei der Dampfstrahl- bzw. Luftzerstäubung wird die Zerstäubungsarbeit allein durch die kinetische Energie des Dampfstrahles bzw. der Luft geleistet. Die zusätzliche Verbrennungsluft muß auch hier durch

Bild 36. Luftschieber für natürlichen Zug mit Ölbrenner der Firma Körting A. G., Hannover.

Abb. 37.
Luftzuführungsstützen mit angebauten Regulierventilen für Preßluft und Öl, der Firma Körting A.G., Hannover.

den Schornsteinzug beigeschafft werden. S. Bild 37. Um die nötige Zündtemperatur nach dem Zerstäuber zu erhalten, ist bei den Ölfeuerungen ein entsprechendes Auskleiden des Verbrennungsraumes mit feuerfesten Steinen erforderlich.

Ölfeuerungen leisten als Zusatzfeuerungen sehr gute Dienste.

8. Die Gasfeuerung.

Gasfeuerungen sind Feuerungen, in denen brennbare Gase, die an anderen Stellen in besonderen Öfen (Hochöfen, Koksöfen, Generatoröfen) vielfach als Nebenerzeugnis anfallen, zur Wärmeentwicklung vollends verbrannt werden. Wie schon an anderer Stelle des Buches erwähnt, bestehen diese Ofengase in der Hauptsache aus Kohlenoxyd, Wasserstoff, verschiedenen Kohlenwasserstoffverbindungen usw., die bei Zuführung der entsprechenden Sauerstoffmenge zu Kohlensäure und Wasserdampf verbrennen. Die Verbrennung erfolgt mit ganz geringem Luftüberschuß und damit mit hohem Kohlensäuregehalt, weil eine innige Mischung zwischen Verbrennungsgas und Verbrennungsluft zu erreichen ist.

Das Gas wird in gemauerten Kanälen oder in Blechrohrleitungen dem Verbrennungsraum zugeführt und tritt dort, nachdem ihm die erforderliche Verbrennungsluft zugeführt worden ist, entweder frei aus, oder es durchströmt einen besonderen Düsenbrenner unter Druck, die Verbrennungsluft dabei ansaugend.

Wichtig bei den Gasfeuerungen ist, daß das Gas in gleichmäßiger Menge und unter gleichmäßigem Druck ausströmt und daß im Verbrennungsraum stets die erforderliche Zündtemperatur herrscht. Zu diesem Zwecke kleidet man den Verbrennungsraum mit Schamottesteinen aus, die bei entsprechender Temperatur durch ihre abstrahlende Wärme das Gas-Luftgemisch zünden. In manchen Fällen werden zur Zündung auch eigene Feuerstellen im Verbrennungsraum unterhalten.

Ist aus irgendeinem Grunde die Verbrennung unterbrochen worden, so muß die Gaszuführung sofort abgesperrt werden. Das Wiedereinführen von Gas darf erst dann erfolgen, wenn die Kesselzüge ausreichend durchlüftet worden sind, denn andernfalls kann es leicht zu Gaszerknallen kommen. Diese Vorsichtsmaßnahme ist übrigens bei jedem Neuanstellen der Feuerung erforderlich. — Zweckmäßig ist in dieser Hinsicht eine Einrichtung, die bei Unterbrechung der Gaszuführung die in der Zuführungsleitung eingebaute Absperrvorrichtung selbsttätig schließt.

B. Die Feuerzüge.

Die Feuerzüge haben den Zweck, die Heizgase zur Erzielung eines guten Wärmeüberganges in möglichst lange und innige Berührung mit den Kesselwandungen zu bringen.

Man spricht von Innenzügen, wenn die Feuerzüge durch die Kesselwandungen allein gebildet werden, von Außenzügen, wenn sie entweder vom Mauerwerk allein oder vom Mauerwerk und von den Kesselwandungen begrenzt werden. Die Züge sind so anzuordnen, daß die oberste Kante des höchsten Feuerzuges — Maueranschluß — noch 100 mm unter dem niedrigsten Wasserstand des Kessels liegt, sie müssen ferner so eingerichtet sein, daß sie

1. jederzeit von Ruß und Flugasche gereinigt werden können und daß
2. die Kesselwandungen der Besichtigung zugänglich bleiben.

Die Feuerzüge müssen sich daher dem Gasstrom weitgehendst anpassen und dürfen keine scharfen Ecken haben, ihre Wände sollen möglichst glatt sein. Bei Richtungsänderungen sind einerseits tote, hochliegende Räume, in denen sich zerknallbare Gase ansammeln können, zu vermeiden. Andererseits ordnet man an diesen Stellen zweckmäßig Vertiefungen oder Aschensäcke zur Aufnahme der Flugasche an, die sich dort in größerem Maße ausscheidet. Man vermeidet dadurch Verengungen des Zugquerschnittes durch Ablagerung von Flugasche in den Zügen selbst.

Hand in Hand mit der Reinigungsmöglichkeit geht die Besichtigungsmöglichkeit der Kesselwandungen. Die Feuerzüge müssen, von den Rauchrohren abgesehen, so groß sein, daß sie von einem Erwachsenen befahren werden können. Geeignete Einsteigöffnungen sind vorzusehen.

Die Verbindung der Züge mit dem Schornstein nennt man den »Fuchs«. Er besteht je nach der Kesselbauart aus einem Rohr oder aus einem gemauerten Abzugskanal und soll auf dem kürzesten Wege, möglichst ohne Richtungsänderungen steigend in den Schornstein führen. Scharfe Ecken sind auf alle Fälle gut abzurunden. Die Vereinigung mehrerer Abgaskanäle muß jeweils in einem schlanken Bogen erfolgen.

Zur Regelung der Zugverhältnisse am Kessel sind Rauchgasschieber oder Drehklappen so einzubauen, daß der Eintritt von Falschluft an diesen Stellen nach Möglichkeit vermieden wird.

C. Das Kesselmauerwerk.

Die Umfassungswände des Kesselmauerwerkes, in der Regel aus 2 bis 2½ Stein starkem Ziegelmauerwerk hergestellt, müssen nach den Vorschriften mindestens 80 mm von den Kesselhauswänden abstehen und dürfen nicht zur Unterstützung von Gebäudeteilen dienen. Trennungswände zwischen 2 Kesseln sind 340 mm stark herzustellen. Über dem Kesselmauerwerk muß noch eine verkehrsfreie Höhe von mindestens 1800 mm verbleiben.

Als Mörtel wird für das Grundmauerwerk Zementmörtel, für das übrige Mauerwerk Kalkmörtel verwendet.

Die inneren Trennwände zwischen den einzelnen Zügen eines Kessels werden ebenfalls meistens aus Mauerwerk ausgeführt. Bei Wasserrohrkesseln benützt man etwa 100 mm starke Schamotteformsteine, die an gußeisernen Lenkwänden anliegen.

Die Grundforderungen, die an Kesselmauerwerk gestellt werden, sind folgende:

1. Das Mauerwerk muß haltbar sein und daher sehr sorgfältig aufgeführt werden. Überall da, wo es höheren Temperaturen als 500° C ausgesetzt ist, sind Steine aus feuerfestem Ton oder Schamotte zu verwenden. Für Gewölbe, Feuerbrücken und besonders geformte Bogenstücke haben sich Keil- und Formsteine immer mehr eingeführt und

bewährt. Die Mauerwerksfugen sind für diese Teile so gering als möglich zu halten, denn der zur Vermauerung dienende Schamottemörtel
hat sehr geringe Festigkeit und schwindet stark beim Erhitzen. Bei
der Verbindung des feuerfesten Mauerwerks mit dem übrigen Mauerwerk ist auf die vermehrte Ausdehnung des ersteren Rücksicht zu nehmen; entsprechende Dehnfugen sind vorzusehen. Für das sehr hohen
Temperaturen im Feuerraum ausgesetzte Mauerwerk sind Steine von
besonders hoher Feuerbeständigkeit auszuwählen. Da aber auch diese
Steine den Einwirkungen der flüssigen Schlacke auf die Dauer nicht
standhalten können, werden die Feuerräume in neuerer Zeit mittels
Wasserrohre gekühlt (s. S. 94).

Um ein Aufreißen des Mauerwerkes bei den immer wiederkehrenden
Temperaturschwankungen zu verhindern, ist es gut zu verankern. Dazu
werden an den Seitenwänden und an den Ecken passende Formeisen
aufgestellt, die durch eingemauerte Längs- und Queranker verbunden
sind. Die Verschraubung dieser Verankerung ist durch den Kesselwärter besonders beim ersten Anheizen des Kessels öfters nachzusehen,
und gegebenenfalls nachzuziehen. Bei sehr hohem Mauerwerk sind
eigene, selbsttragende Kesselgerüste unerläßlich, in die die Mauerwerks-
wände eingesetzt werden. Dabei werden Dehnfugen zum Ausgleich der
verschiedenartigen Ausdehnung der Eisenteile gegenüber dem Mauerwerk
vorgesehen. Wölbungen dürfen sich nicht auf den Kesselkörper ab-
stützen; sie müssen entweder als freitragende Decken ausgeführt oder
durch besonders geschützte Träger abgestützt werden.

2. Das Mauerwerk muß dicht sein. Jede Undichtheit bewirkt durch
Eintritt von kalter Luft (Falschluft) eine Abkühlung der Heizgase. Die
Mauerwerksfugen sind daher möglichst klein auszuführen und dürfen
8 mm nicht übersteigen. Fugen, die notwendig sind, damit der Kesselkörper ohne Zerstörung des Mauerwerks den Wärmedehnungen folgen
kann, sind mit Asbestschnüren oder Glaswolle abzudichten. Das gleiche
gilt für die das Mauerwerk durchdringenden Stutzen. Die Verschluß-
türen für die Einfahröffnungen müssen an den Anschlagflächen gehobelt
sein oder es sind diese Öffnungen zuzumauern. Treten am Mauerwerk
Risse auf, so ist der Mörtel an diesen Stellen möglichst tief herauszu-
kratzen; die entstehenden Öffnungen sind alsdann mit einem Isolier-
stoff (Schlackwolle u. dgl.) auszustopfen und neu zu verfugen.

3. Das Mauerwerk muß wärmeundurchlässig sein. Zur Verhinde-
rung der Wärmeausstrahlung werden in den Mauern Hohlräume oder
Isolierschichten vorgesehen, die mit Schlackenwolle, Glaswolle oder
Kieselgur ausgefüllt werden. Wenn für die Abdeckung der Kessel
nicht besondere Isolierstoffe wie Kieselgur, Schlacken oder Glaswolle
mit Blechverkleidung angewandt werden, dann geschieht diese durch
Sand oder ausgesiebte Asche und Schlacke sowie durch eine oder zwei
Flachschichten oder eine Rollschicht von Ziegelsteinen.

Neuerdings wird bei großen Wasserrohrkesseln blechummanteltes Mauerwerk angewendet. Es besteht aus 1 bis 1½ Stein starken Schamottewänden, die nach außen mit einer Isolierschicht und einem Eisenblechmantel verkleidet sind.

D. Die Dampfkessel.

1. Die Heizfläche.

Der Teil der Kesselwandungen, der auf der einen Seite von den Heizgasen und auf der anderen Seite vom Wasser berührt wird, heißt Heizfläche. Ihre Größe wird in Quadratmetern angegeben und nach den allgemeinen polizeilichen Bestimmungen bei Landdampfkesseln auf der Feuerseite, bei Schiffsdampfkesseln auf der Wasserseite gemessen. Nicht zur Heizfläche gehören die Teile der beheizten Kesselwandungen, die von Dampf berührt werden.

Nach der Art der vorherrschenden Wärmeübertragung unterteilt man die Heizfläche in Strahlungsheizfläche, das ist die im und gleich hinter dem Feuerraum liegende, von der strahlenden Wärme betroffene Heizfläche, und in Berührungsheizfläche, das ist der Teil, in dem die Wärmeübertragung durch Berührung erfolgt.

2. Der Wasserraum.

Unter dem Wasserraum eines Kessels versteht man den im Betrieb mit Wasser gefüllten Teil seines Gesamtinhaltes. Die Größe des Wasserraumes ist bei den verschiedenen Kesselbauarten sehr unterschiedlich; entsprechend dem Wasserraum teilt man die Kessel in Großwasserraumkessel und Kleinwasserraumkessel ein. Ältere Kesselbauarten besitzen durchwegs sehr große Wasserräume, die ein Vielfaches der stündlich verdampften Wassermenge aufnehmen. Da ein Teil der im Kesselwasser gespeicherten Wärme bei einer Druckabsenkung frei wird und so eine entsprechende Wassermenge verdampft, anderseits aber bei einem Druckanstieg wieder aufgespeichert werden muß, ändert sich der Druck bei Belastungsschwankungen um so weniger, je größer das Verhältnis des Wasserraumes zur stündlichen Dampfmenge ist. Kessel mit großen Wasserräumen sind daher dann zweckmäßig, wenn größere Belastungsschwankungen zu erwarten sind und wenn es gleichzeitig nicht möglich ist, mit der vorhandenen Feuerung die Wärmezufuhr entsprechend schnell zu regeln.

Die Nachteile der Großwasserraumkessel bestehen darin, daß sie für größere Leistungen sehr teuer werden, viel Platz zu ihrer Aufstellung beanspruchen und in ihrem Betriebsdruck mit 16 bis 20 atü begrenzt sind. Die große Wassermenge bedingt außerdem lange Anheizzeiten und hat bei Betriebsunterbrechungen größere Abkühlungsverluste zur Folge.

Für größere Leistungen und höhere Dampfdrücke verwendet man heute ausschließlich Kleinwasserraumkessel, die bei Verwendung geeigneter Feuerungen, wie Unterwindroste mit und ohne Zoneneinteilung, Kohlenstaub-, Öl- oder Gasfeuerungen sowie Mühlenfeuerungen selbst sehr große und plötzlich auftretende Belastungsschwankungen allein durch entsprechende Feuerführung ohne wesentliche Druckänderung ausgleichen.

3. Der Dampfraum.

Der Dampfraum ist der Teil des Kesselinhalts, der im Betrieb mit Dampf gefüllt ist. Vom Wasserraum wird er durch den Wasserspiegel, der auch Verdampfungsoberfläche genannt wird, getrennt. Der Dampfraum hat den Zweck, dem Dampf Zeit für die Absonderung des mitgerissenen Wassers zu geben. Je größer der Dampfraum und die Verdampfungsoberfläche ist, desto trockener wird der Dampf entnommen werden können. Daher vergrößert man den Dampfraum vielfach durch einen stehenden Dampfdom oder durch einen liegenden Dampfsammler.

4. Die Kesselwandungen.

Als Kesselwandungen gelten die Wandungen derjenigen Räume, die zwischen den Absperrventilen liegen, also zwischen dem Dampfabsperrventil, dem Absperrventil zwischen Kessel und Speiseventil und der Ablaßvorrichtung.

Bis auf einige geringe Ausnahmen müssen die Kesselwandungen aus Flußstahl hergestellt sein. Über die Güte der zum Bau von Kesseln verwendeten Werkstoffe, ihre Beanspruchung und ihre Zusammenfügung sind in den Werkstoff- und Bauvorschriften genaue Bestimmungen festgelegt.

Entsprechend dem günstigeren Verhalten gegenüber innerem und äußerem Überdruck sind die Kesselwandungen zum größten Teil aus zylindrischen und kugelförmigen Teilen hergestellt. Ebene Wandungen verwendet man dagegen dort, wo sie zur Erzielung der jeweiligen Bauform zweckentsprechender sind.

Zylindrische Kesselwandungen von größerem Durchmesser (Kesselmäntel und Schüsse) stellte man früher ausschließlich aus einer oder mehreren Blechtafeln her, die nach dem Rollen zu einzelnen Schüssen zusammengenietet wurden. Liegen in der Nietnaht die beiden Enden der Blechtafeln übereinander, so spricht man von einer überlappten Nietnaht, die je nach der Anzahl der Nietreihen einreihig, zweireihig usw. sein kann. Sind die Blechenden in der Naht stumpf aneinandergestoßen und auf einer oder auf beiden Seiten mit je einer entsprechend breiten Lasche überdeckt, so hat man es mit einer einseitigen Laschennietung oder mit einer Doppellaschennietung zu tun, die ebenfalls wieder nach der Anzahl der Nietreihen in

einem Blechende ein- oder mehrreihig genannt wird. Zur Erzielung
einer vollkommenen Dichtheit der Nietnaht müssen die Nietköpfe und
die Stemmkanten, das sind die abgeschrägten Enden der Blechkanten,
auf der Außenseite und nach Möglichkeit auch auf der Innenseite verstemmt werden.

In neuerer Zeit werden Kesselschüsse vielfach, besonders für höhere
Drücke, durch überlappte Wassergasschweißung — das ist eine Hammer-
schweißung, bei der die Bleche durch eine Wassergasflamme erhitzt
werden — oder durch elektrische Schweißung hergestellt. Andere Werke
schmieden oder walzen die Schüsse sogar vollkommen nahtlos.

Zum Abschluß der Stirnseiten der Kesselmäntel verwendet man
meist gewölbte Böden, deren Form aus dem Kugelabschnitt (Wöl-
bung), aus dem zylindrischen Teil (Zarge) und dem Übergangsteil
(Krempe) besteht. Je tiefer der Boden gewölbt ist, also je größer der
Krempenhalbmesser und je kleiner der Wölbungshalbmesser ist, desto
widerstandsfähiger ist er. Flachgewölbte Böden mit scharfen Krempen
sind schon häufig an den Krempen gerissen und haben dadurch zu
Kesselzerknallen geführt. Die Böden sind meist in die Kesselmäntel
durch eine überlappte Naht eingenietet. An geschweißte und nahtlose
Schüsse können die Böden auch unmittelbar angekümpelt werden, sie
erhalten dann die Form einer Halbkugel.

Zu den zylindrischen Kesselteilen zählen weiter noch die Kesselrohre, die sämtlich nahtlos sein müssen und durch Walzen, Ziehen oder
Pressen hergestellt werden. Rohre, die innen vom Wasser und außen
von den Heizgasen bespült werden, heißen Wasserrohre; befindet
sich jedoch das Wasser auf der Außenseite und streichen die Rauchgase
innen durch die Rohre durch, so bezeichnet man sie als Rauch- oder
Heizrohre. Die Verbindung der Kesselrohre mit ebenen und zylindrischen Kesselwandungen erfolgt durch Einwalzen. Die Rohrüberstände
werden zum Schutze gegen das Herausziehen aufgeweitet oder auch bei
Heizrohren vollkommen umgebördelt, um ein Abbrennen zu vermeiden.
Starkwandige Kesselrohre, die beiderseits mit Gewinde versehen und
in die Rohrwände eingeschraubt sind, heißen Ankerrohre.

Ebene Kesselwandungen werden vor allem für die Rohrwände
von Heizrohrkesseln verwendet. Innerhalb des Rohrfeldes sind diese durch
die Rohre genügend versteift. Ebene Kesselböden und Stirnwände
müssen dagegen durch kräftige Eckanker oder durchgehende Zuganker
versteift werden.

Die rechteckigen Feuerbüchsen und Feuerkisten der Lokomotiv-
kessel, die Umkehrkammern von Schiffskesseln und die Wasserkammern
von Wasserrohrkesseln werden ebenfalls aus ebenen Wandungen hergestellt, die miteinander durch Stehbolzen oder mit zylindrischen
Kesselteilen durch Anker verbunden sind. Die Stehbolzen werden aus
Eisen oder Kupfer hergestellt und in die Wandungen eingeschraubt.

Die beiderseits überstehenden Köpfe dieser Bolzen werden sodann vernietet und verstemmt. Um Brüche von Stehbolzen auch während des Betriebes erkennen zu können, werden sie beiderseits so tief angebohrt, daß bei einem Bruch des Bolzens, der erfahrungsgemäß immer unmittelbar an der Wand eintritt, das Wasser nach außen entweicht. Um den Betrieb des Kessels dabei nicht unmittelbar einstellen zu müssen, kann man die enge Bohrung eines gerissenen Bolzens durch Einschlagen eines Stiftes verschließen. Der Bolzen ist aber dann umgehend zu erneuern, da der Bruch mehrerer nebeneinander liegender Bolzen wegen ungenügender Versteifung der Wände zu einem Kesselzerknall führen kann.

Die Teilkammern der Teilkammerkästen, die Überhitzersammelrohre, die Rostkühlbalken u. dgl. werden ebenfalls als sog. Vierkantrohre mit ebenen Wandungen hergestellt.

Um die Kessel im Inneren befahren und reinigen zu können, werden in den Böden oder in den Mänteln ovale Mannlochöffnungen, die durch Mannlochdeckel verschlossen werden, hergestellt. Die Mannlochdeckel werden durch den Kesseldruck gegen die Wandungen gepreßt und durch zwei kräftige Bügel mit Hilfe zweier Schraubenbolzen gehalten. Eine in einer Vertiefung, auch Nute genannt, liegende oder den Deckelrand umschließende Weichdichtung aus Asbest mit Drahteinlage oder bei höheren Drücken aus Weichmetall sorgt für eine zuverlässige Abdichtung. Diese wird nur dann erreicht, wenn

1. die Dichtungsflächen eben und metallisch rein sind, also alte Dichtungsreste und Kesselstein vollkommen beseitigt sind,

2. die Dichtung in die Nute genau hineinpaßt oder den Vorsprung am Deckel knapp umschließt,

3. die Dichtung überall gleichmäßig stark ist, was bei den käuflichen, für jede Deckelgröße erhältlichen Dichtungen der Fall ist — bei selbst hergestellten Dichtungsringen wird in der Regel diese Forderung an der Stelle, an der die beiden Enden zusammengefügt sind, nicht erreicht, außerdem geben selbst hergestellte Dichtungsringe vielfach zu Undichtheiten Anlaß und werden leicht herausgedrückt, was schon zu schweren Unfällen führte —,

4. die Dichtung an beiden Seiten gut mit Graphit, der mit wenig Öl vermischt ist, eingestrichen wird,

5. der Abstand des Deckelvorsprungs oder bei einer Nute der Innenkante der Nute von der Innenkante des Mannloches gering und vollkommen gleichmäßig ist und

6. der Deckel nach dem Anheizen wiederholt nachgezogen wird.

Wasserkammern, Teilkammern und sonstige Sammelkästen, sowie Quersiederkessel und stehende Feuerbüchskessel sind zur Reinigung und inneren Besichtigung ihrer Wandungen mit zahlreichen, gegenüber den Rohrenden liegenden Putzlöchern versehen. Diese Putzlöcher sind bei älteren Kesseln rund, bei neueren Kesseln oval. Während runde Putzlochdeckel nur durch größere Öffnungen, die an Wasserkammern verteilt über die Deckelwand angeordnet und selbst oval sind, herausgenommen werden können, lassen sich ovale Deckel durch die zugehörige Öffnung entfernen. Fast durchwegs trifft man heute nur mehr Innenverschlüsse an, die dem Mannlochverschluß nachgebildet sind, aber nur einen Bügel besitzen. Dieser Bügel ist manchmal auch als eine, das ganze Putzloch überdeckende Glocke ausgebildet.

Als Abdichtung zwischen Deckel und Putzlochrand dient ein dünner Dichtungsring aus gut eingraphitiertem Klingerit, der den Deckelvorsprung umschließt. Bei älteren Kesseln trifft man zuweilen auch Deckel mit konischen Dichtungsflächen an, die ohne Dichtung eingesetzt werden. Dicht halten diese Deckel nur dann, wenn der Konus des Deckels und der Deckelwand metallisch rein und unbeschädigt ist. Bei Verschlußdeckeln mit Dichtungen müssen die Dichtungsflächen am Putzlochrand und am Deckel eben und ebenfalls metallisch rein sein. Darum müssen diese Stellen vor dem Einsetzen einer neuen Dichtung mittels Schaber oder mit eigenen Fräsern von Kesselstein und alten Dichtungsresten befreit werden. Je sorgfältiger diese Arbeit verrichtet wird, desto weniger Undichtheiten treten auf und desto länger ist mit dem Dichthalten der Verschlüsse zu rechnen. Im übrigen sind die bei den Mannlochverschlüssen unter 3, 4, 5 und 6 angegebenen Punkte sinngemäß zu beachten.

5. Die Kesselbauarten.

Nach den gesetzlichen Bestimmungen werden die Kessel entsprechend dem Aufstellungsort in zwei Hauptgruppen eingeteilt: in Landdampfkessel und in Schiffsdampfkessel. Bei den ersteren unterscheidet man feststehende und bewegliche Kessel. Als bewegliche Dampfkessel gelten solche, deren Benutzung an wechselnden Betriebsstätten erfolgt. Das Gesetz macht weiterhin einen Unterschied zwischen Niederdruckdampfkesseln, das sind alle Kessel, deren Betriebsdruck 0,5 atü nicht übersteigt, und für die gesonderte Bestimmungen gelten, sowie Hochdruckdampfkesseln, das sind alle Kessel mit mehr als 0,5 atü Betriebsdruck. Für diese gelten die »Allgemeinen polizeilichen Bestimmungen über die Anlegung von Landdampfkesseln bzw. von Schiffsdampfkesseln«. Ausgenommen davon sind unter anderen die Zwergkessel, d. h. Dampfentwickler, deren Heizfläche $1/_{10}$ m^2 und deren Dampfspannung 2 atü Überdruck nicht übersteigt.

Hinsichtlich der Kesselbauarten teilt man die Dampfkessel zweckmäßig in folgende Gruppen ein:

Großwasserraumkessel,
Kleinwasserraumkessel,
Sonderkessel.

Großwasserraumkessel:

a) Der Walzenkessel.

Der Walzenkessel (Bild 38), der zu den ältesten Kesselbauarten gehört und nur noch wenig gebaut wird, besteht in der Regel aus einem zylindrischen Mantel mit zwei gewölbten Böden, einem Dom und einem Wasserstandsvorkopf. Die Heizgase berühren die Wandungen meist in einem einzigen Zuge. Da Nietnähte nicht unmittelbar über oder in der Nähe des Rostes liegen dürfen, machte man bei Walzenkesseln den vordersten Schuß möglichst lang und legte die Längsnähte so, daß sie durch Mauerwerk geschützt sind. Diesen Teil des ersten Mantelschusses nennt man Feuertafel, über ihr findet die stärkste Dampfbildung statt. Die vordere Bodenrundnaht ist ebenfalls der unmittelbaren Einwirkung der Heizgase durch Abmauerung zu entziehen.

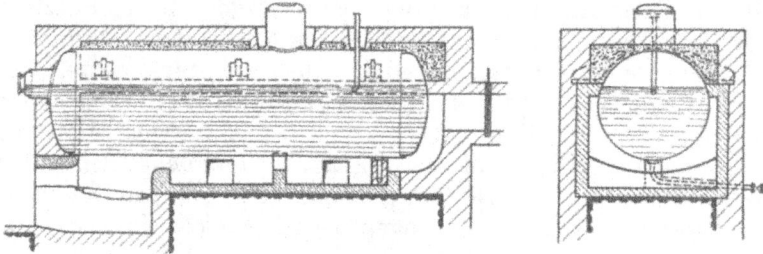

Bild 38. Walzenkessel.

Der Walzenkessel hat im Verhältnis zu seiner Heizfläche einen großen Wasserraum; er erzeugt wegen seiner großen Wasseroberfläche trockenen Dampf. Seine Wärmeausnützung ist infolge des kurzen Gasweges und der beträchtlichen Abkühlungsverluste durch die großen Mauerwerksflächen gering. Die Reinigung kann sowohl wasser- als auch feuerseitig leicht durchgeführt werden. Der Kesselkörper ist auf dem Mauerwerk durch seitlich angebrachte kräftige Tragpratzen gelagert.

Beim Betrieb des Kessels ist zu beachten, daß

1. das Schutzmauerwerk der Nietnähte nicht schadhaft wird und
2. sich an der Feuertafel wasserseitig keine größeren Kesselsteinablagerungen bilden. Undichtheiten und Risse an den Nähten, sowie Verbeulungen der Feuertafel sind sonst die Folgen.

b) Der Batteriekessel.

Dieser ist ein mehrfacher Walzenkessel (Bild 39). Er besteht (je nach Größe) aus mehreren Walzen, die neben- und übereinander gelagert sind. Die übereinander liegenden Walzen werden durch mindestens 2, meistens 3 Stutzen miteinander verbunden, so daß die in den unteren Walzen entstehenden Dampfblasen nach oben entweichen können. Die unteren Walzen sind am hinteren Ende gegenseitig durch liegende Stutzen verbunden, um einen gleichmäßigen Wasserstand zu erzielen. Jeder Oberkessel hat seinen besonderen Dampfraum, aus dem der Dampf entweder unmittelbar in einen Dampfdom oder durch einen Stutzen in einen querliegenden gemeinsamen Dampfsammler geleitet wird. Die Oberkessel sind waagrecht angeordnet, während die Unterkessel, auch Sieder genannt, nach hinten geneigt sind. Dadurch können die Dampfblasen nach vorne wandern und durch die Stutzen aufsteigen. Die Speiserohrausmündung erfolgt in der Regel unmittelbar über den hinteren Verbindungsstutzen; jeder Oberkessel wird getrennt gespeist.

Damit die Feuerung zweckmäßig angeordnet werden kann, macht man die Sieder kürzer als die Oberkessel. Vielfach werden den Siedern auch schrägstehende Walzenkessel, sog. Flaschen, vorgelagert, die eben-

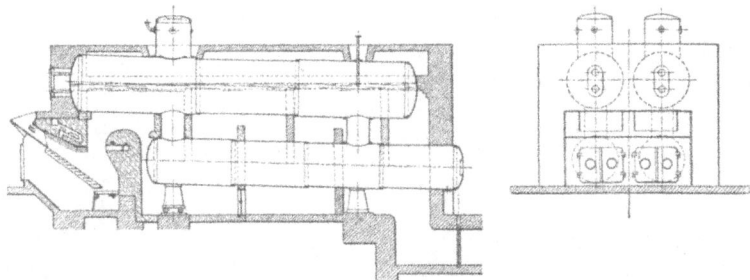

Bild 39. Batteriekessel.

falls mit den Siedern und den Oberkesseln durch Stützen verbunden sind. Zur Lagerung des Kessels dienen Kesselstühle unter den untersten Siedern. Der hinterste von diesen ist fest gelagert, während die vorderen, um der Ausdehnung des Kessels folgen zu können, zweckmäßig auf Rollen ruhen. Dies gilt ganz allgemein für die Lagerung von Kesselkörpern.

Batteriekessel werden meistens so eingemauert, daß die Heizgase, in Kammern auf- und absteigend, an den Siedern und dem unteren Teil der Oberkessel entlang nach hinten geführt werden. Die Scheidewände zwischen den Kammern müssen als selbsttragende Wände ausgeführt sein und dürfen wegen der Ausdehnung des Kesselkörpers an seinen Wandungen nicht eng anliegen. Im oberen Teil der oberen Querwände müssen sich kleine Öffnungen befinden, damit zerknallbare Gase abziehen können. Die im Feuerraum und im ersten Zuge liegenden Nietnähte sind durch Mauerwerk zu schützen. Das gleiche ist für den vorderen oberen Teil der Sieder notwendig, wenn der dort sich etwa bildende Dampf nicht einwandfrei abziehen kann. Die Reinigung kann, wie beim Walzenkessel, auf der Wasserseite leicht und auf der Feuerseite bei einer genügenden Anzahl von Einfahröffnungen ohne Schwierigkeit durchgeführt werden.

6*

Batteriekessel können wegen ihrer großen Wasserräume Schwankungen in der Dampfentnahme leicht ausgleichen, selbst wenn die Feuerungen schwer regelbar sind. Ihre Brennstoffausnützung ist befriedigend. Sie sind betriebssicher, werden aber nicht mehr gebaut, da sie in der Herstellung und Einmauerung teuer sind und trotz ihrer geringen Leistung sehr viel Raum benötigen.

Um Beschädigungen der Batteriekessel zu verhüten, ist besonders darauf zu achten, daß

1. das notwendige Schutzmauerwerk nicht schadhaft ist,
2. das Anheizen sehr langsam erfolgt und
3. die Abzugsöffnungen in den Kammerwänden zur Verhütung eines Rauchgaszerknalles durch unverbrannte Gase vorhanden sind.

c) Der Flammrohrkessel.

Der Flammrohrkessel (Bild 40) ist ein Walzenkessel, in den ein, zwei oder seltener drei große, von einem zum anderen Boden reichende

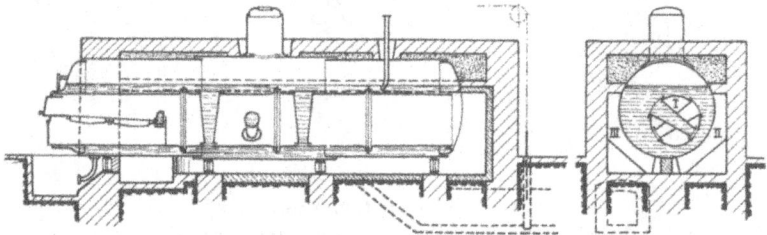

Bild 40. Einflammrohr-Glattrohrkessel mit Gallowaystutzen.

Rohre eingebaut sind. Da in diesen Rohren in der Regel die Feuerung untergebracht wird, also die Flammen entstehen, heißt man diese Rohre »Flammrohre« und die Kessel je nach der Zahl der Flammrohre: Einflammrohr-, Zweiflammrohr- und Dreiflammrohrkessel.

Während bei alten Anlagen und bei kleinen Kesseln mit niedrigem Druck noch glatte Flammrohre (Glattrohrkessel) mit entsprechenden Versteifungen zur Erhöhung der Widerstandsfähigkeit gegenüber Außendruck verwendet werden, baut man heute in der Regel Wellrohre ein

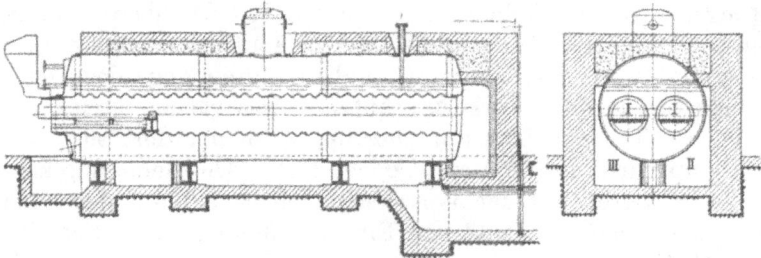

Bild 41. Wellflammrohrkessel.

(Bild 41). Diese zeichnen sich durch eine größere Elastizität in der Längsrichtung, durch größere Widerstandsfähigkeit gegenüber dem Kesseldruck und durch eine größere Heizfläche aus. Durch die Wellenberge und Wellentäler findet außerdem eine gute Durchwirbelung der Heizgase statt, wodurch eine bessere Wärmeübertragung gewährleistet wird. Eine größere Widerstandsfähigkeit und Heizfläche sowie eine bessere Wärmeübertragung hat man bei Glattrohren auch durch Einbau von konischen Quersiedern, den sog. Gallowayrohren, erreicht, die aber die Reinigung des Flammrohres auf der Feuer- und Wasserseite erschweren und daher, wie auch aus Herstellungsgründen, heute nicht mehr gebaut werden.

Bei Einflammrohrkesseln (Bild 40) legt man das Flammrohr etwas seitlich vom Kesselmittel. Dadurch gewinnt man Raum zum Befahren und zur Reinigung des Kessels und erreicht bei entsprechender Zugführung einen besseren Wasserumlauf.

Bei der gebräuchlichsten Art der Einmauerung von Einflammrohrkesseln ziehen die Heizgase im ersten Feuerzug vom Rost durch das Flammrohr nach hinten, kehren dort um, bestreichen dann den Teil des Kesselmantels, der dem Flammrohr am nächsten liegt, im zweiten Feuerzug von hinten nach vorne, wo sie dann nochmals umkehren und durch den dritten Feuerzug, der auf der entgegengesetzten Seite sich befindet, zum Fuchs gelangen. Mit Hilfe einer Mauerzunge, die unter dem Kessel angebracht ist, wird diese Art der Zugführung in einfacher Weise gelöst.

Die Beheizung des Mantelteiles, der vom Flammrohr einen geringen Abstand hat, mit heißeren Gasen wirkt sich auf den Wasserumlauf im Kessel günstig aus. Zur besseren Durchwirbelung der Heizgase in den Längszügen bringt man dort vielfach Ablenkmauern an, die aus lose aufgeschichteten Steinen bestehen und zur Reinigung herausgenommen werden können und müssen.

Bei Kesseln, die längere Zeit außer Betrieb stehen, ist auch darauf zu achten, daß durch die Mauerzunge keine Feuchtigkeit hochgesaugt wird. Starke Anrostungen der Kesselwandungen sind sonst die Folgen. Das Einlegen eines Blechstreifens oder einer Asbestplatte zwischen Mauerzunge und Kesselmantel ist daher empfehlenswert.

Diese Art der Einmauerung und Zugführung gestattet eine bequeme Reinigung der äußeren Kesselzüge von Ruß- und Flugaschenablagerungen und ergibt in den Längszügen und den Umkehrstellen große Räume, in denen sich viel Flugasche ansammeln kann, ohne die Heizfläche zu verlegen und den Zug zu vermindern.

Die gleiche Art der Einmauerung hat sich auch bei den Zweiflammrohrkesseln, trotz der gleichmäßigen Anordnung der Flammrohre, bewährt (Bild 41). Die aus den beiden Flammrohren austretenden Heizgase bestreichen im zweiten Zug von hinten nach vorne die eine Hälfte des Mantels, während sie im dritten Feuerzug von vorne nach hinten die zweite Mantelhälfte beheizen. Einfache Einmauerung, leichte Reinigung und große Räume zur Flugaschenablagerung sind auch hier die hauptsächlichsten Vorzüge.

Bei einer anderen Art der Einmauerung (Bild 42) bilden zwei Seitenzüge den zweiten und ein gemeinsamer Unterzug den dritten Zug. Dadurch werden die Seitenzüge eng und niedrig. Durch Flugaschenablagerungen in den Seitenzügen wird die Heizfläche teilweise ausgeschaltet. Die Reinigung und die Besichtigung der Kesselwandungen wird erschwert. Die Beheizung des ganzen unteren Teiles des Kesselmantels

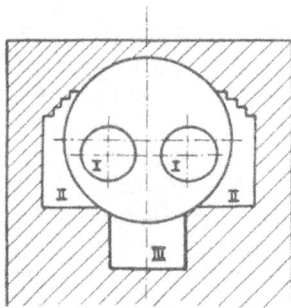 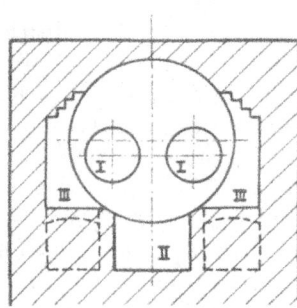

Bild 42.   Bild 43.

durch die kältesten Heizgase ist für den Wasserumlauf nicht dienlich. Dieser Mangel wird bei der in Bild 43 dargestellten Einmauerungsart, die von der Fa. Hermann & Voigtmann, Chemnitz, ausgeführt wird, dadurch vermieden, daß der zweite Zug mit den heißeren Rauchgasen in den Unterzug und der dritte Zug in die Seitenzüge verlegt wird. Große Räume, die unter den Seitenzügen angeordnet sind, dienen zur Ablagerung der Flugasche und verhindern dadurch das Verlegen der Kesselwandungen.

Einen grundsätzlichen Einfluß auf die Wärmeausnützung übt die Art der Einmauerung nicht aus, da der weitaus größte Teil der Rauchgaswärme bereits im Flammrohr übertragen wird. Aus diesen Gründen bildet man Flammrohrkessel heute vielfach als Einzugkessel aus (Bild 44), bei denen die Einmauerung vollkommen fehlt. Die Rauchgase gelangen nach dem Verlassen der Flammrohre durch einen Überhitzer und einen großen Rauchgasvorwärmer unmittelbar in den Schornstein. Der Kesselmantel ist zum Schutze gegen Wärmeabstrahlung isoliert. Durch einen an der Sohle des Kesselmantels eingebauten Heißdampfregler ist für einen genügenden Wasserumlauf gesorgt, der noch durch das bis fast an die Dampftemperatur im Vorwärmer erhitzte Speisewasser unterstützt wird. Beim Anheizen wird der Wasserumlauf durch eine Umwälzpumpe oder durch Erwärmung des Wassers an der Mantelsohle mit

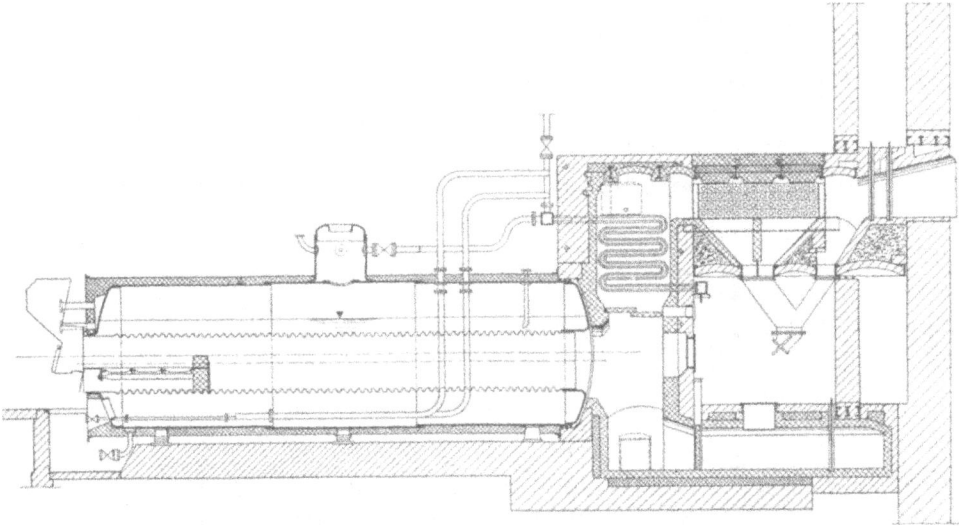

Bild 44. Zweiflammrohr-Wellrohrkessel mit umhülltem Außenmantel und mit oben
angeordnetem Fuchs.

Hilfe des Heißdampfreglers, der dann mit Dampf von einem anderen
Kessel beschickt werden muß, erzeugt.

Die Lagerung der Flammrohrkessel geschieht in der Regel auf gußeisernen Kesselstühlen. Diese werden so verteilt, daß sie immer einen
Außenschuß unterstützen; auf diese Weise werden die Rundnähte nicht
auf Zug beansprucht.

Flammrohrkessel gestatten eine gute Wärmeausnützung, weil vor
allem bei Innenfeuerung die heißesten Rauchgase mit dem Mauerwerk
nicht in Berührung kommen. Trotz des immerhin noch großen Wasserraumes ist die Anheizzeit wegen der verhältnismäßig großen Heizfläche
im Gegensatz zu dem Walzenkessel kürzer. Die große Verdampfungsoberfläche bürgt für trockenen Dampf.

Flammrohrkessel sind betriebssicher und gelangen auch heute noch
in mittleren Anlagen vielfach zur Aufstellung.

d) Der Rauchröhrenkessel.

Der einfache Rauch- oder Heizröhrenkessel ist ein Walzenkessel,
dessen Wasserraum von einer großen Anzahl enger, dünnwandiger Rohre
durchzogen wird (Bild 45), die in die Böden eingewalzt sind. Die Heizgase ziehen im zweiten Feuerzug durch die vom Wasser umgebenen
Rauchrohre von hinten nach vorne und gelangen durch zwei Seitenzüge
in den Fuchs.

Die zahlreichen, auf den ganzen Wasserraum verteilten Rohre ermöglichen eine gute Brennstoffausnützung und eine rasche und gleich-

mäßige Erwärmung des Wassers. Da die Wassermenge im Verhältnis zur Heizfläche geringer ist als beim Walzen- oder Flammrohrkessel, kann dieser Kessel auch rascher angeheizt werden.

Voraussetzung ist aber, daß die Rohre auf der Wasser- und Feuerseite rein gehalten werden. Deshalb ist es erforderlich, die Flugasche- und Rußablagerungen in den Rohren alle Tage mindestens einmal mit

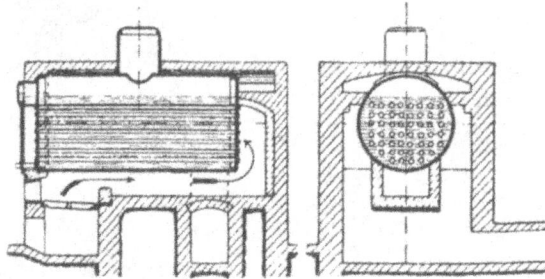

Bild 45. Heizröhrenkessel mit ebenen Böden.

Rohrbürsten oder Rußbläsern zu beseitigen und weiches Speisewasser zu verwenden. Bei stärkerem Kesselsteinansatz treten leicht Undichtheiten an den Rohreinwalzstellen besonders des hinteren Bodens auf. Die dann notwendig werdenden Nachwalzarbeiten, die geübten Kesselschmieden zu überlassen sind, ziehen bei öfterer Wiederholung Beschädigungen der Rohre und der Rohrwände nach sich. Um den Kessel auf der Wasserseite von diesen Niederschlägen leichter reinigen zu können, ordnet man die Heizrohre vielfach in zwei symmetrisch zur senkrechten Mittellinie des Querschnittes liegenden Gruppen an, die einen Abstand von 300 bis 400 mm voneinander besitzen.

Für die Bedienung der Rauchröhrenkessel ist besonders wichtig, daß

1. die Rohre auf der Feuer- und Wasserseite rein erhalten bleiben und
2. auf die Einhaltung des niedrigsten Wasserstandes, der bei einer plötzlichen stärkeren Dampfentnahme infolge des geringen Wasserinhalts sehr schnell sinkt, die größte Sorgfalt verwendet wird.

e) Der Flammrohrrauchrohrkessel.

α) *Liegender Flammrohr- oder Feuerbüchskessel mit vorgehenden Rauchrohren.*

Einer der gebräuchlichsten Kessel dieser Bauart ist der ausziehbare Röhrenkessel (Bild 46).

Er besteht aus einem zylindrischen Mantel, der durch ebene Böden (Stirnwände) abgeschlossen ist. Ein sog. Röhrenbündel, das aus einer zylindrischen Feuerbüchse und einem anschließenden Rauchrohrbündel besteht, ist mit den beiden ebenen Böden durch Schrauben befestigt

und kann aus dem Mantel herausgezogen werden. Die mit der Feuerbüchse vernietete Rohrwand wird Feuerbüchsrohrwand, die gegenüberliegende, Rauchkammerrohrwand genannt.

Die Heizgase, die entweder in einer Vorfeuerung oder einer in der
Feuerbüchse untergebrachten Innenfeuerung erzeugt werden, geben
einen großen Teil ihrer Wärme in der Feuerbüchse ab, durchziehen die

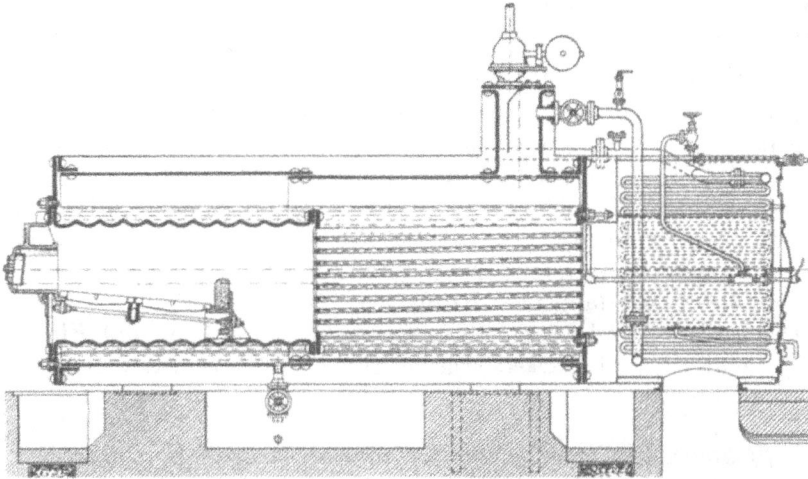

Bild 46. Ausziehbarer Röhrenkessel der Firma R. Wolf, Magdeburg-Buckau.

Rauchrohre und gelangen dann über eine Rauchkammer in den Schornstein, der bei kleineren Kesseln unmittelbar auf der Rauchkammer
sitzt. Die feuerseitige Reinigung der Rauchrohre hat wie beim Rauchrohrkessel zu erfolgen. Die Wasserseite des Kessels kann nach dem
Ausziehen des Rohrbündels leicht gereinigt werden.

Bei feststehenden Anlagen wird der Kessel auf Tragfüßen, die unten
oder seitlich angenietet sind, gelagert. Bewegliche Kessel ruhen auf
Radachsen.

Die Wärmeausnützung der ausziehbaren Röhrenkessel ist trotz der
kurzen, aber vollständig von Kesselwandungen umgebenen Innenzüge
sehr wirksam, wenn die Heizfläche reingehalten wird. Ist das auf der
Wasserseite nicht der Fall, so sind Flammrohreinbeulungen und Undichtheiten an den Rohreinwalzstellen die unausbleibliche Folge.

Die verhältnismäßig kurze Feuerbüchse mit ihrem niederen Feuerraum verlangt zur Vermeidung von Rauch- und Rußbelästigungen eine
sorgfältige Feuerbedienung. Bei neueren Kesseln werden mit aus diesem
Grunde die Feuerbüchsen bis auf $^2/_3$ der Kessellänge hergestellt.

Wegen der kleinen Verdampfungsoberfläche wird leicht nasser
Dampf erzeugt. Da diese Fläche bei höherem Wasserstand sehr rasch
abnimmt, ist der Wasserstand nur wenig über dem niedrigsten Wasserstand zu halten. Um schädliche Wärmespannungen im Kesselkörper

möglichst zu verhüten, sind ausziehbare Röhrenkessel langsam anzuheizen.

Beim Befeuern des Kessels ist darauf zu achten, daß keine Kaltluft an die Feuerbüchs-Rohrwand gelangt, da sonst durch die plötzliche
Abkühlung Undichtheiten an den Rohreinwalzstellen hervorgerufen
werden. Die Aufgabe von Brennstoff muß daher schnell und bei gedrosseltem Rauchgasschieber erfolgen. Auch darf der Rost keine unbe-
deckten Stellen aufweisen, durch die Falschluft eindringen kann.

Zur Bedienung dieser Kessel ist also zusammenfassend zu sagen:

1. Die Brennstoffaufgabe hat gleichmäßig zu erfolgen, damit eine
   rauchschwache Verbrennung erzielt wird,
2. sie soll schnell und bei gedrosseltem Rauchgasschieber vorgenommen werden, um den Eintritt von Kaltluft zu vermindern.
3. Der Wasserstand ist sorgfältig zu beobachten und knapp über dem
   niedrigsten Wasserstand zu halten.
4. Der Kessel ist langsam anzuheizen.
5. Das Röhrenbündel ist feuerseitig täglich von Ruß und Flugasche
   zu reinigen und wasserseitig möglichst rein von Kesselstein und
   Öl zu halten.

β) Stehender Feuerbüchskessel mit vorgehenden Heizrohren.

Für fahrbare Kessel, Lokomobil-, Lokomotiv- und Straßenwalzen-
kessel wird fast ausschließlich der Feuerbüchskessel mit vorgehenden Rauchrohren verwendet (Bild 47). Er unterscheidet sich vom ausziehbaren Röhrenkessel dadurch, daß das Röhrenbündel fest eingebaut

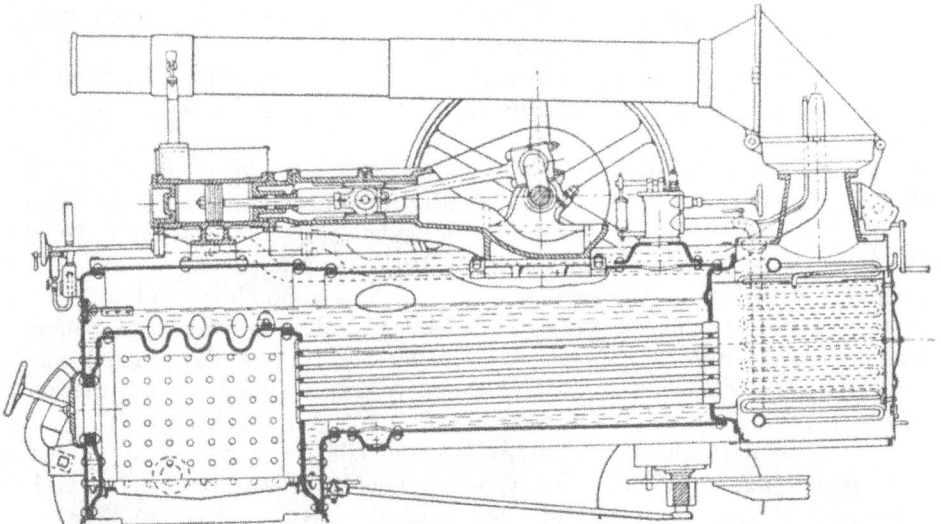

Bild 47. Feuerbüchskessel mit vorgehenden Heizrohren der Firma R. Wolf. Magdeburg-Buckau.

und die zylindrische Feuerbüchse durch eine rechteckige Feuerbüchse ersetzt ist. Der äußere Kesselmantel besteht aus einem Stehkessel, dem sog. Feuerkasten, dessen Seitenwände eben und dessen Decke zylindrisch ist und in den die Feuerbüchse eingenietet wird. An den Feuerkasten schließt sich ein zylindrischer Langkessel an. Die ebenen Wände der Feuerbüchse und der Feuerkiste werden durch Anker und Stehbolzen gegenseitig versteift. Zahlreiche Rauchrohre, die in die Rohrwand der Feuerbüchse und in die Rauchkammerrohrwand eingewalzt sind, durchdringen, wie beim ausziehbaren Röhrenkessel, den Wasserraum.

Für die wirtschaftlich einwandfreie und betriebssichere Bedienung gilt das gleiche wie für die ausziehbaren Röhrenkessel. Auf die Reinhaltung der Wandungen ist besondere Sorgfalt zu verwenden. Kesselstein- oder Schlammablagerungen zwischen den zahlreichen Stehbolzen und Ankern können schwere Kesselschäden, wie Verbeulungen, Risse und Stehbolzenbrüche, hervorrufen. Deshalb ist es geboten, bei hartem und schlammführendem Speisewasser den Kessel täglich zu entschlammen und alle 8 bis 14 Tage zu waschen, d. h. nach der Abkühlung zu entleeren und bei herausgenommenen Putzlochdeckeln mit einem kräftigen Wasserstrahl auszuspritzen. Bei Steinansätzen ist ein Steinlösemittel zu verwenden.

γ) *Liegender Flammrohrkessel mit zurückgehenden Rauchrohren (Schiffskesseltyp).*

In einem zylindrischen Mantel, der mit zwei ebenen Böden verschlossen ist, sind im unteren Teil 2 bis 4 Flammrohre eingebaut (Bild 48), die als Glattrohre oder als Wellrohre ausgebildet sein können. Die Flammrohre endigen in gemeinsame oder getrennte, bis nahe an den Wasserspiegel heranreichende Umkehrkammern, die in ihrem oberen

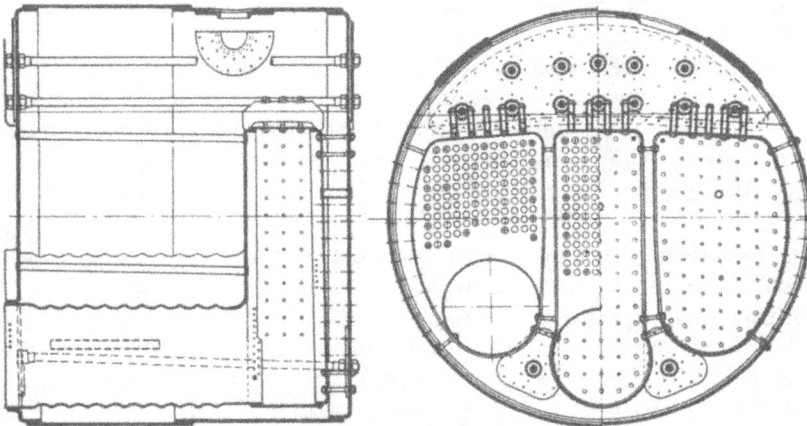

Bild 48. Schiffskessel-Bauart.

Teil mit der Stirnwand durch eine große Anzahl von Rohren verbunden sind. Die Heizgase durchziehen diese Rauchrohre von hinten nach vorne, sammeln sich in einer über den Feuerungen angebrachten Rauchkammer und gelangen von da in den Schornstein. Die ebenen Wände der Umkehr- oder Wendekammer sind durch Stehbolzen und Deckenanker gegen den Kesselmantel abgesteift, die ebenen Kesselböden unter sich durch starke Rundeisen verankert.

Diese Kessel, die eine große Heizfläche auf kleiner Grundfläche unterzubringen gestatten und sich infolge ihrer kurzen Bauart besonders zum Einbau in Schiffe eignen, heißen »Einender«, wenn sie Feuerung und Rauchkammer nur an einem Boden (Ende) haben.

Bei größeren Kesseleinheiten setzt man die Umkehrkammer in die Mitte und verbindet sie sowohl mit dem vorderen als auch mit dem hinteren Boden durch Flammrohre und Rauchrohre. Es haben also immer zwei gegenüberliegende Feuer eine gemeinsame Wendekammer. Weil sich die Feuerungen und die Rauchkammer an beiden Enden befinden, heißt man diese Kessel »Doppelender«.

Bei der Bedienung sind die beim Feuerbüchskessel angegebenen Punkte zu beachten.

δ) Quersiederkessel.

In einem stehenden zylindrischen Kesselmantel, der mit einem ebenen oder gewölbten Boden oben verschlossen ist, ist eine ebenfalls stehende zylindrische Feuerbüchse mit querliegenden Rohren eingebaut und am unteren Ende mit dem Kesselmantel vernietet. Die Feuerbüchse ist oben mit einem ebenen oder gewölbten Boden versehen, an dem sich entweder ein durch den Dampfraum führendes (Bild 49) oder seitlich abgehendes Rauchrohr (Bild 50) anschließt. Die Querrohre, auch Quersieder genannt, sind gegenseitig versetzt und je nach Größe entweder mit dem Feuerbüchsmantel verschweißt oder eingewalzt und gebördelt.

Außen ist der Kesselmantel zum Schutze gegen Wärmeausstrahlung mit einem Isoliermantel umgeben, der jedoch die untere Verbindungsnaht nicht überdecken soll, damit Undichtheiten am Kesselmantel oder an der unteren Naht sofort erkannt und beseitigt werden können. Die gleiche Maßnahme ist zu treffen bei Mantelausschnitten und Rohrstutzen.

Quersiederkessel sind wegen der besonderen Abrostungsgefahr am unteren Ende nicht unmittelbar auf das Mauerwerk, sondern auf eine gußeiserne Grundplatte zu setzen.

Als Feuerung ist unten in der Feuerbüchse ein Planrost eingebaut. Da bei Kesseln, deren dampfberührte Wandungen beheizt werden, die Rostfläche bei natürlichem Zuge nicht größer als $1/_{20}$ und bei künstlichem Zuge nicht größer als $1/_{40}$ der Kesselheizfläche sein darf, muß

bei Quersiederkesseln, deren Rauchrohr nach oben durch den Dampfraum geht, der Rost ringsum mit 20 cm hohen, feuerfesten Steinen entsprechend abgemauert werden. Ist das nicht der Fall, so wird das
durch Dampf schlecht gekühlte Rauchrohr zu stark erhitzt; Abzunderung
und Einbeulungen sind die Folge. Vor diesen Schäden kann man das

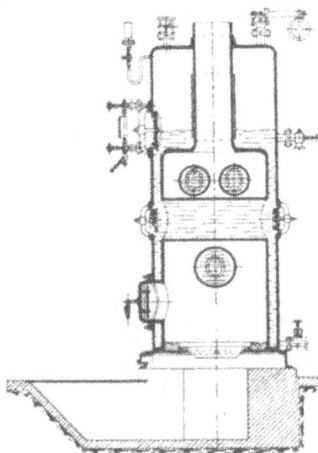

Bild 49. Stehender Quersiederkessel
mit nach oben gehendem Rauchrohr
der Firma Loos in Gunzenhausen.

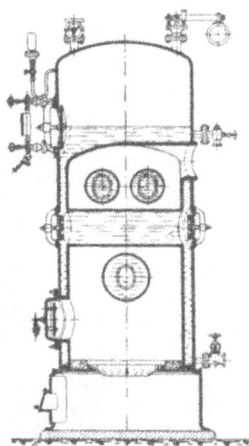

Bild 50. Stehender Quersiederkessel
mit seitlichem Rauchrohr der Firma
Loos in Gunzenhausen.

Rauchrohr aber auch dadurch bewahren, daß man ein entsprechend
langes Schutzrohr in das Rauchrohr einhängt, das bis unter den niedrigsten Wasserstand reichen muß. Auf diese Weise wird der dampfberührte
Teil des Rauchrohres der Beheizung entzogen, der Rost braucht dann
nicht abgemauert zu werden. Bei Quersiederkesseln mit seitlich ab-
gehendem Rauchrohr sind diese Maßnahmen nicht notwendig, weil bei
dieser Bauart dampfberührte Teile nicht beheizt sind.

Eine Sonderbauart des Quersiederkessels stellt der sog. Steil-
siederkessel (Bild 51) dar. Er unterscheidet sich vom Quersiederkessel dadurch, daß die Querrohre noch durch eingeschweißte Wasserrohre mit dem Feuerbüchsboden verbunden sind.

Gereinigt werden die Quersiederkessel auf der Wasserseite
durch die im Kesselmantel vorgesehenen Putzöffnungen, die jeweils
gegenüber den Querrohrenden, in der Nähe der unteren Verbindungsnaht der Feuerbüchse mit dem Mantel und über dem Feuerbüchsboden
in genügender Anzahl angebracht sind. Trotzdem bleibt der Wasserraum für eine gründliche Reinigung des Feuerbüchs- und Kesselmantels
schlecht zugänglich, weshalb möglichst weiches Wasser zu speisen ist.

Bei Kesseln mit kleinen Querrohren, wie sie bei Baggern, Dampf-
kranen und Feuerspritzen noch anzutreffen sind, kann der obere Teil
des Mantels abgehoben werden.

Die feuerseitige Reinigung erfolgt nach Herausnahme des Rostes und des zum Schutze der unteren Verbindungsnaht und gleichzeitig als Rostabmauerung dienenden Schutzmauerwerks von der Feuerbüchse aus, die durch den Aschenfall befahrbar sein muß.

Um trockenen Dampf zu erhalten, muß der Kesselwärter den ohnehin nicht großen Dampfraum dadurch ausnützen, daß er den Wasserstand möglichst knapp über dem niedrigsten Wasserstand hält.

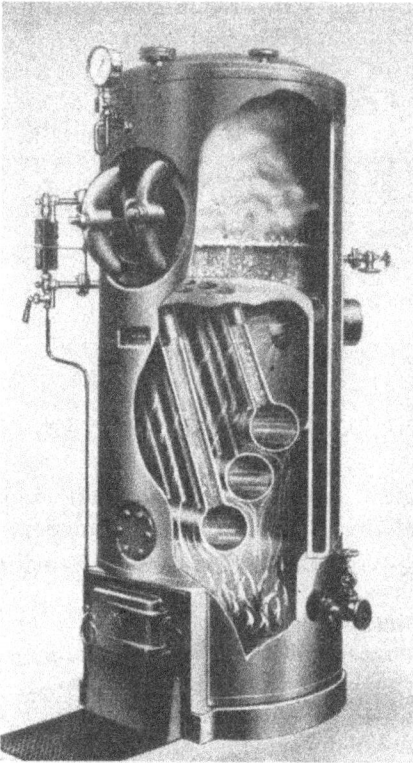

Bild 51. Steilsieder-Wasserumlaufkessel der MAN.

Bild 52. Stehender Röhrenkessel mit Feuerbüchse.

Eine möglichst rauchfreie Verbrennung wird bei dem vorhandenen niederen, stark gekühlten Feuerraum und dem kurzen Gasweg durch die Verfeuerung einer kurzflammigen Kohle erzielt, die in kleinen Mengen aufzugeben ist.

ε) Stehender Röhrenkessel.

Beim stehenden Röhrenkessel oder Heizrohrkessel (Bild 52) ist die Feuerbüchse wesentlich niedriger ausgebildet, oder sie fehlt ganz. Die Decke der Feuerbüchse und die des äußeren Kesselmantels ist durch senkrecht stehende, eingewalzte und gebördelte Rauchrohre verbunden, die von den Heizgasen durchzogen werden. Die Verdampfungsfläche ist noch kleiner als beim Quersiederkessel, doch bewirken die durch den Dampfraum gehenden Rohre eine gute Dampftrocknung. Während die feuerseitige Reinigung keine Schwierigkeiten bereitet, ist die wasserseitige Reinigung noch mühsamer und fast undurchführbar, weshalb nur ganz weiches und reines Wasser gespeist werden soll. Schlammhaltiges und hartes Wasser hat schlechte Wärmeausnützung und starke Undichtheiten an den Rohreinwalzstellen zur Folge.

Die bei der Besprechung des Quersiederkessels angegebenen Richtpunkte treffen im übrigen für diesen Kessel im gleichen Umfange zu.

ς) *Flammrohrkessel mit darüberliegendem Rauchrohrkessel (kombinierter Kessel).*

Über einem Flammrohrkessel als Unterkessel ist ein Rauchrohrkessel als Oberkessel angeordnet (Bild 53). Die Heizgase ziehen bei dieser Kesselbauart erst durch die Flammrohre des Unterkessels, dann

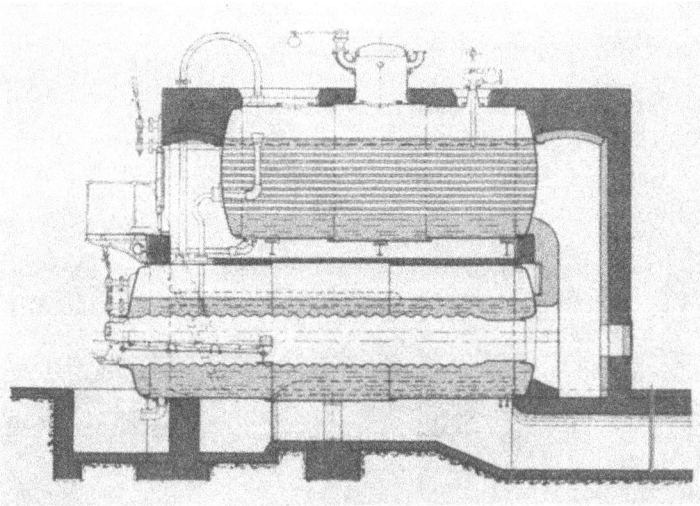

Bild 53. Kombinierter Kessel.

durch die Rauchrohre des Oberkessels und umspülen endlich die Mäntel der beiden Kessel. Da bei dieser Rauchgasführung die hintere Rohrwand des Oberkessels hohen Temperaturen ausgesetzt ist, was verschiedentlich zu Störungen Veranlassung gab, hat man die Einmauerung auch so angelegt, daß nach den Flammrohren ein Teil der Kesselmäntel und dann erst die Heizrohre beheizt werden. Durch diese Zugführung werden die Rohreinwalzstellen der Einwirkung heißer Rauchgase entzogen und daher nicht so leicht undicht.

Besteht der Oberkessel anstatt aus einem Rauchrohrkessel ebenfalls aus einem Flammrohrkessel (Bild 54), so nennt man diesen Dampfkessel Doppelkessel.

Die Anordnung der Wasser- und Dampfräume ist verschieden. Bei älteren kombinierten und Doppelkesseln ist der Oberkessel durch zwei

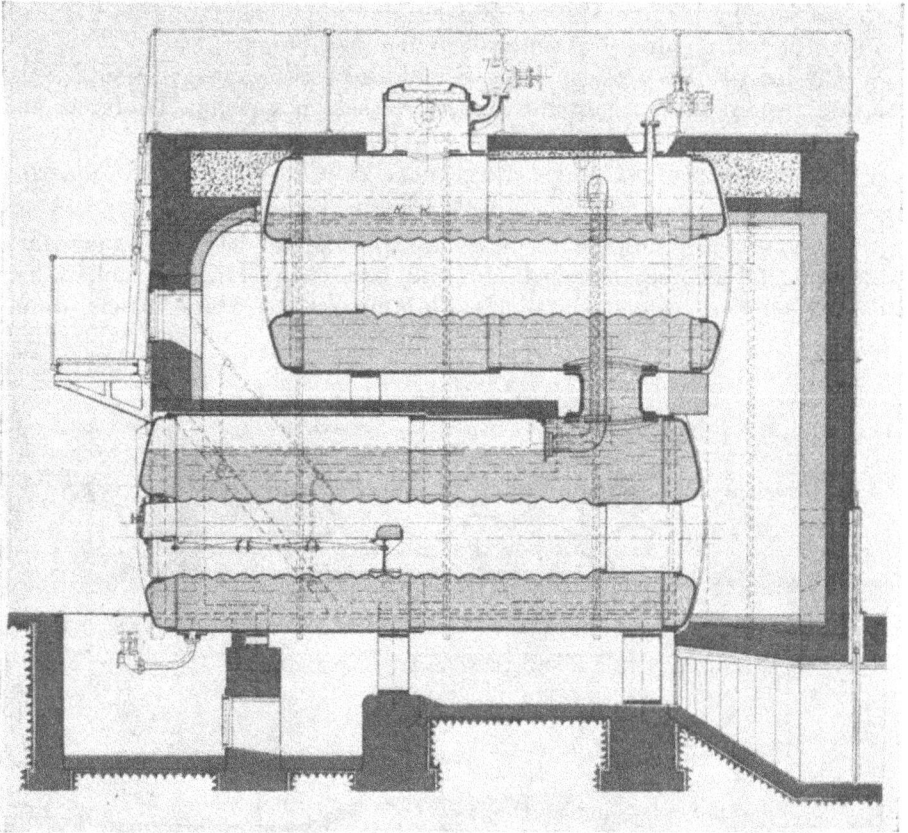

Bild 54. Doppelkessel.

Stutzen mit dem Unterkessel verbunden. Man erhält dadurch zwar einen großen Wasserraum und einen noch genügenden Dampfraum sowie nur einen Wasserstand am Oberkessel, da der Unterkessel vollständig mit Wasser gefüllt ist, und benötigt auch nur eine Speiseleitung; da aber die beiden Kessel starr miteinander verbunden sind, treten infolge der ungleichmäßigen Ausdehnung der Kessel an den Stutzen viele Schäden auf.

Daher baut man jetzt diese Kessel in der Regel mit zwei getrennten Dampfräumen, wodurch die beiden Verbindungsstutzen (Bild 53) oder doch einer davon in Fortfall kommt und sich die einzelnen Kesselteile ungehindert ausdehnen können. Die Dampfräume sind durch eine Dampfleitung oder mit einem durch den Stutzen führenden weiten Rohr, die Wasserräume durch ein Überlaufrohr verbunden, das in Höhe des normalen Wasserstandes im Oberkessel beginnt und etwa 50 mm unterhalb des niedrigsten Wasserstandes im Unterkessel ausmündet. Beide Kessel besitzen einen eigenen Wasserstand und benötigen daher auch getrennte Wasserstandsvorrichtungen, auch ist für beide Kessel eine gesonderte Speiseleitung vorgesehen. Während des regelrechten Betriebes wird aber nur durch den Oberkessel gespeist und vor allem der Wasserstand im Unterkessel beobachtet. Die Speiseleitung zum Unterkessel wird nur im Notfalle benützt, wenn durch Unachtsamkeit der Wasserstand im Oberkessel zu stark gesunken ist oder wenn der Unterkessel stark schäumt.

Bei der Ausführung und Instandhaltung des Mauerwerks solcher Kessel ist zu beachten, daß der hintere Boden des Unterkessels im oberen Teil, wo er nicht mehr vom Wasser gekühlt wird, durch starkes Mauerwerk der Einwirkung der nach oben ziehenden, noch sehr heißen Rauchgase entzogen wird und bleibt.

Da aber eine Beschädigung dieser Abdeckung nie ganz zu vermeiden ist, ist man auf eine Kesselbauart mit gemeinsamem Wasserraum und zwei getrennten Dampfräumen übergegangen (s. Bild 54). Der Dampfraum im Unterkessel wird dabei vor dem Verbindungsstutzen mit dem Oberkessel durch eine senkrechte Blechwand, die dicht mit dem Kesselmantel verbunden ist, abgegrenzt. In dieser befindet sich ein nach unten weiter werdender konischer Schlitz, an den das zum Oberkessel führende Dampfabzugsrohr anschließt. Der im Unterkessel entstehende Dampf verdrängt das zwischen dem Vorderboden und der Scheidewand befindliche Wasser. Dadurch wird ein immer größerer Querschnitt des konischen Schlitzes frei, so daß der Dampf, dessen Druck um die darüber stehende Wassersäule höher ist als der im Oberkessel, in genügender Weise in den Oberkessel abziehen kann. Da der hintere Boden des Unterkessels vom Kesselwasser bespült wird, kann dort das Schutzmauerwerk entfallen. Dagegen muß bei den beiden letzten Bauarten auch der Teil des Unterkesselmantels, der innen vom Dampf berührt wird, mit Ziegelmauerwerk abgedeckt werden, obwohl die Heizgase an dieser Stelle bereits stark abgekühlt sind.

Die Speisung erfolgt nur in den Oberkessel, der auch allein mit Wasserstandsvorrichtungen ausgerüstet ist.

Infolge ihrer großen Heizfläche und der langen Rauchgaswege haben kombinierte und Doppelkessel sehr gute Wärmeausnützung, aber nur geringe Leistung. Gegen Belastungsschwankungen sind sie durch ihre großen Wasserräume unempfindlich. Wegen ihres im Verhältnis zur Leistung hohen Anschaffungspreises und ihres großen Platzbedarfes werden sie heute nicht mehr gebaut.

Kleinwasserraumkessel.

Bei den meisten bisher besprochenen Kesselbauarten ist der Wasserumlauf besonders beim Anheizen unvollkommen. Durch die starre Formgebung des Kesselkörpers und durch nicht gleichmäßige Beheizung können dadurch Wärmespannungen auftreten, die durch rasches Anheizen so vergrößert werden, daß Anbrüche und Risse, besonders in den Nietnähten, entstehen.

In vielen Anlagen ist aber eine lange Anheizzeit unerwünscht und eine kurze Anheizzeit und ein rasches Anpassen an Belastungsschwankungen Bedingung. Dazu war es mit der Zeit erforderlich, Kessel mit immer größeren Leistungen und höheren Dampfdrücken aufzustellen. Die gleichzeitige Entwicklung der Feuerungsanlagen ließ durch leicht regelbare Feuerungen den Vorteil des großen Wasserraumes immer mehr in den Hintergrund treten. Die Kessel sollten in der Anschaffung billiger werden und immer weniger Platz zu ihrer Aufstellung benötigen. Endlich sollten sie im Betriebe sparsam sein, also mit bester Wärmeausnützung arbeiten.

Diesen Anforderungen genügen mehr oder weniger die verschiedensten Bauarten.

f) Der Wasserrohrkessel.

Der kennzeichnende Bestandteil dieser Wasserrohrkessel sind enge, mit Wasser gefüllte Rohre, die »Wasserrohre«, die von außen beheizt werden. Sie haben eine große Heizfläche und benötigen dank ihres geringen Durchmessers auch für höhere Drücke geringe Wandstärken. Durch große Strahlungsheizflächen und günstige Zugführung mit hoher Rauchgasgeschwindigkeit ist außerdem die Voraussetzung für eine gute Wärmeübertragung gegeben, wenn die Heizflächen rein gehalten werden.

Da einerseits ein Kesselsteinbelag wärmewirtschaftliche Nachteile und ernste Gefahren für die Betriebssicherheit des Kessels in sich schließt und anderseits die Reinigung enger Wasserrohre von angesetztem Kesselstein sehr zeitraubend und je nach der Formgebung der Rohre nahezu unmöglich ist, darf für Wasserrohrkessel nur weiches, gut aufbereitetes Speisewasser verwendet werden. Der Kesselwärter eines Wasserrohrkessels muß daher auch mit der richtigen Aufbereitung des Speisewassers vertraut sein (s. S. 152).

Für die feuerseitige Reinigung der Wasserrohrkessel sind meist Vorrichtungen vorhanden, die jederzeit auch während des Betriebes die Beseitigung von Ruß und Flugasche gestatten (s. S. 166).

Die Wasserrohrkessel teilt man je nach der Lage der Rohre in Schrägrohrkessel und Steilrohrkessel ein.

α) *Der Schrägrohrkessel.*

1. Der Wasserkammerkessel.

Eine heute noch zahlreich angetroffene Bauart der Schrägrohrkessel ist der Wasserkammerkessel (Bild 55).

Er besteht aus einem oder zwei waagrecht liegenden, durch je
zwei gewölbte Böden verschlossenen zylindrischen Oberkesseln, den
sog. Trommeln, an denen vorne und hinten je eine flache, kastenartige
Wasserkammer angeschlossen ist. Die dem Heizraum zugekehrten breiten
Wände dieser Kammern, die in entsprechendem Abstand parallel zu-

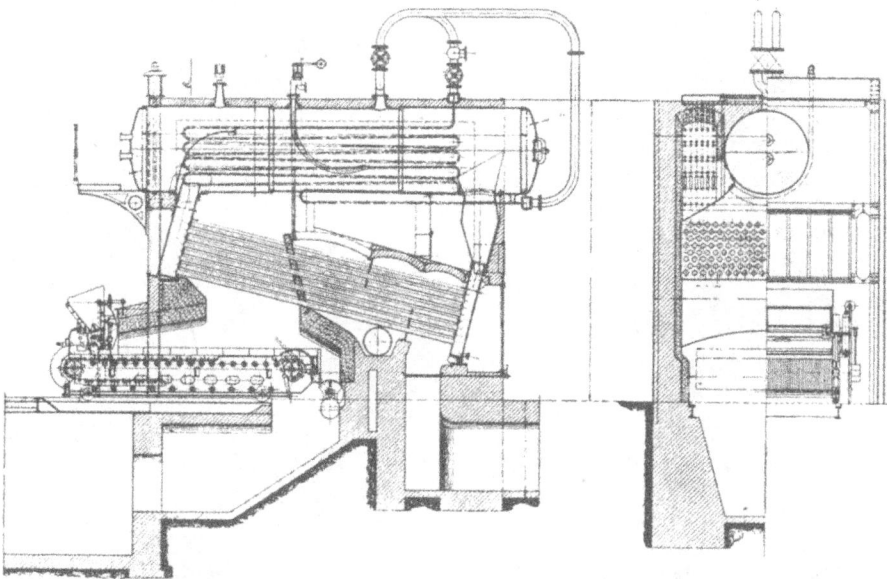

Bild 55. Großkammer-Wasserrohrkessel.

einander liegen, sind als Rohrwände ausgebildet und durch eingewalzte
Wasserrohre miteinander verbunden. In den Außenwänden der Kammern sind gegenüber den Wasserrohren Reinigungsöffnungen angebracht, die durch Deckelverschlüsse abgedichtet sind.

Damit die in den beheizten Wasserrohren entstehenden Dampfblasen leicht aufsteigen und in den Dampfraum des Kessels gelangen
können, sind die Rohre schräg, d. h. von hinten nach vorne ansteigend
angeordnet. Die Verbindung der Kammern mit dem Oberkessel, die
bei älteren Ausführungen durch eine halsartige Verlängerung, den Kam-
merhals, und bei neueren Bauarten durch gebogene Rohre hergestellt
wird, muß daher bei der hinteren Kammer länger sein als bei der
vorderen.

7*

Die ebenen Kammerwände sind durch kräftige Stehbolzen gegenseitig verankert und an den Seiten durch ein schmales, ringsum laufendes Blech, das »Umlaufblech«, abgeschlossen. Die Verbindung dieses Umlaufbleches mit den ebenen Kammerwänden wurde früher fast ausschließlich durch Eckschweißung hergestellt. Da sich diese Verbindung, wie schwere Kesselzerknalle gezeigt haben, als nicht zuverlässig erwiesen hat, bildet man entweder das Umlaufblech als Bördelblech mit U-förmigem Querschnitt aus und vernietet es mit der Deckel- und der Rohrwand durch Stehbolzen (Bild 56), oder man bördelt die Rohrwand so um, daß ein besonderes Umlaufblech unnötig wird (Bild 57).

Bild 56. Großkammer.

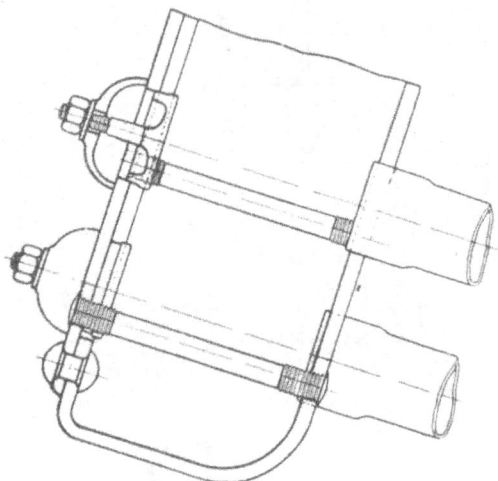

Bild 57.

Damit sich der Kessel ungehindert ausdehnen kann, wird die Obertrommel mit Hilfe eines um den Mantel gelegten Flacheisenbandes oder eines Rundeisens vorne und hinten am Kesselgerüst aufgehängt und die hintere Kammer nur leicht abgestützt.

Die Heizgase werden durch gußeiserne Lenkwände, die zwischen den Rohren eingebaut und mit Schamotte verkleidet sind, so geführt, daß die Wasserrohre und der untere Teil des Oberkesselmantels gleichmäßig beheizt werden. Durch die versetzte Anordnung der Rohre werden die Heizgase durchwirbelt, wodurch eine gute Wärmeübertragung gewährleistet wird.

Um eine rauchfreie Verbrennung zu erzielen, ist bei neueren Kesseln ein ziemlich hoher Verbrennungsraum vorgesehen. Auch bei älteren Kesseln, deren unterste Rohrreihe nahe über dem Rost liegt, kann durch Verfeuerung von gasarmer, kurzflammiger Kohle eine rauchschwache Verbrennung erreicht werden.

Die stärkste Beheizung und damit die stärkste Wassererwärmung findet in dem über dem Rost liegenden Teil der Wasserrohre statt. Hier werden sich die meisten Dampfblasen bilden, die durch die vordere Wasserkammer dem Oberkessel zustreben. Das noch kältere Wasser in der hinteren Wasserkammer sinkt dort abwärts. Es ergibt sich somit ein eindeutiger Wasserumlauf, der durch den Eintritt von kälterem Speisewasser in die vordere Wasserkammer nicht behindert werden darf. Deshalb muß das meist durch den vorderen Boden eingeführte Speiserohr in der Nähe der hinteren Wasserkammer ausmünden. Auf entstehende Undichtheiten des Speiserohres im Kesselinneren, die durch Rostungen entstehen können, ist daher zu achten. Auch die etwa eingebaute Speiserinne im Oberkessel, die eine Vermischung des kälteren Speisewassers mit dem heißen Kesselwasser günstig regelt, muß auf Undichtheiten hin untersucht und gegebenenfalls sofort instand gesetzt werden.

Der untere Teil der vorderen Wasserkammer zwischen dem Umlaufblech und der untersten Rohrreihe liegt außerhalb des Wasserumlaufes. Daher besteht die Gefahr, daß sich dort Schlamm in größeren Mengen ablagert und daher die Wandungen nicht mehr genügend gekühlt werden. Dieser Teil der vorderen Wasserkammer muß deshalb der unmittelbaren Einwirkung der Heizgase entzogen und durch ein kräftiges und haltbares Mauerwerk geschützt werden. Damit im Falle einer Beschädigung des Schutzmauerwerkes — durch Abbrand oder Einsturz — die dadurch bedingte Gefahr rechtzeitig bemerkt werden kann, sind entweder an den Seitenwänden des Mauerwerks Besichtigungsöffnungen vorzusehen, durch die das Schutzmauerwerk beobachtet werden kann, oder es ist das Stirnmauerwerk so auszuführen, daß nach dem Öffnen der Abschlußtüren für die vordere Wasserkammer bei einer Beschädigung der Abmauerung das Feuer durch die entstandene Lücke durchleuchtet.

2. Der Teilkammerkessel.

Eine weitere Art des Schrägrohrkessels stellt der Teilkammer- oder Sektionalkessel dar. Bei ihm sind die Wasserkammern in einzelne, nebeneinander liegende, wegen der versetzten Rohre wellig gestaltete Abteilungen, die Teilkammern oder Sektionskammern, zerlegt (Bild 58). Eine Versteifung der Kammerwände (Deckel- und Rohrwand) ist wegen der geringen Breite der Wände nicht mehr notwendig.

Die gegenüberliegenden Kammern sind durch eine Anzahl Rohre unter sich und durch je ein Rohr mit der längs liegenden Obertrommel verbunden (Bild 59). Dadurch können sich die Teilkammergruppen, auch Sektionen genannt, ungehindert und unabhängig von der Obertrommel ausdehnen.

Bei Teilkammerkesseln mit querliegender, über den hinteren Teilkammern angeordneter Obertrommel sind die vorderen Teilkammern

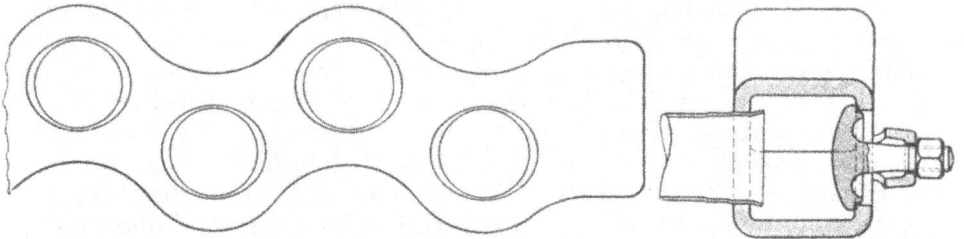

Bild 58. Sektionskammer mit Handlochverschluß.

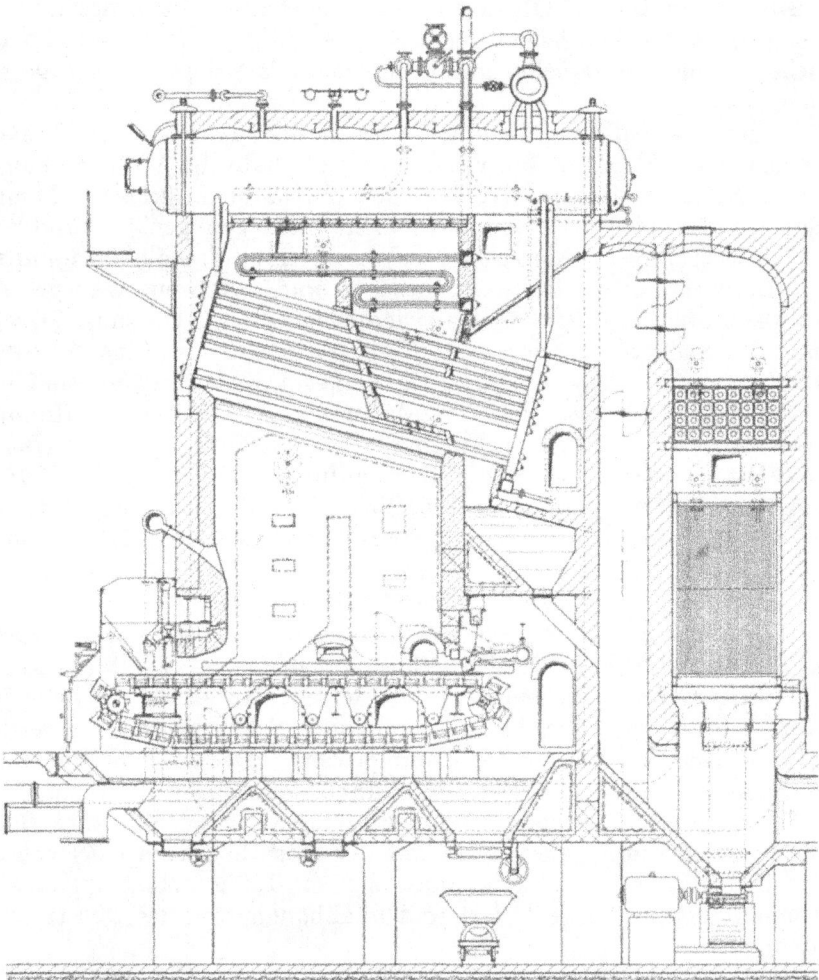

Bild 59. Babcock-Sektionalkessel mit längsliegenden Kesseltrommeln.

im oberen Teile abgebogen, gesondert am Kesselgerüst aufgehängt und mit einer größeren Anzahl waagrechter Rohre mit der Obertrommel verbunden (Bild 60). Für die Lagerung der Trommel, für die Zugführung und Einmauerung sowie für den Wasserumlauf, die Speiserohreinmündung, die Abmauerung und die Verschlüsse gilt das gleiche wie bei den Wasserkammerkesseln.

Die Fugen zwischen den Teilkammern sind zur Verhütung des Falschlufteintrittes mit kräftigen Asbestschnüren abgedichtet, auf deren sattes Anliegen zu achten ist.

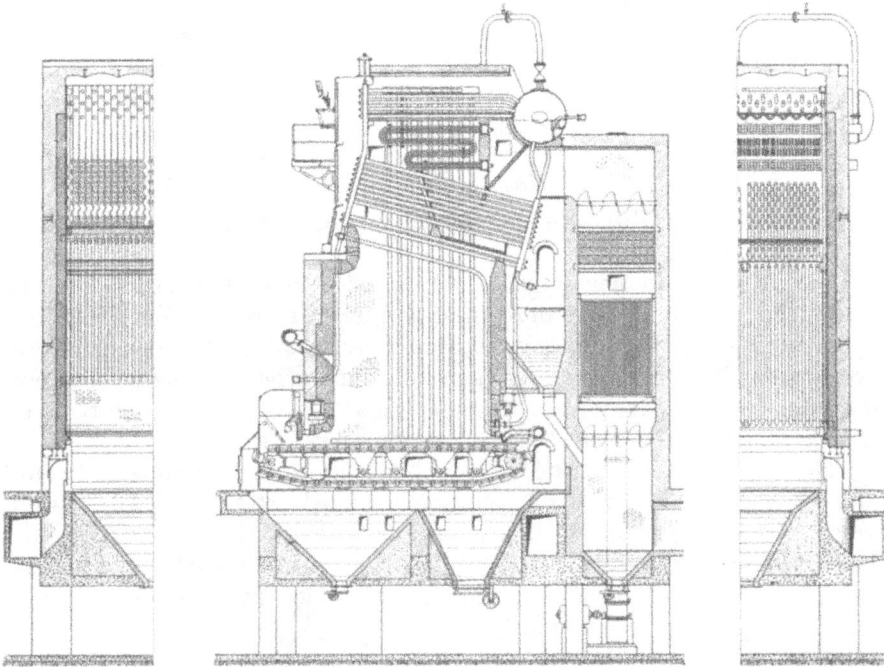

Bild 60. Teilkammerkessel mit Feuerraum-Kühlsystem.

Bei der Bedienung der Schrägrohrkessel ist besonders auf eine gewissenhafte Einhaltung des Wasserstandes zu achten. Infolge des im Verhältnis zur Heizfläche geringen Wasserinhaltes sinkt der Wasserstand bei plötzlicher Leistungssteigerung rasch ab. Andererseits wird aber bei steigendem Wasserstand der Dampfraum und die Verdampfungsoberfläche so rasch verkleinert, daß größere Mengen von Wasser mit dem Dampf mitgerissen werden können.

Wenn auch der größte Teil der Wasserrohre bei den Schrägrohrkesseln gerade ist und daher auf der Wasserseite gereinigt werden kann, so darf doch nur gut aufbereitetes Speisewasser verwendet werden, da selbst geringe Ablagerungen an den hochbeanspruchten Rohren der unteren Rohrreihen zu Rohrreißern führen können. Neue Schrägrohr-kessel werden außerdem meistens mit einer als Strahlungsheizfläche aus-gebildeten Feuerraumkühlung versehen, deren Rohre vielfach so stark gebogen sind, daß sie mechanisch nicht mehr gereinigt werden können.

Diese mit Rohren ausgekleideten hohen Feuerräume erhöhen die Kesselleistung, verbessern den Kesselwirkungsgrad und schützen das Feuerraummauerwerk vor frühzeitiger Zerstörung (s. Bild 60).

Die Wärmeausnützung in den Schrägrohrkesseln ist nun bei allen modernen Kesselanlagen gut und wird unterstützt durch große Über-hitzer, Rauchgasspeisewasservorwärmer und Lufterhitzer.

Als dritte Bauart des Schrägrohrkessels ist noch der Mac-Nicol-Kessel zu erwähnen, ein heute nicht mehr gebauter Wasserkammer-schrägrohrkessel, an dessen hinterer Kammer sich ein oder mehrere Sieder anschließen. Dadurch wird der Wasserraum vergrößert.

β) Der Steilrohrkessel.

Kessel, deren Rohre senkrecht oder steil angeordnet sind, heißen Steilrohrkessel.

Sie bestehen in der Regel aus zwei oder mehreren Trommeln, die durch eingewalzte Wasserrohre miteinander verbunden sind (Bild 61). Während man früher nur gerade Rohre verwendete, um sie auch auf der Wasserseite mechanisch reinigen zu können, ist man heute, um eine gute und unbehinderte Ausdehnungsfähigkeit des Kesselkörpers zu er-reichen, auf stark gekrümmte Rohre übergegangen.

Bei Verwendung gerader Rohre benötigt man Trommeln, die mit einer abgestuften Platte, nach dem Erfinder »Garbe-Platte« genannt, versehen sind. Gekrümmte Rohre dagegen können ohne Schwierigkeiten in gewöhnliche zylindrische Trommeln eingewalzt werden, wenn das Ende so gebogen ist, daß es zur Mittelachse der Trommel hinzeigt, also senkrecht zum Trommelumfang liegt.

Bei den Steilrohrkesseln werden die Obertrommeln entweder mit Kesselstühlen auf das Kesselgerüst gelagert, oder sie werden, wie die Obertrommeln der Schrägrohrkessel, am Kesselgerüst aufgehängt. Die Untertrommeln dagegen hängen vollkommen frei an den Rohren und sind höchstens seitlich auf Gleitlagern abgestützt. Dadurch kann sich der Kesselkörper frei und ungehindert ausdehnen und sich den jeweils herrschenden Temperaturen spannungslos anpassen.

Die Zugführung und die Einmauerung erfolgt so, daß schon bei beginnender Beheizung ein guter Wasserumlauf einsetzt. Dieser wird dadurch erreicht, daß die Steigrohre, in denen das Dampfwasser-gemisch emporsteigen soll, von heißen Heizgasen bestrichen werden, während jene Rohrreihen, in denen das Wasser in die Untertrommeln fällt und deren Rohre Fallrohre genannt werden, entweder gar nicht oder nur von kühleren Heizgasen beheizt werden. Unterstützt wird

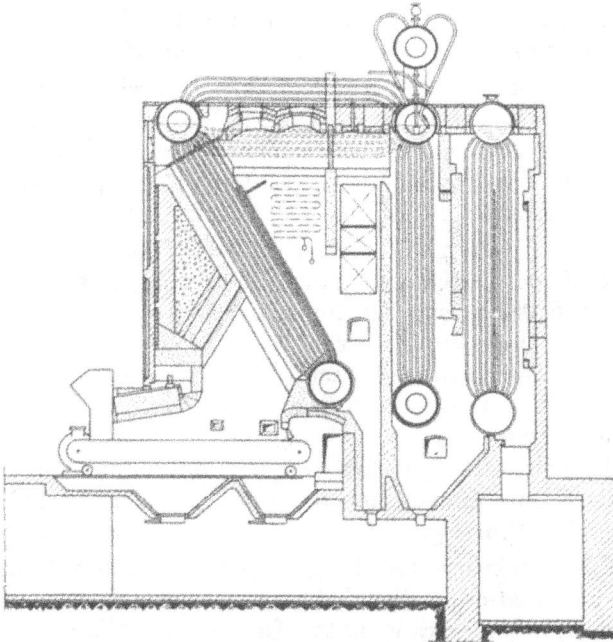

Bild 61. Steilrohrkessel der Borsig-Werke Berlin-Tegel.

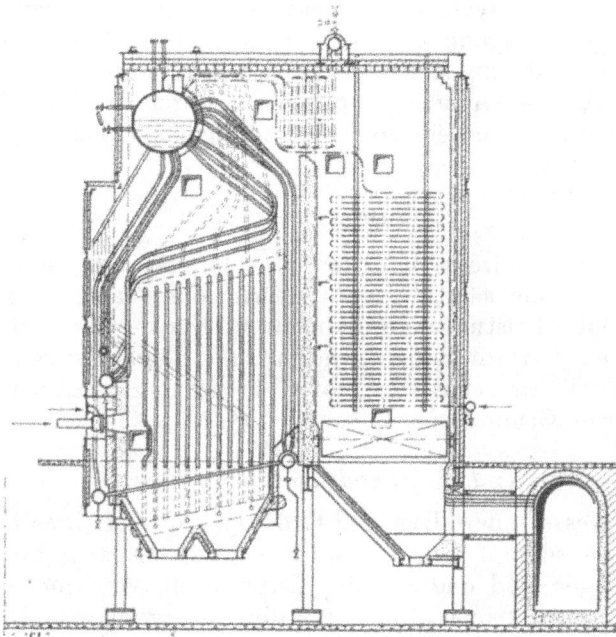

Bild 62. Neuzeitlicher Borsig-Eintrommel-Strahlungskessel.

der Wasserumlauf noch durch Blecheinbauten auf der Wasserseite der Trommeln, die einen ungewollten Wasserkreislauf verhindern.

Da die Trommeln und vor allem ihre Rohreinwalzstellen bei den herrschenden hohen Temperaturen gegen Wärmespannungen empfindlich sind, entzieht man sie in neuerer Zeit der Beheizung durch Schutzgewölbe. Durch diese Maßnahmen erhält man Kesselbauarten, die eine sehr geringe Anheizzeit benötigen.

Durch die Notwendigkeit, immer größere Dampfleistung mit einem Kessel zu erzeugen, durch die immer mehr steigenden Betriebsdrücke und durch die Entwicklung des Feuerungsbaues, vor allem der Staubfeuerung, wurde eine große Anzahl von Steilrohrkesselbauarten entwickelt, die als Strahlungskessel bezeichnet werden. Bild 62 zeigt einen solchen Eintrommel-Strahlungskessel, der an Stelle der Untertrommel eine Anzahl enger Verteilungsrohre besitzt. Das Hauptmerkmal dieser Kessel besteht in den großen, vollkommen mit Steigrohren ausgekleideten Feuerräumen, den nicht mehr beheizten Fallrohren und der einfachen Zugführung.

Die vielfach gekrümmten Rohre können sich leicht und unbehindert ausdehnen, wodurch selbst bei sehr kurzen Anheizzeiten keine Gefährdung des Kesselkörpers eintritt. Der geringe Wasserinhalt und die kleine Verdampfungsoberfläche erfordern eine peinlich genaue Einhaltung des Wasserstandes, daher sind solche Kessel ausschließlich mit selbsttätiger Speisewasserregelung ausgerüstet. Die Unmöglichkeit einer wasserseitigen Reinigung der stark gekrümmten Rohre und die mit zunehmender Belastung und höheren Drücken immer größer werdende Gefahr der Beschädigung der Rohrwände durch Niederschlag auf der Wasserseite setzt außerdem die Verwendung von vollkommen weichem Speisewasser voraus.

g) Sonderbauarten.

Neben den Steilrohr- und den Strahlungskesseln, sowie den Teilkammerkesseln, die sämtlich mit natürlichem Wasserumlauf arbeiten und für größte Leistungen und höchste Drücke Verwendung finden, wurde in den letzten Jahren eine Anzahl Sonderkesselbauarten entwickelt, die teilweise eine sehr große Verbreitung gefunden haben und daher in ihren Grundzügen besprochen werden sollen.

α) *Der Schmidt-Hartmann-Kessel.*

Dieser Kesselbauart liegt der Gedanke zugrunde, das Speisewasser für den Betriebsdampf nicht mit stark beheizten Kesselrohren in Berührung zu bringen und dadurch die Verwendung von Speisewasser, das nicht vollkommen rein ist, auch für die Erzeugung von Höchstdruckdampf zu ermöglichen.

Der feuerbeheizte Teil dieses Kessels (Bild 63) besteht aus einem gesonderten, in sich geschlossenen System, dem Primärsystem, das aus einer oberen Trommel *d*, aus einem unteren Verteilerrohr *e*, dem Heizröhrenbündel *g* und den Verbindungsrohren *k* zwischen der Trommel und dem Verteilerrohr besteht. Dieses Primärsystem ist mit destil-

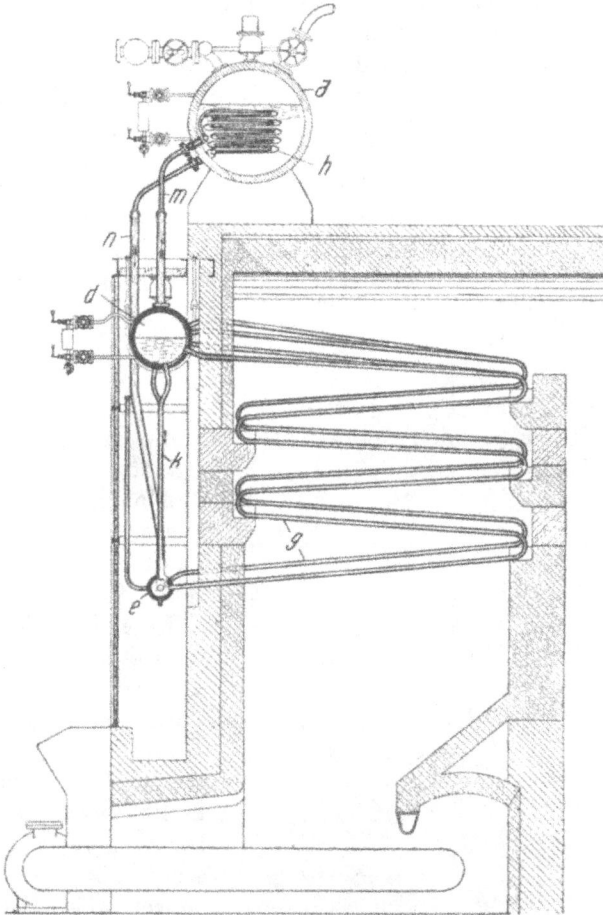

Bild 63. Schmidt-Hochdruck-Sicherheitskessel mit mittelbarer Beheizung.

liertem Wasser gefüllt und gibt den erzeugten Dampf durch eine Rohrleitung *m* an Heizelemente *h* ab, die in der Betriebstrommel eingebaut sind und in denen die Dampfwärme des Primärdampfes an das Wasser der Betriebstrommel übertragen wird. Das sich in den Heizelementen bildende Niederschlagswasser wird durch die Leitung *n* in vollkommen geschlossenem Kreislauf dem Wasserverteilerrohr unmittelbar wieder zugeführt.

In das Primärsystem braucht also während des Betriebes nicht gespeist zu werden, wenn man von dem Ersatz derjenigen geringen Wassermengen absieht, die durch Undichtheiten verlorengehen. Der Betriebsdampf wird der Betriebstrommel entnommen und dort durch die Wärmeabgabe der Heizelemente erzeugt. In diese Trommel wird auch das Speisewasser gespeist, das durch einen Vorwärmer bis nahe an die Verdampfungstemperatur erwärmt ist. Der Schlamm und die Kesselsteinbildner setzen sich daher nur in der Obertrommel und an den Heizelementen ab, wo sie zwar den Wärmeübergang verschlechtern, aber nicht zu einem Kesselschaden führen können.

Um in den Heizelementen eine entsprechend höhere Temperatur als in der Betriebstrommel zu haben, da ja sonst keine Wärmeübertragung stattfinden kann, ist der Druck im Primärsystem um 20 bis 50 atü höher als der Betriebsdruck des abgehenden Dampfes. Das Ansteigen des Druckunterschiedes läßt auf eine Verschmutzung der Heizelemente schließen.

β) Der Löffler-Kessel.

Auch beim Löffler-Kessel, dessen Verfahren in Bild 64 grundsätzlich dargestellt ist, werden keine wasserführenden Rohre den heißen Rauchgasen ausgesetzt, so daß auch dieser Kessel mit Wasser gespeist werden kann, das nicht vollkommen rein ist.

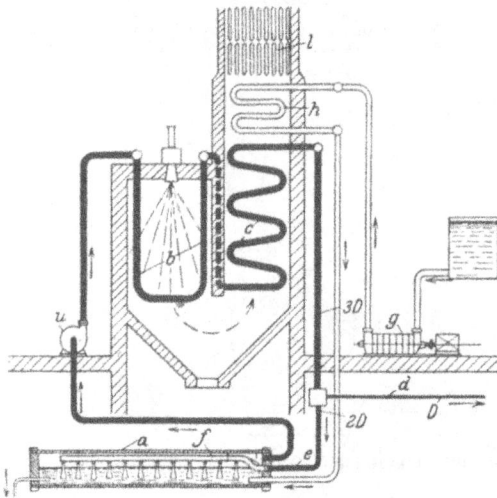

Bild 64.

Einer Kesseltrommel oder mehreren Kesseltrommeln a, die gewöhnlich unter dem Kessel angeordnet sind, wird Dampf entnommen und durch eine Umwälzpumpe u in die eigentliche Kesselheizfläche gedrückt. Diese besteht nur aus Überhitzerrohren, die teils als Strahlungsheizfläche den Feuerraum auskleiden und teils als Berührungsheizfläche im folgenden Feuerzuge eingebaut sind. Ein Teil des hochüberhitzten Dampfes, ungefähr $\frac{1}{3}$, wird als Nutzdampf dem Kessel entnommen und zur Krafterzeugung verwendet, der Rest wird wieder in die Kesseltrommeln zurückgeführt, wo er aus vielen Düsen unterhalb der Wasseroberfläche austritt und durch seine Überhitzungswärme Wasser verdampft. Die Speisung erfolgt ebenfalls in die Kesseltrommeln, wo sich der Schlamm absetzt und der Salzgehalt des Kesselwassers durch eine Entsalzungsleitung in den gewünschten Grenzen gehalten werden kann.

Diese Kessel, die nur für Großbetriebe und unter besonderen Voraussetzungen geeignet sind, benötigen zum Anfahren Dampf, der einem fremden Kessel entnommen werden muß.

γ) Der La-Mont-Kessel.

Der La-Mont-Kessel unterscheidet sich von den neuzeitlichen Strahlungskesseln nur dadurch, daß das Kesselwasser nicht mehr durch seinen natürlichen Auftrieb bei Erwärmung und Dampfbildung umläuft, sondern zwangsweise durch eine Umwälzpumpe, die durch einen Elektromotor oder durch eine kleine Dampfturbine angetrieben sein kann, umgewälzt wird (Bild 65). Man nennt diese Kesselbauart daher auch Zwangumlaufkessel.

Schließt man an eine Druckleitung eine größere Anzahl von Rohren gleichzeitig an, so besteht die Gefahr, daß sich das Wasser je nach dem Widerstand dieser einzelnen Rohre ungleichmäßig verteilt, daß also einzelne Rohre

Bild 65. Plan des La-Mont-Verfahrens.

mehr, andere weniger oder gar kein Wasser erhalten. Der Widerstand, den die einzelnen Rohre dem Wasserdurchfluß entgegensetzen, hängt von der Länge der Rohrschlangen, der Anzahl der Biegungen, der Rohrrauhigkeit und vor allem dem Grad der Beheizung ab. Durch den Einbau von Drosseldüsen (Bild 66) in die Rohreinwalzstellen der Eintrittskammern wird bei dem La-Mont-Verfahren eine gleichmäßige Wasserverteilung gewährleistet.

Die Umwälzpumpe wälzt stündlich das Achtfache der verdampften Wassermenge um und arbeitet mit einem Druck, der um rd. 2,5 atü höher ist als der Kesselbetriebsdruck.

Da der La-Mont-Kessel eine Obertrommel mit einem Wasserraum besitzt, an den eine Entsalzungsleitung angeschlossen werden kann, kann er mit einem chemisch aufbereiteten Speisewasser betrieben werden. Der Wasserreinigung ist allerdings ein besonderes Augenmerk zuzuwenden. Der La-Mont-Kessel eignet sich für alle Leistungen und Drücke und zeichnet sich durch geringen Platzbedarf aus.

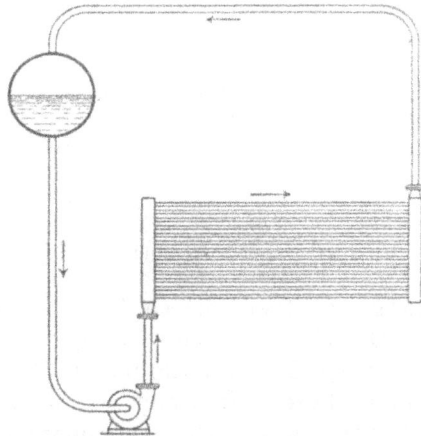

In seiner Bedienung unterscheidet er sich nur durch die Umwälzpumpe von den übrigen Wasserrohrkesseln, so daß der Kesselwärter
hinsichtlich der Feuerführung und der Speisung das dort Angegebene
zu beachten hat. Da die Rohre in auf- und absteigenden Strängen
angeordnet sind, kann ein natürlicher Wasserumlauf nicht mehr stattfinden. Vor dem Anheizen ist daher als erstes die Umwälzpumpe in

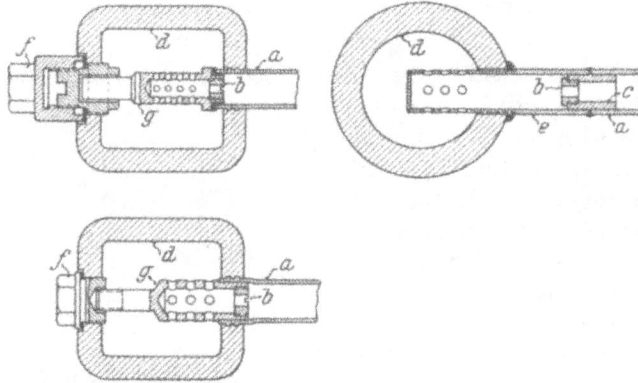

Bild 66. Drosseldüsen mit Siebschutz.

Gang zu setzen, die solange in Betrieb gehalten werden muß, bis das
Feuer auf dem Roste erloschen und das Mauerwerk genügend abgekühlt
ist. Da die Betriebsfähigkeit der Umwälzvorrichtung für den .Kessel
von größter Bedeutung ist, wird jeder Kessel zweckmäßig mit zwei
Pumpen ausgerüstet, die außerdem so geschaltet sind, daß beim Aus-
fall der einen Pumpe die andere selbsttätig anspringt.

An einem besonderen Manometer, einem Differenzdruckmanometer,
wird der jeweilige Pumpenüberdruck angezeigt, so daß der Kesselwärter das einwandfreie Arbeiten der Pumpen überwachen kann. Elektrische Kontakte an diesem Manometer werden zudem mit Licht- oder
Lautsignal verbunden, durch die der Kesselwärter sofort auf jede Un-
regelmäßigkeit in der Umwälzung aufmerksam gemacht wird. Versagen
beide Pumpen, so muß das Feuer sofort entfernt und das Dampfventil
geschlossen werden. Durch eine Notspeiseleitung, die unmittelbar in
die La-Mont-Druckleitung führt, ist außerdem der Kessel solange zu
speisen, bis das Mauerwerk genügend abgekühlt ist, wobei das über-
schüssige Wasser gleichzeitig durch die Ablaßventile zu entfernen ist.

δ) Der Benson-Kessel.

Den grundsätzlichen Aufbau eines Benson-Kessels zeigt Bild 67.
Bei ihm ist die Trommel vollkommen fortgelassen, die Speisepumpe führt
dem Kessel gerade soviel Wasser zu, als im Kessel jeweils verdampft
wird. Da beim Benson-Kessel das Wasser also nicht umläuft, sondern

nur einmal den ganzen Kessel durchläuft, heißen diese Kessel auch Zwangdurchlaufkessel.

Von der Speisepumpe gelangt das Wasser zunächst in einen Vorwärmer *a*, der am Ende der Rauchgasführung angeordnet ist. Das dort hoch vorgewärmte Wasser tritt nun in den Strahlungsteil *b* ein, der die Feuerraumauskleidung darstellt und wird hier zum größten Teil verdampft. In dem Übergangsteil *c*, der sich rauchgasseitig vor dem Vorwärmer befindet, wird auch noch das restliche Wasser in Dampf übergeführt. Nachdem der Dampf im Überhitzer *d* entsprechend überhitzt ist, verläßt er den Kessel.

Die einzelnen Kesselteile, wie Vorwärmer, Strahlungsteil, Übergangsteil und Überhitzer bestehen aus je einem Eintritts- und einem Austrittskasten, zwischen denen eine Anzahl Rohrschlangen parallel geschaltet ist. Da alles in den Kessel gespeiste Wasser denselben nur in Form von Dampf verläßt und der Kessel weder entschlammt noch entsalzt werden kann, darf zu seinem Betrieb nur vollkommen reines Wasser, also Kondensat und Wasser aus Verdampferanlagen, verwendet werden.

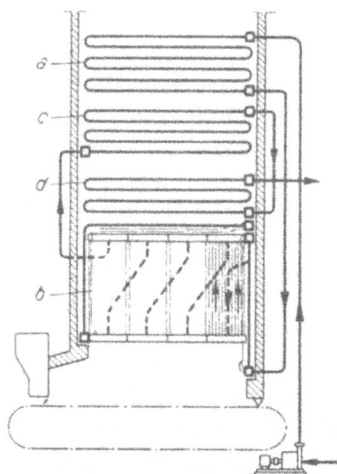

Bild 67. Schema der Rohrführung eines Benson-Kleinkessels.

Da ferner sowohl die Feuerführung als auch die Speisewassermenge infolge des außerordentlich geringen Wasserinhaltes augenblicklich der jeweiligen Belastung angepaßt werden muß, kann der Benson-Kessel nicht von Hand geregelt werden. Eine vollautomatische Kesselregelung, die von der Heißdampftemperatur gesteuert wird, beeinflußt die Speisung und die Feuerführung. Dem Kesselwärter obliegt es lediglich, das richtige Arbeiten dieser Apparate zu überwachen.

Eine dem Benson-Kessel ähnliche Bauart stellt der Sulzer-Einrohrkessel dar, bei dem die einzelnen Kesselteile jeweils aus einer einzigen Rohrschlange bestehen.

E. Die Ausrüstungsteile.

Die Ausrüstungsteile eines Dampfkessels lassen sich in zwei Hauptgruppen einteilen:

in Vorrichtungen, die der Sicherheit des Dampfkesselbetriebs dienen, und

in solche, die eine wirtschaftliche Betriebsführung erleichtern bzw. ermöglichen.

1. Die Sicherheitsvorrichtungen am Dampfkessel.

Zu den Sicherheitsvorrichtungen am Dampfkessel gehören die Vorrichtungen zur Erkennung und Erhaltung des Wasserstandes und zur Erkennung und Begrenzung des Dampfdruckes im Dampfkessel.

a) Vorrichtungen zur Erkennung und Erhaltung des Wasserstandes.

α) *Die Wasserstandsmarke.*

Nach den gesetzlichen Bestimmungen muß der niedrigste Wasserstand im Kessel 100 mm, bei Schiffskesseln und besonderen Landdampfkesselbauarten 150 mm über dem höchsten Punkt der Feuerzüge liegen. Die Lage des »Niedrigsten Wasserstandes« muß durch eine an die Kesselwandung anzubringende feste Strichmarke von etwa 30 mm Länge, die von den Buchstaben *NW* begrenzt wird, dauernd kenntlich gemacht sein. In Höhe dieser Strichmarke muß außerdem hinter oder neben jedem Wasserstandsglas ein Schild mit der Bezeichnung: »Niedrigster Wasserstand« und ein bis nahe an das Wasserstandsglas reichender waagrechter Zeiger vorhanden sein. Dieses Schild mit dem Zeiger ist bei unmittelbar an den Kesselwandungen angebauten Wasserstandsvorrichtungen an den Kesselwandungen selbst und nicht an der Kesselverkleidung, dauerhaft, also nicht mit Schrauben, anzubringen. Werden die Wasserstandsvorrichtungen an besonderen Wasserstandskörpern oder Rohren befestigt, so ist mit diesen in Höhe der Strichmarke neben oder hinter jedem Wasserstandsglas das vorbezeichnete Schild mit dem Zeiger zu verbinden. Zur Befestigung dürfen aber nicht die Schrauben der Ausrüstungsteile verwendet werden.

β) *Die Wasserstandsvorrichtungen.*

»Jeder Landdampfkessel muß mit mindestens zwei geeigneten Vorrichtungen zur Erkennung seines Wasserstandes versehen sein, von denen wenigstens die eine ein Wasserstandsglas sein muß.« Die andere kann entweder aus zwei Probierhähnen oder aus einer anderen, anerkannten Vorrichtung bestehen.

Die Wasserstandsvorrichtungen sind gesondert mit dem Kessel zu verbinden. Es ist jedoch gestattet, die beiden Wasserstandsvorrichtungen an einem gemeinsamen Wasserstandskörper anzubringen, wenn dessen Verbindungen mit dem Wasser- und Dampfraum mindestens je 6000 mm² lichten Querschnitt haben.

Die Lichtweiten der Gläser müssen mindestens 10 mm und die der Bohrungen in den Hähnen und den Wasserstandsvorrichtungen mindestens 8 mm betragen. Werden die Vorrichtungen am Kessel mittels Rohrstutzen befestigt, so müssen gerade nach dem Kessel durchstoßbare Verbindungsrohre mindestens 20 mm und gebogene Verbindungsrohre je nach Kesselgröße mindestens 35 bzw. 45 mm Durchmesser haben. Außerdem müssen zur Beseitigung etwaiger Verstopfungen die Hähne und die Ventile der Wasserstandsvorrichtungen so eingerichtet sein, daß man während des Betriebes in gerader Richtung durch diese Vorrichtungen bis in das Kesselinnere stoßen kann.

Damit man bei Absperrhähnen äußerlich die Hahnstellung (offen und geschlossen) erkennen kann, muß am Hahnwirbel die Durchgangsrichtung durch eine Marke gekennzeichnet sein.

Werden als zweite Wasserstandsvorrichtung Probierhähne oder Probierventile verwendet, so ist die unterste dieser Vorrichtungen in der Ebene des festgesetzten niedrigsten Wasserstandes anzubringen. Bei Wasserstandsgläsern ist deren Höhenlage so zu wählen, daß der höchste Punkt der Feuerzüge mindestens 30 mm unterhalb der unteren sichtbaren Begrenzung des Wasserstandsglases liegt.

Die Wasserstandsvorrichtungen eines Kessels müssen gleichzeitig benutzt werden können und betriebsfähig sein. Sind zwei Wasserstandsgläser vorhanden, so müssen sie gleichzeitig eingeschaltet bleiben. Es ist nicht gestattet, eines davon, um sein Undichtwerden zu verhüten, abzusperren.

Wirkungsweise des Wasserstandsglases.

Das Wasserstandsglas besteht aus einem Hohlkörper (Bild 68), der sowohl mit dem Wasserraum als auch mit dem Dampfraum des Kessels durch gesonderte, absperrbare Leitungen in Verbindung steht und aus dem durch eine Ausblasevorrichtung der Inhalt abgelassen werden kann. Der Wasserspiegel im Wasserstandsglas stellt sich mit dem im Kessel aber nur dann auf gleiche Höhe ein, wenn der Druck über den beiden Wasserspiegeln gleich groß ist. Das Wasserstandsglas zeigt also den Wasserstand im Kessel nur dann richtig an, wenn die beiden Verbindungsleitungen mit dem Kessel frei durchgängig sind.

Ist beispielsweise die untere Absperrvorrichtung geschlossen oder ihre Leitung verlegt, so befindet sich nach dem Ausblasen kein Wasser im Glas. Durch die obere Verbindungsleitung mit dem Dampfraum gelangt aber Dampf in den Wasserstand. Dieser kühlt sich dort ab und schlägt sich nieder. Das Niederschlagswasser sammelt sich an, beginnt das Glas zu füllen und täuscht so einen Wasserstand vor, der dem im Kesselinnern nicht entspricht.

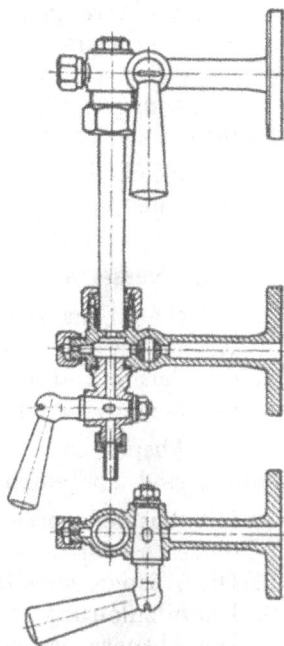

Bild 68.
Hahnkopf-Wasserstand.

Ist dagegen die Verbindungsleitung mit dem Wasserraum offen und die mit dem Dampfraum vollkommen geschlossen, so füllt sich das Wasserstandsglas, wenn sich in ihm vorher Luft befand, nahezu ganz mit Wasser. Durch den Überdruck im Kessel drückt nämlich das Wasser den Luftinhalt des Glases auf einen soviel mal kleineren Teil zusammen, als dem Kesseldruck entspricht. Dieser Wasserstand im Glas bleibt unabhängig von dem im Kessel bestehen, selbst wenn der Flüssigkeitsspiegel im Kessel unter die Einmündung der unteren Verbindungsleitung fällt, da der Druck im Kessel das Wasser nicht mehr herausläßt. Erst beim Öffnen der oberen Verbindungsleitung stellt sich im Glas der richtige Wasserstand wieder ein.

Wenn die untere Verbindungsleitung offen und die obere stark verlegt ist, wird sich ebenfalls ein unrichtiger Wasserstand einstellen. Da der Dampf im Dampfraum des Wasserstandsglases abgekühlt und dadurch niedergeschlagen wird, muß dauernd frischer Dampf nachströmen. Der Dampf wird also fortgesetzt in strömender Bewegung gehalten und bei seinem Durchgang durch die Verengung so gedrosselt, daß eine Druckverminderung über dem Wasser im Wasserstandsglas gegenüber dem Kesseldruck eintritt. Durch diesen Druckunterschied wird das Wasserstandsglas einen höheren Wasserstand anzeigen, als er im Kessel in Wirklichkeit vorhanden ist.

Das gleiche tritt ein, wenn aus der oberen Verbindungsleitung Dampf ins Freie austritt, wenn also die Absperrvorrichtung undicht ist.

Ein Wasserstandsglas zeigt also nur dann den wirklichen Wasserstand im Kessel an, wenn

1. zwischen Glas und dem Dampfraum sowie dem Wasserraum des Kessels freier Durchgang besteht und
2. die Verbindungsleitungen sowie die Wasserstandsvorrichtung vollkommen dicht sind.

An Absperrvorrichtungen, die in Hähnen oder Ventilen bestehen können, sind an jedem Wasserstandsglas vorhanden:

1. Die Ausblasevorrichtung — Ausblasehahn oder Ausblaseventil —, die es gestattet, den Inhalt des Wasserstandsglases zu entleeren.
2. Die Absperrvorrichtung in der oberen Verbindungsleitung, in der Dampfzuleitung — Dampfhahn oder Dampfventil — und
3. Die Absperrvorrichtung in der unteren Verbindungsleitung, in der Wasserzuführungsleitung — Wasserhahn oder Wasserventil.

Bedienung der Wasserstandsvorrichtungen.

Der Kesselwärter muß den Wasserstand ständig beobachten und die Wasserstandsvorrichtungen täglich mehrmals und regelmäßig ausblasen. Hiezu müssen die Absperrvorrichtungen dicht und leicht gangbar sein.

Das Ausblasen eines Wasserstandsglases wird zweckmäßig nach folgender Art und Weise vorgenommen:

Erster Handgriff: Ausblasehahn auf und offen lassen! Wasser und Dampf aus dem Kessel entströmen, Glas ohne Wasser!

Zweiter Handgriff: Dampfhahn zu! Wasser aus dem Wasserraum entströmt. Glas füllt sich vollständig mit Wasser.

Dritter Handgriff: Dampfhahn auf! Erscheinung wie bei 1.

Vierter Handgriff: Wasserhahn zu! Dampf aus dem Dampfraum entströmt, Glas leer.

Fünfter Handgriff: Wasserhahn auf! Erscheinung wie bei 1.

Sechster Handgriff: Ausblasehahn zu! Wasser steigt schnell bis in Höhe des Wasserstandes.

Der Dampfhahn und der Wasserhahn eines Wasserstandsglases sollen nie gleichzeitig beim Ausblasen geschlossen werden, da sonst das Glas abkühlt und beim Wiedereinschalten des Glases zerspringen kann.

Ob aus dem Ausblase- oder Probierhahn Wasser oder Dampf austritt, kann aus dem Geräusch und aus dem Aussehen des Strahls beurteilt werden.

Wasser oder ein Wasser-Dampfgemisch strömt unter dumpfem Geräusch als weißlichgrauer, undurchsichtiger Strahl aus, der sich unmittelbar an der Mündung des Hahnes stark verbreitert (Bild 69). Dampf allein dagegen entströmt unter hellem, pfeifendem Ton mit einem schlanken Strahl, der einige Zentimeter unterhalb der Mündung durchsichtig bleibt und erst später eine graue Färbung annimmt und undurchsichtig wird (Bild 70).

Bei Probierhähnen sind diese Unterscheidungsmerkmale die einzigen Hilfsmittel, mit denen man erkennen kann, ob

Bild 69. Wasserstrahl aus dem Wasserraum.

Bild 70. Dampfstrahl aus dem Dampfraum.

sich der Wasserstand im Kessel noch zwischen dem unteren und oberen Hahn befindet. Kommt aus beiden Hähnen ein breiter Strahl, so ist zuviel Wasser im Kessel, entströmt beiden Hähnen ein schlanker, durchsichtiger Strahl, so herrscht Wassermangel.

Störungen an den Wasserstandszeigern, ihre Erkennung und Beseitigung.

Die meisten Störungen an den Wasserstandszeigern treten durch Verstopfungen auf. Sie können in den Verbindungsleitungen, in den Absperrvorrichtungen und im Glase selbst liegen. Am unteren Hahnkopf werden sie durch Kesselstein, Schlamm, Packungen und etwaige Fremdkörper (Putzwolle u. dgl.), die von der Kesselreinigung herrühren,

am oberen Hahnkopf durch Packungen, bei schmutzigem und überschäumendem Kesselwasser auch durch Schlamm hervorgerufen. Bei Wasserstandshähnen kann die Ursache in einem zu tiefen Einschleifen des Hahnwirbels, bei runden Gläsern und bei solchen Glashalterkörpern, die durch Stopfbüchsen abgedichtet sind, im Überquellen der Gummiringe liegen.

Ganze oder teilweise Verstopfungen am unteren Hahnkopf machen sich dadurch bemerkbar, daß

1. bei teilweiser Verstopfung im Betrieb die Wassersäule im Glase vollkommen stillsteht, während sie bei freiem Durchgang der wallenden Bewegung des im Kessel kochenden Wassers folgt und ständig schwankt,

2. beim Ausblasen bei geschlossenem Dampfhahn kein oder sehr wenig Wasser austritt,

3. nach dem Ausblasen das Wasser bei nur teilweiser Verstopfung langsamer im Glas hochsteigt, während sich das Glas bei vollständiger Verstopfung durch Niederschlagswasser ganz langsam vollständig füllt.

Ganze oder teilweise Verstopfungen am oberen Hahnkopf erkennt man daran, daß

1. im Betrieb die Wassersäule ebenfalls stillsteht, gleichzeitig aber an den Glasrändern innen Dampfniederschlagswasser herunterläuft,

2. beim Ausblasen bei geschlossenem Wasserhahn kein oder ein nur sehr schwacher Dampfstrahl austritt und bei geöffnetem Wasser- und Dampfhahn das Wasser im Glas hochsteigt,

3. nach dem Ausblasen sich das Glas zuerst ganz mit Wasser füllt und bei vollkommener Verstopfung gefüllt bleibt. Bei teilweiser Verstopfung sinkt der Flüssigkeitsspiegel langsam, um sich dann höher als im Kessel einzustellen.

Um die Verstopfung eines Hahnkopfes zu beseitigen, sperrt man den Wasserstand ab und entleert ihn. Hierauf entfernt man die Verschlußmutter der Durchstoßöffnung. Mit einem etwa 4 bis 6 mm starken Stahldraht, der zweckmäßig — um Verbrennungen der Hand durch ausströmenden Dampf oder Wasser zu verhüten — an seinem Außenende rechtwinklig umgebogen wird, stößt man durch die Bohrung bis zum geschlossenen Hahn vor. Dann öffnet man diesen langsam und sucht mit dem Draht soweit vorzustoßen, bis die Verengung beseitigt ist. Ist es gelungen, die Verstopfung eines Hahnkopfes zu beseitigen, so wird aus der Durchstoßöffnung ein kräftiger Strahl austreten.

Ist die Verstopfung darauf zurückzuführen, daß der Hahnwirbel zu tief eingeschliffen ist und dadurch dessen Bohrung nicht mehr mit der des Hahnkörpers übereinstimmt, so gelingt es natürlich nicht, mit dem Draht durch die Vorrichtung hindurchzustoßen. Nach Außerbetriebnahme des Kessels muß die Bohrung im Hahnwirbel dann so weit nach oben nachgefeilt werden, daß die beiden Bohrungen wieder aufeinanderpassen.

Grundsätzlich sollten die Wasserstandsvorrichtungen nach jeder Instandsetzung und vor der Inbetriebnahme auf freien Durchgang aller ihrer Teile untersucht werden.

Vielfach ist auch das Glas selbst durch eine vorgequollene Dichtung verlegt. In diesem Falle tritt zwar aus den Durchstoßöffnungen ein kräftiger Strahl aus, das Wasser steigt aber beim Einschalten des Wasserstandes nur langsam im Glas hoch und bleibt dann ruhig stehen. Man kann dann versuchen, die überstehende Dichtung mit einem glühenden Draht wegzubrennen. Meistens muß aber das Glas neu eingesetzt werden. Dabei sind die alten Dichtungsreste vollkommen zu beseitigen.

Dann ist zu prüfen, ob das Glas die richtige Länge und Stärke hat. Es muß in die am unteren Hahnkopf befindliche ringförmige Pfanne hineinpassen, dort aufsitzen und darf höchstens bis zur Unterkante der Durchstoßöffnung des oberen Hahnkopfes reichen. Ist das Glas zu lange, dann ist es durch ein solches von richtiger Länge zu ersetzen oder mit einer Dreikantfeile abzuschneiden. Die rauhe Schnittfläche ist solange auszuglühen, bis sie sich abgerundet und geglättet hat. Beim Einsetzen selbst ist darauf zu achten, daß

1. das Glas unten aufsitzt und in die untere ringförmige Pfanne gut hineinpaßt. Ist dies nicht der Fall, so schiebt man über das untere Ende des Glases ein etwa 6 bis 8 mm langes, knapp über das Glasrohr passendes Rohrstück. Das gleiche ist auch für den oberen Hahnkopf zweckmäßig, wenn der Glasdurchmesser wesentlich kleiner ist als die dort befindliche Bohrung für das Glas;

2. die Bohrungen der Hahnköpfe zum Einsetzen des Glases genau in einer Geraden liegen. Ist dies nicht der Fall, so wird das Glasrohr sofort nach Inbetriebnahme brechen.

Nach dem Einsetzen des Glases ist der Dampfhahn bei offenem Ausblasehahn langsam zu öffnen; das Glas ist vorzuwärmen. Erst nach einiger Zeit kann dann der Wasserhahn geöffnet werden. Hierauf ist das Wasserstandsglas auszublasen.

Um den Kesselwärter vor der Splitterwirkung eines zu Bruch gehenden Glasrohres zu schützen, müssen Glasrohr-Wasserstandsvorrichtungen mit einer Schutzvorrichtung aus starkem Glas oder aus Drahtglas umgeben sein (Bild 71). Diese Schutzvorrichtung darf während des Betriebes nie fehlen. Sie ist an den Hahnköpfen sicher zu befestigen, was meist durch Federn erreicht wird. Ist die Befestigung nicht in Ordnung, so ist die Schutzvorrichtung unwirksam, da das Schutzglas durch den ausströmenden Dampf weggeschleudert und der Heizer unter Umständen in erhöhtem Maße gefährdet wird.

Die sog. Klinger- oder Reflexionsgläser bedürfen keiner Schutzvorrichtung. Sie bestehen aus einer 10 bis 15 mm starken, flachen Glasscheibe, in der auf der Innenseite scharfkantige Rillen eingeschliffen oder eingepreßt sind. Durch die verschiedene Brechung der Lichtstrahlen im Wasser und im Dampf erscheint der Wasserraum schwarz und der Dampfraum silberglänzend weiß (Bild 72). Nach längerem Gebrauch jedoch verschwindet diese Eigenschaft, da das Glas — be-

Bild 71. Drahtglasschutzhülse.　　　Bild 72. Klingerglas-Wasserstandsanzeiger.

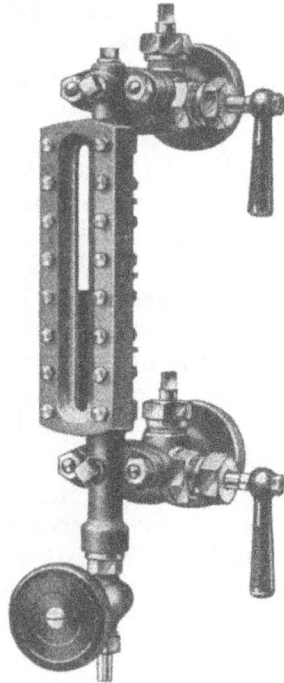

sonders die scharfen Kanten der Rillen — durch das Wasser bei höheren Temperaturen aufgelöst wird. Man braucht aber ein solches Glas erst dann auszuwechseln, wenn die Höhe des Wasserstandes nicht mehr einwandfrei zu erkennen ist. Für höhere Drücke bis zu 100 atü hat sich der wasserseitige Schutz der Gläser durch Glimmerplatten bewährt.

Beim Einsetzen der Glasplatten ist zu beachten, daß

1. die Dichtungsflächen der Glasplatte, des Glasrahmens und die des Gehäuses vollkommen eben sind. Etwaige alte Dichtungsreste sind sorgfältig zu beseitigen;

2. die Schrauben, mit denen der Rahmen an das Gehäuse gepreßt wird, gleichmäßig angezogen werden, da sich sonst der Glasrahmen oder das Gehäuse verziehen und das Glas beim Nachziehen leicht zu Bruch gehen kann.

Bei dem Cardo-Glashalter der Firma S c h ä f f e r & B u d e n b e r g, G. m. b. H. in M a g d e b u r g - B u c k a u (Bild 73 und 74), wird die Glasplatte durch zwei über die ganze Glaslänge reichende Bügel, die im Rückenteil aufklappbar gelagert sind, mit Hilfe einiger D r u c k schrauben mit gleichem Druck auf die ganze Glasauflagefläche des Hauptkörpers gepreßt. Das Auswechseln der Glasplatte kann bei diesem Wasserstand rasch erfolgen.

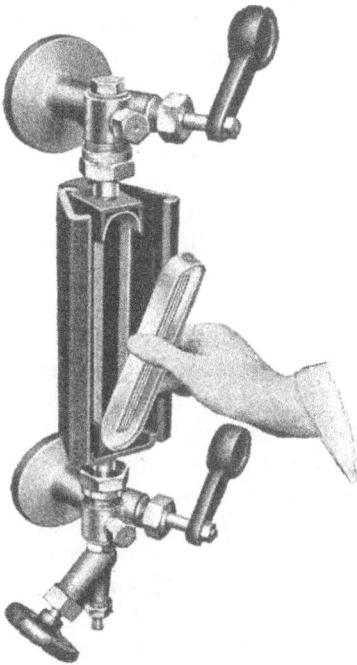

Bild 73. Glaswechsel beim Cardo-Wasserstandsanzeiger.

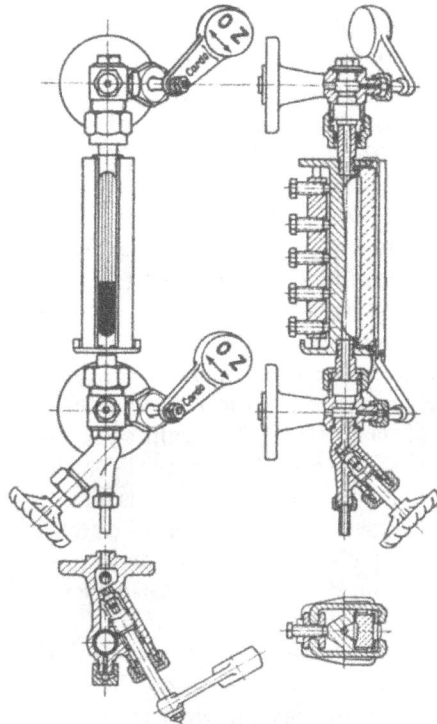

Bild 74. Cardo-Wasserstandsanzeiger.

Undichtheiten an Hähnen dürfen nicht durch Festziehen beseitigt werden; undichte Hähne sind neu einzuschleifen, was bei etwas Übung mit den fertig zu beziehenden Hahneinschleifmassen durch den Kesselwärter selbst durchgeführt werden kann. Da durch das mehrmalige Einschleifen der Hahnkegel schwächer und das Hahngehäuse größer wird, muß darauf, wie bereits oben besprochen, geachtet werden, daß die Bohrung des Hahnkegels noch mit der des Gehäuses übereinstimmt. Beträgt der freie Durchgang weniger als 8 mm, was mit einem starken Stahldraht leicht nachgeprüft werden kann, so ist die Bohrung im Hahnkegel mit einer Rundfeile nach oben entsprechend nachzufeilen.

Bei Klappen-, Schwenk- oder Spindelventilen haben Nacharbeiten wenig Erfolg; man erneuert besser die abdichtenden Teile, die von den

Lieferfirmen bezogen werden können. Dabei sind aber die von diesen Firmen herausgegebenen Anweisungen genauestens zu beachten.

Selbstschlußventile.

Beim Platzen eines Wasserstandsglases ist es oft schwierig, die Absperrvorrichtungen zu schließen. Es sind deshalb verschiedene Selbstschlußvorrichtungen entwickelt worden, die, in den Ventilköpfen eingebaut, ein Ausströmen des Wassers oder des Dampfes bei einem Glasbruch selbsttätig verhindern. Bei dem Cardo-Wasserstandskopf erfolgt die Absperrung durch eine im Gehäuse liegende Kugel, welche durch die beim Glasbruch entstehende Strömung vor die Sitzöffnung gerissen wird und diese abschließt. Durch einen besonderen Abhebedorn am Ventilkegel wird die Kugel beim Schließen des Ventils wieder abgedrückt, so daß Betriebsstörungen infolge Festsitzens der Kugel vermieden werden.

Beim Ausblasen dieser Wasserstände ist jedoch zu beachten, daß bei falscher Ventilstellung die Ventilöffnungen durch die Kugeln ebenfalls verschlossen werden, wodurch ein sachgemäßes Ausblasen unmöglich gemacht wird. In der Betriebsstellung (Bild 75a) gibt der Abhebedorn den Kugelsitz frei. Öffnet man bei dieser Ventilstellung das Ausblaseventil, so werden die beiden Kugeln die Öffnungen am Wasser- und Dampfventil abschließen (Bild 75b). Vor Beginn des Ausblasens müssen daher die Absperrventile in die Ausblasestellung (Bild 75c) gebracht werden, bei der das Ventil so weit geschlossen wird, daß der Abhebedorn das Abschließen durch die Kugel verhindert, die Ventile selbst aber noch so weit geöffnet sind, daß durch sie ausgeblasen werden kann. Erst jetzt darf das Ausblaseventil geöffnet werden. Das Ausblasen selbst hat nach der auf S. 105 angegebenen Regel zu erfolgen, wobei das zu schließende Ventil jeweils in die Stellung Bild 75d und beim Öffnen in die Stellung Bild 75c zu bringen ist. Nach Beendigung des Ausblasens ist zu warten, bis sich der Wasserstand im Glas beruhigt hat, dann sind die beiden Ventile wieder in die Betriebsstellung Bild 75a zu bringen.

Fernwasserstandsvorrichtungen.

Die Wasserstandsvorrichtungen müssen so eingerichtet sein, daß der Wasserstand vom Heizerstand aus gut beobachtet werden kann. Die Wasserstandsgläser müssen daher gut beleuchtet werden und sind bei hohen Kesseln vielfach schräg angeordnet.

Man rüstet daher solche Kessel auch mit Fernwasserstandsvorrichtungen, sog. heruntergezogenen Wasserstandsvorrichtungen, aus, die teilweise als zweite Wasserstandsvorrichtung gesetzlich zugelassen sind.

Der Hannemann-Fernwasserstand. Ein im Kessel in Höhe der Wasserlinie eingebauter, gewichtsentlasteter Tauchkörper (Bild 76)

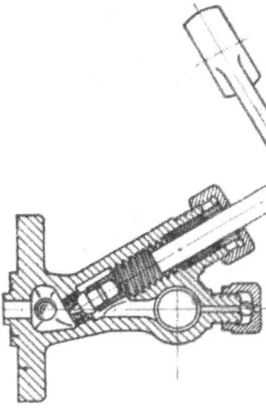

Abschlußstellung

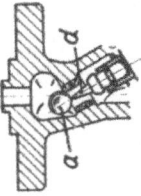

Durchblasestellung
Die Kugel a wird durch
den Absperrkegel d ab-
gedrückt

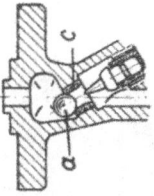

Selbstschlußstellung
Die Kugel a wird durch
den Dampf vor den
Sitz c gedrückt

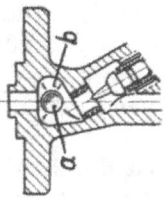

Betriebsstellung
Die Kugel a liegt am
tiefsten Punkt des
Hohlraumes b

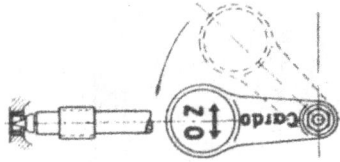

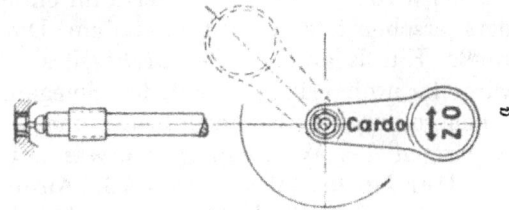

(wie bei a)

b

Bild 75. Cardo-Wasserstand.

folgt der Bewegung des Wasserspiegels. Durch ein Drahtseil, das am Tauchkörperhebel angebracht ist, werden die Bewegungen des Tauchkörpers über einen reibungslos, in vollkommen abdichtenden Gummimanschetten gelagerten Hebelmechanismus auf einen lichtundurchlässigen Spiegelkörper übertragen, der in einem matten Glaszylinder von

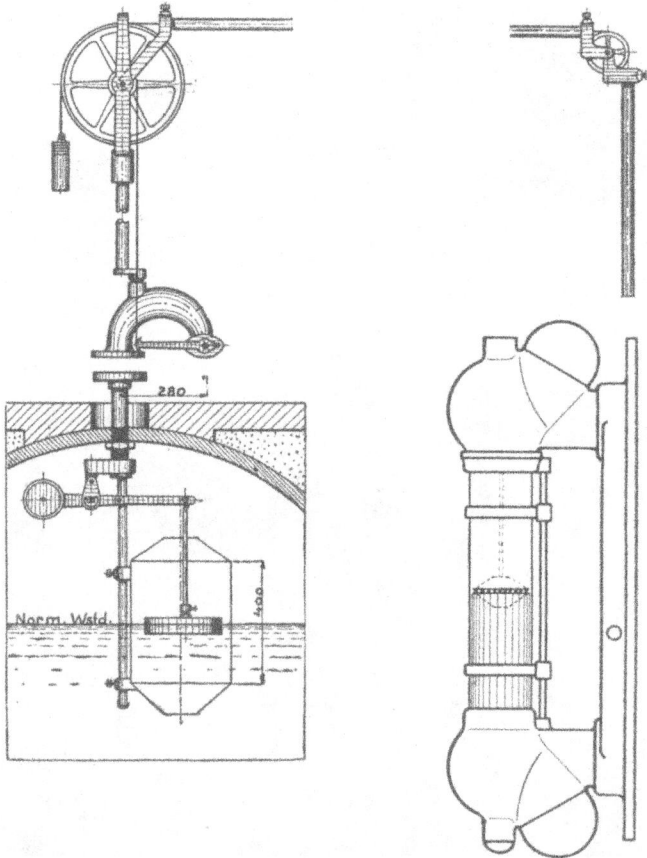

Bild 76. Hinuntergezogener Wasserstand Bauart Hannemann.

oben durch eine weiße und von unten durch eine rote Glühlampe·angestrahlt wird. Das dem Wasserraum entsprechende Stück des Glaszylinders erscheint dann rot, das dem Dampfraum entsprechende Stück weiß. Ein Klemmen des Drahtseiles oder irgendeine andere Störung wird dadurch erkannt, daß der Spiegelkörper, also die Trennlinie zwischen rot und weiß, stehenbleibt und sich nicht entsprechend den Bewegungen des Wasserspiegels etwas auf- und abbewegt.

Der Igema-Wasserstand. An der Kesseltrommel ist durch Abzweigstücke ein U-Rohr angebracht, dessen einer Schenkel mit dem

Wasserraum und dessen anderer Schenkel mit dem Dampfraum verbunden ist. Der untere Teil des Rohres und das Ausgleichgefäß im Wasserschenkel sind mit der wasserunlöslichen Anzeigeflüssigkeit, die übrigen Rohre, mit Wasser gefüllt.

In den Schenkel 1 (Bild 77) gelangt das Wasser durch die unmittelbare Verbindung mit dem Wasserraum des Kessels, in Schenkel 2 durch Kondensation des Dampfes im oberen Ausgleichgefäß. Sinkt der Wasserstand im Kessel, so verringert sich die Höhe der Wassersäule im Schenkel 1, während sie im Schenkel 2 gleichbleibt. Dadurch wird die Anzeigeflüssigkeit, die schwerer als Wasser ist, im Schenkel 2 herabgedrückt. Um die Möglichkeit der Schlammwanderung vom Kessel durch den Schenkel 1 zum Anzeigeapparat auszuschalten, ist zwischen der Anschlußleitung an den Dampfraum und dem Schenkel 1 eine Rohrverbindung geschaffen, die das vom Kondensatgefäß zurückfließende Kondensat abfängt und durch den unteren Stutzen in den Kessel zurückleitet. Ist der Igema-Fernwasserstand nicht unmittelbar am Kessel, sondern an den Verbindungsleitungen eines Wasserstandsglases angeschlossen, so muß vor dem Ausblasen dieses Wasserstandes der Fernwasserstand abgesperrt werden, da sonst die Anzeigeflüssigkeit mit übergerissen werden kann. Das gleiche kann auch eintreten, wenn nach dem Auffüllen des Fernwasserstandes beide Schenkel nicht gleichmäßig und gleichzeitig vollkommen mit Wasser gefüllt werden. Zum Auffüllen verwendet man Kondensat oder destilliertes Wasser.

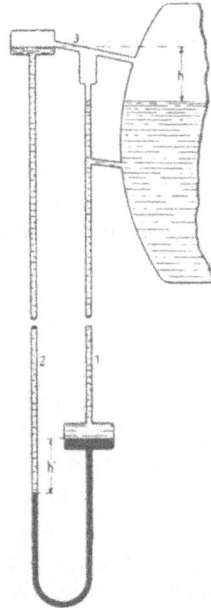

Bild 77. Schema des Igema-Wasserstandes.

Der Fernwasserstand kann nicht ausgeblasen werden. Da die Anzeigeflüssigkeit selbst bei vollkommen dichtem Wasserstand mit der Zeit abnimmt, wodurch der Fernwasserstand sich niedriger einstellt, als dem tatsächlichen Wasserstand im Kessel entspricht, ist seine Anzeige mit der des Glaswasserstandes vom Kessel regelmäßig zu vergleichen.

Für den Subo-Wasserstandsfernanzeiger, der nach demselben Grundsatz arbeitet, gilt das gleiche.

Diese und noch weitere Fernanzeiger, über deren Wirkungsweise die ausführlichen Druckschriften der Hersteller Aufschluß geben, sind nur dann als gesetzliche zweite Wasserstandsvorrichtung zugelassen, wenn die erste Vorrichtung ein Wasserstandsglas ist. Daraus geht hervor, daß Fernanzeiger für den Heizer nicht allein maßgebend sein dürfen. Der Heizer hat nach wie vor dem in Höhe der Wasserlinie angebrachten Wasserstandsglas die nötige Aufmerksamkeit zu widmen.

In der einwandfreien Wasserstandhaltung kann der Heizer durch **Alarmvorrichtungen** unterstützt werden. Die bekannteste dieser Art ist der **Hannemann-Alarmapparat** mit zwei durch Tauchkörper beeinflußten Dampfpfeifen, von denen die eine, mit dumpfem Ton, den niedrigsten, und die andere, mit hohem Ton, den höchsten Wasserstand meldet (Bild 78).

Zusammenfassend sei nochmals herausgestellt:

Die Wasserstandsvorrichtungen sind dauernd zu beobachten!

Die Wasserstandsvorrichtungen sind täglich mehrmals, insbesondere aber beim Schichtwechsel, auszublasen!

Die Absperrvorrichtungen der Wasserstandsvorrichtungen sind bei Betriebsschluß zu schließen!

Die Absperrvorrichtungen der Wasserstandsvorrichtungen sind bei Betriebsbeginn **vor dem Anheizen** zu öffnen!

γ) *Die Speisevorrichtungen.*

Nach den gesetzlichen Bestimmungen muß jeder Dampfkessel mit mindestens zwei zuverlässigen Vorrichtungen zur Speisung versehen sein, die nicht von derselben Betriebsvorrichtung abhängig sind. Mehrere zu einem Betriebe vereinigte Dampfkessel werden hierbei als ein Kessel angesehen, benötigen also zusammen ebenfalls zwei genügend leistungsfähige Speisevorrichtungen.

Jede Speisevorrichtung muß imstande sein, dem Kessel doppelt soviel Wasser zuzuführen, als bei normaler Beanspruchung verdampft werden kann. Ausgenommen davon sind die von der Hauptantriebsmaschine betriebenen Kolbenpumpen, die nur das 1½fache des normal verdampften Wassers liefern müssen. Mehrere Speisevorrichtungen, die zusammen die geforderte Leistung ergeben, sind als eine Speisevorrichtung anzusehen. Werden drei Speisevorrichtungen verwendet, so gilt die vorgeschriebene Leistungsfähigkeit als erfüllt, wenn ein Zusammenwirken von je zwei Speisevorrichtungen möglich ist und je zwei zusammen die vorgeschriebene Leistung ergeben. Dasselbe gilt sinngemäß bei Anwendung von mehr als drei Speisevorrichtungen.

Speisevorrichtungen, die eine gemeinsame Saug- oder Druckleitung besitzen, müssen saug- und druckseitig absperrbar sein.

Der Kesselwärter hat vor allem zu beachten, daß sämtliche in der Kesselanlage vorhandenen Speisevorrichtungen betriebsbereit sind und regelmäßig durch Probelauf nachgeprüft werden.

Die gebräuchlichsten Speisevorrichtungen werden eingeteilt in

Kolbenpumpen,
Dampfstrahlpumpen oder Injektoren und in
Kreisel- oder Zentrifugalpumpen.

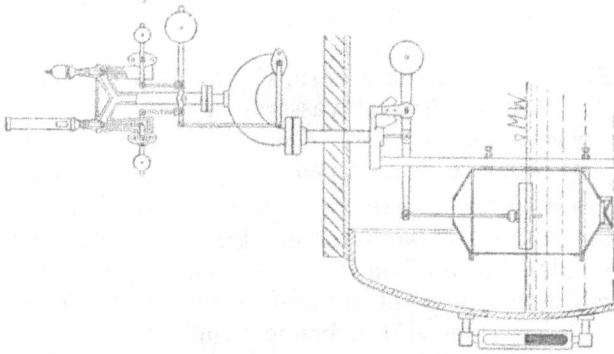

Der Wasserspiegel steht in Mitte des Tauchkörpers. Der Gegengewichtshebel ist waagerecht, beide Ventile sind geschlossen.

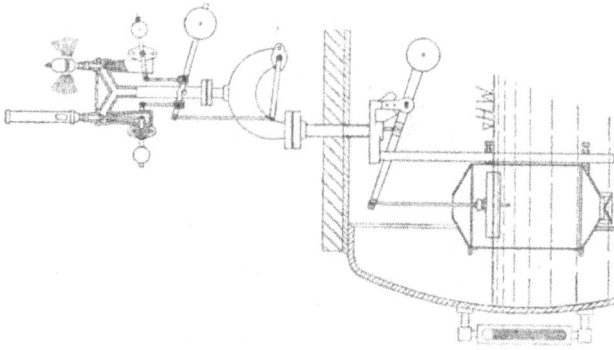

Das Wasser ist gestiegen und hat den Tauchkörper angehoben. Der Gegewichtshebel zieht das rechte Ventil auf, die Pfeife mit hohem Ton ertönt. Ventil links ist geschlossen.

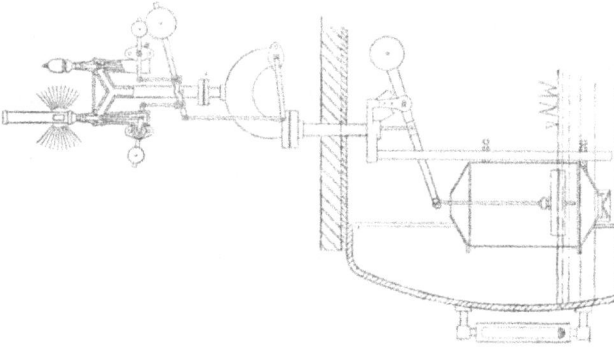

Das Wasser ist tief abgesunken, der Tauchkörper ist ausgetaucht und zieht mit seinem Gewicht an dem Gewichtshebel so, daß das linke Ventil geöffnet wird. Die tiefgestimmte Pfeife ertönt, Ventil rechts ist geschlossen.

Bild 78. Wasserstandsalarmapparat der Hannemann G. m. b. H., Berlin.

Die Kolbenpumpen. Man unterscheidet: Einfach und doppelt wirkende Pumpen.

Einfach wirkende Pumpen haben einen sog.. Plunger- oder Tauchkolben, sowie ein Saug- und ein Druckventil. Sie liefern bei jedem Hin- und Hergang einmal eine dem Kolbendurchmesser und Kolbenhub entsprechende Wassermenge.

Doppelt wirkende Pumpen besitzen einen mit einer Kolbenstange verbundenen Kolben, zwei Saug- und zwei Druckventile. Sie

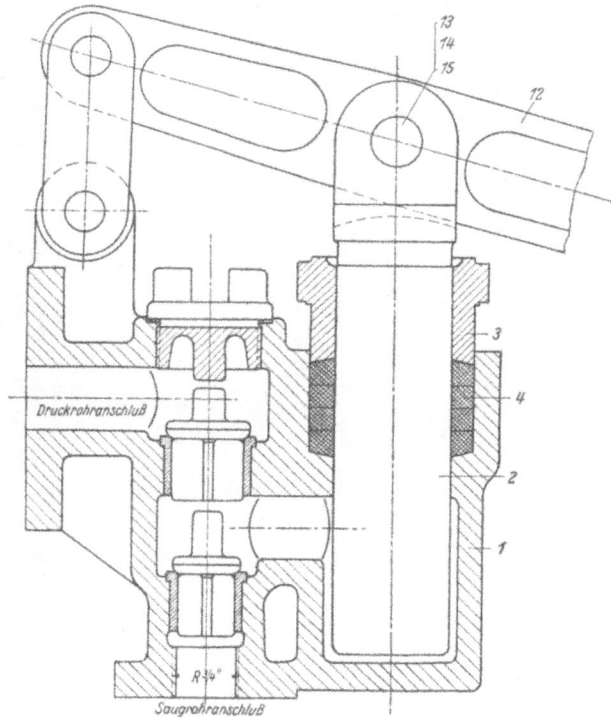

Bild 79. Handkolbenpumpe.

fördern bei jedem Hin- und Hergang zweimal eine dem Kolbendurchmesser und Kolbenhub entsprechende Wassermenge.

Unter vierfach wirkenden Pumpen versteht man zwei nebeneinandergebaute doppelt wirkende Pumpen.

Wirkungsweise der Kolbenpumpe (Bild 79). Durch die Aufwärtsbewegung eines mittels entsprechender Packung abgedichteten Kolbens wird im Zylinder und im Ventilraum ein luftverdünnter Raum erzeugt. Das Saugventil wird angehoben, die Luftverdünnung überträgt sich auf das in das Speisewasser eintauchende Saugrohr. Die auf dem Wasserspiegel im Speisewasserbehälter lastende atmosphärische Luft drückt dann das Wasser in das Saugrohr, in dem es beim weiteren Betrieb der Pumpe entsprechend der zunehmenden Luftverdünnung hochsteigt und dann über das geöffnete Saugventil in den Zylinder gelangt (Saughub). Beim Abwärtsgang des Kolbens entsteht im Zylinder und Ventilraum ein Überdruck, der das Saugventil schließt, das Druckventil öffnet und die zusammengepreßte Luft sowie später das Wasser in die Speisedruckleitung drückt (Druckhub). Ist nach einiger Zeit die Luft aus dem Zylinder, dem Ventilraum und dem Saugrohr vollständig verdrängt, so müßte sich theoretisch durch die Aufwärtsbewegung des Kolbens ein vollkommen luftleerer Raum erzeugen lassen. Der auf dem Wasserspiegel im Speisewasserbehälter lastende Luftdruck würde dann das Wasser, wie bei der Besprechung des Luftdruckes auf S. 6 dargelegt ist, 10 m hoch drücken. In Wirklichkeit ist dies wegen der unvermeidlichen Undichtheiten an den Packungen und wegen der im Wasser vorhandenen Luft nicht möglich. Dazu kommt noch, daß der Unterdruck in der Pumpe um den in der Rohrleitung und im Saugventil auftretenden Strömungswiderstand größer sein muß, als der Saughöhe entspricht. Eine gut arbeitende Pumpe kann daher kaltes Wasser nur von einem höchstens 6 bis 7 m tiefer liegenden Wasserspiegel ansaugen. Bei heißem Wasser verringert sich diese Saughöhe mit zunehmender Temperatur, da dieses, wie ein Blick in die Dampfzahlentafeln lehrt, selbst bei Temperaturen unter 100°C verdampft, wenn es in einen Raum gelangt, in dem ein entsprechender Unterdruck herrscht. Dadurch kann aber in diesem Raum kein höheres Vakuum entstehen, als der Wassertemperatur entspricht. Die Erfahrung lehrt, daß Wasser von 70°C der Pumpe frei und Wasser von 90°C mit 2,5 m Druckhöhe zulaufen muß.

Zusätzliche Ausrüstungsteile für Kolbenpumpen. Durch die Wirkungsweise der Kolbenpumpe entstehen in der Saug- und Druckleitung Stöße. Um diese zu mildern, baut man Windkessel ein. Sie können auf der Saug- und Druckseite angeordnet sein und werden je nach ihrer Lage Saugwindkessel oder Druckwindkessel genannt.

Die in den Windkesseln eingeschlossene Luft wirkt ausgleichend. Man muß aber dafür sorgen, daß die Windkessel auch tatsächlich mit Luft gefüllt sind. Beim Saugwindkessel ist dies stets der Fall, da durch den Unterdruck im Saugrohr die im Wasser vorhandene Luft entweicht und sich im Windkessel ansammelt. Läuft das Wasser der Pumpe zu, so ist ein Saugwindkessel nicht erforderlich. Im Druckwindkessel wird jedoch die Luft vom Wasser aufgenommen, so daß dieser von Zeit zu Zeit mit Luft nachgefüllt werden muß. Meistens besitzen die Druckwindkessel zu diesem Zweck einen Belüftungshahn, durch den Luft eingesaugt werden kann, wenn gleichzeitig das Wasser aus dem Druckwindkessel abgelassen wird. Während des Betriebes kann man den Druckwindkessel auch dadurch mit Luft füllen, daß man die Pumpe absichtlich Luft saugen läßt, bis die Stöße in der Druckleitung verschwinden.

Lange Saugleitungen werden am Ende mit einem Fußventil versehen, das verhindert, daß sich die Saugleitung beim Abstellen der Pumpe entleert. Dadurch kann die Pumpe beim Wiederanstellen sofort ansaugen. Um Verunreinigung des Fußventils und der Saugleitung zu vermeiden, bringt man am Ende der Saugleitung vielfach auch einen Saugkorb an, der aus gelochtem Blech oder Drahtgeflecht hergestellt ist.

Die Kolbenpumpen sind meist auf der Druckseite noch mit einem Probierhahn ausgerüstet, mit dem man nachprüfen kann, ob die Pumpe fördert.

Kennzeichen für richtige Speisewasserförderung einer Kolbenpumpe:

1. Die Pumpenventile arbeiten gleichmäßig.
2. Die Druckleitung fühlt sich beim Speisen von kaltem Wasser kalt, beim Speisen von heißem Wasser warm an.
3. Aus dem Probierhahn an der Druckseite der Pumpe tritt entsprechend dem Hubwechsel stoßartig Wasser aus.
4. Das Speiserückschlagventil am Kessel schlägt regelmäßig.
5. Am Wasserstandsglas des Kessels steigt das Wasser, während der Wasserstand im Speisewasserbehälter sinkt.

Betriebsstörungen an Kolbenpumpen:

1. Bei saugenden Pumpen Undichtheiten an der Saugleitung, der Stopfbüchse des Plungerkolbens oder der Kolbenstange — eine Kerzenflamme wird beim Saughub eingesaugt.
2. Verschmutzen oder Verstopfen des Fußventils, des Saugkorbes oder der Saugleitung — Wasserstöße sind beim Befühlen der Leitungen nicht mehr bemerkbar.
3. Durch Absinken des Wasserspiegels im Speisewasserbehälter unter die Saugrohröffnung — die Pumpe schlägt stark.
4. Durch zu heißes Wasser — die Pumpe läuft unregelmäßig.
5. Durch Versagen der Ventile (Klemmen oder undichter Sitz) — Ventile schlagen nicht mehr in gewohnter Weise.

Antrieb von Kolbenpumpen. Kolbenpumpen können angetrieben werden:

1. von Hand (Handpumpen) — nur zulässig für Kessel, deren Produkt aus Heizfläche in m² und Betriebsdruck in atü nicht mehr als 120 beträgt,
2. von der Kurbelwelle einer Dampfmaschine durch Kurbel oder Exzenter (Maschinenpumpe),
3. von einer Transmission durch Riemenübertragung (Transmissionspumpe),
4. von einem eigenen Dampfzylinder mit Kolben, dessen Kolbenstange am anderen Ende den Pumpenkolben trägt (Dampfpumpen) (Bild 80),

5. von einem Elektromotor durch Riemen- oder Zahnradübertragung (elektrische Kolbenpumpe).

An Maschinen-, Transmissions- und elektrisch angetriebenen Pumpen können schwere Beschädigungen auftreten, wenn das Absperrventil

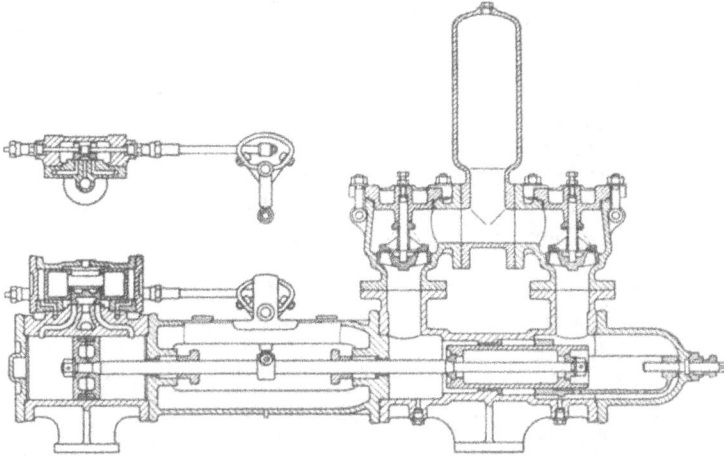

Bild 80. Voit-Dampfpumpe.

in der Speisedruckleitung vor dem Anstellen der Pumpe nicht geöffnet worden ist.

Die Dampfstrahlpumpen oder Injektoren. Die Injektoren fördern mittels eines Dampfstrahls das Speisewasser in einem gleichmäßigen, ununterbrochenen Strom in den Kessel.

Der Injektor besteht aus einem Gehäuse mit vier Anschlußöffnungen für die Dampfleitung, die Saugleitung, die Druckleitung und das Schlabber- oder Ablaufrohr. Im Gehäuse sind in der Regel drei Düsen eingebaut: die Dampfdüse, die Einsatz- oder Mischdüse und die Aufnahme- oder Fangdüse.

Wirkungsweise des Injektors (Bild 81). Durch langsames Drehen des Exzenterhebels wird der Ventilkörper mit der daran befestigten, in die Dampfdüse hineinragenden Regulierspitze in die Höhe gehoben. Der nun aus der Dampfdüse austretende Dampfstrahl reißt durch den Ringschlitz zwischen Dampf- und Einsatzdüse Luft aus dem Saugstutzen mit und gelangt zunächst durch die Einsatzdüse über das Überlaufventil und das Schlabberrohr ins Freie. Ist die Luftverdünnung im Saugstutzen groß genug, so erhält der äußere Luftdruck das Übergewicht und drückt das Wasser aus dem Behälter durch das Saugrohr in das Gehäuse: der Injektor »saugt«.

Das angesaugte Wasser schlägt den Dampf im Injektorgehäuse nieder und vergrößert dadurch dort die Luftverdünnung und somit die Saugwirkung. In der Einsatz- oder Mischdüse vermischt es sich mit dem

Niederschlagswasser und ein heißer ununterbrochener Wasserstrahl tritt
mit hoher Geschwindigkeit aus der Mischdüse aus. Er trifft auf die
Aufnahmedüse auf und versucht den hinter dieser liegenden Rückschlagkegel aufzustoßen. Da der Wasserstrahl hierzu noch nicht die ausreichende Stoßkraft besitzt, läuft er durch das Schlabberrohr ab. Erst
durch das weitere Öffnen des Dampfventils wird die Geschwindigkeit

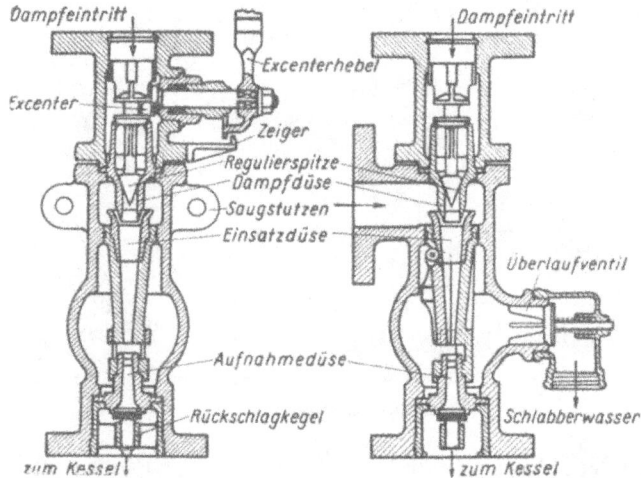

Bild 81. Restarting-Injektor der Firma Schäffer u. Budenberg in Magdeburg-Buckau.

und die Stoßkraft des heißen Wasserstrahls so groß, daß er den Rückschlagkegel öffnen und durch die Speisedruckleitung in den Kessel eintreten kann. Der Austritt von Wasser aus dem Schlabberrohr läßt
nach; das Überlaufventil schließt sich und das ganze angesaugte Wasser
wird in den Kessel gedrückt.

Mit Injektoren kann Wasser bis zu 30° C je nach Dampfdruck noch
5 m hoch angesaugt werden. Bei zunehmenden Widerständen in der
Druckleitung oder bei Unterbrechung des Wasserzuflusses »schnappen«
gewöhnliche Injektoren ab. Die Speisung ist unterbrochen; dem Schlab-
berventil entströmt ein kräftiger Dampfstrahl. Der Injektor muß dann
sofort abgestellt und aufs neue wieder angelassen werden.

Diesen Nachteil beseitigt der Restarting-Injektor. In Höhe
des Schlabberventils ist bei ihm die Einsatzdüse mit einem Schlitz
versehen, der durch eine pendelnd aufgehängte Klappe beim ungestörten
Betrieb des Injektors infolge der saugenden Wirkung des strömenden
Wasserstrahls geschlossen bleibt. Tritt eine Störung z. B. dadurch ein,
daß durch Absenken des Wasserspiegels im Speisewasserbehälter Luft
ins Injektorgehäuse gelangt, so sinkt dort der Unterdruck, die Klappe
öffnet sich und läßt den Dampf durch das Schlabberrohr frei austreten.
Der Dampf bleibt also in strömender Bewegung und erzeugt immer

noch, wie beim Anstellen des Injektors, im Saugrohr eine Luftverdünnung. Wird nun die Störung durch Nachfüllen des Speisewasserbehälters beseitigt, so wird das Wasser wieder angesaugt. Der strömende Wasserstrahl in der Mischdüse schließt nun die Schlitzklappe durch seine saugende Wirkung und gelangt durch die Aufnahmedüse und den Rückschlagkegel in die Druckleitung. Der Injektor ist also selbsttätig wieder »angesprungen«.

Injektoren werden im allgemeinen stehend angeordnet. Bei liegend eingebauten Restarting-Injektoren ist darauf zu achten, daß sich die Schlitzklappe nicht nach unten, sondern seitwärts oder besser nach oben öffnet. An Stelle der Schlitzklappen können bei Restarting-Injektoren auch besonders geformte, mit Öffnungen versehene Mischdüsen eingebaut sein, die ebenfalls beim Abreißen der Wassersäule und beim Eindringen von Luft in die Saugleitung den Dampf ungehindert durch das Schlabberrohr abführen.

Für größere Leistungen, höhere Speisewassertemperaturen und größere Saughöhen verwendet man auch Universal- oder Doppel-Injektoren, bei denen zwei Düsensätze in einem Gehäuse vereinigt sind (Bild 82).

Durch den einen Düsensatz, der eine kleinere Dampfdüse besitzt, wird das Wasser angesaugt und dem zweiten Düsensatz zugeführt, der es dann in den Kessel drückt. Die beiden Dampfdüsenventile und der

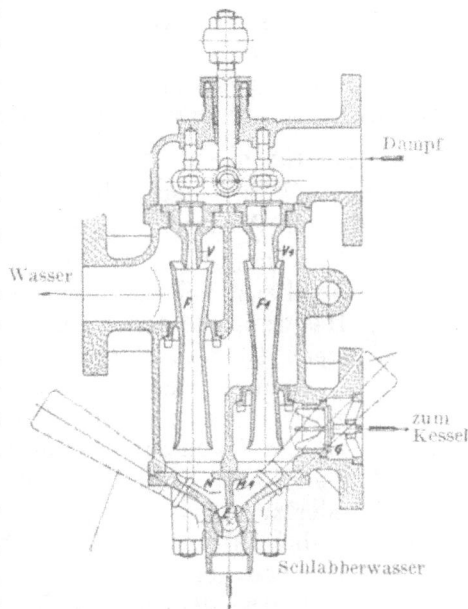

Bild 82. Universal-Injektor der Firma Körting in Hannover-Linden.

Hahn in der Schlabberleitung sind zwangläufig miteinander verbunden und werden durch einen gemeinsamen Hebel betätigt.

Durch eine geringe Bewegung dieses Handhebels wird zunächst das kleine Dampfventil V geöffnet, wodurch das Wasser angesogen und durch den Kanal M ins Freie getrieben wird; bei weiterer Fortbewegung des Hebels schließt der Hahn E diesen Kanal ab, so daß Wasser in den Düsensatz F_1 unter Druck eintritt und nun durch den Kanal M_1 noch solange ins Freie ausfließt, bis das große Dampfventil V_1 ganz geöffnet ist und gleichzeitig der Hahn E den Kanal M_1 abgeschlossen hat. Das Wasser wird nun durch den Rückschlagkegel G in den Kessel gedrückt.

Anstellen des Injektors. Etwa vorhandene Absperrvorrichtungen in der Saug- und Druckleitung sowie das meist in der Nähe des

9*

Kessels befindliche Absperrventil in der Dampfzuleitung für den Injektor sind zu öffnen. Das Dampfventil wird durch Rechtsbewegung des Hebels etwas angehoben. Zunächst tritt aus dem Schlabberrohr Dampf und nach einiger Zeit Wasser aus, ein Zeichen dafür, daß der Injektor saugt. Nun öffnet man das Dampfventil durch langsame Rechtsbewegung des Hebels solange weiter, bis aus dem Schlabberrohr kein Wasser mehr entweicht.

Kennzeichen für die Speisewasserförderung der Injektoren.

1. Der Wasserablauf aus dem Schlabberrohr vermindert sich und hört schließlich ganz auf.
2. Im Injektor und in der Druckleitung macht sich ein zischendes Geräusch bemerkbar.
3. Die Druckleitung erwärmt sich.

Störungen am Injektor:

I. Der Injektor saugt nicht — aus dem Schlabberrohr kommt Dampf und kein Wasser. Ursachen:

1. Das Dampfventil ist zu weit geöffnet. — Die Dampfzuführung ist abzustellen und der Injektor von neuem langsam anzustellen.
2. Das Saugrohr taucht nicht in das Wasser ein. — Es soll mindestens ½ m tief eintauchen.
3. Das Saugsieb hat zu geringen freien Querschnitt oder seine Löcher sind verstopft. — Saugsieb reinigen! Der Gesamtquerschnitt der Löcher des Saugsiebes soll 4 mal so groß sein wie der des Rohres.
4. Der Kegel eines etwa vorhandenen Fußventils ist zu schwer oder zu schwer beweglich. — Das Fußventil ist zu entfernen, da es bei Injektoren nicht nötig ist.
5. Die Saugleitung ist undicht. — Saugleitung genau untersuchen und besonders an den Verschraubungen auf Dichtheit prüfen!
6. Das Schlabberrohr beim Restarting-Injektor ist zu lang. — Schlabberrohr abnehmen. — Beim Universal-Injektor ist der Anlaßhahn *E* oder das dort zum Ableiten des Wassers angebrachte Rohr verstopft. — Hahn oder Rohr freimachen; Rohr von der vorgesehenen Lichtweite ohne Dichtung so anschrauben, daß es sichtbar ausmündet!
7. Die Saughöhe ist zu groß oder das Wasser zu heiß. — Die von den Lieferwerken angegebenen Zahlen beachten!
8. Die Dampfabsperrvorrichtungen am Injektor sind undicht. — Beim nicht angestellten Injektor tritt Dampf aus dem Schlabber- oder Austrittsrohr; der Injektor ist heiß. Ventile nachschleifen; Hauptdampfventil nach dem Abstellen jedesmal schließen!
9. Die Saugleitung oder die Dampfleitung ist zu eng; Dichtungsscheiben an den Flanschenverbindungen verengen den Quer-

schnitt; Rostschalen oder andere Fremdkörper haben sich in der Dampfzuleitung angesetzt. — Rohrleitung abschrauben und nachsehen; Dampfleitung durchblasen!

10. Das Saugrohr ist zu heiß geworden. — Saugrohr kühlen!

11. Die Düsen sind verstopft, durch Kesselstein verlegt oder stark abgenützt. Injektor auseinandernehmen und nachsehen!

II. Der Injektor drückt nicht. Aus dem Schlabber- oder Austrittsrohr kommt ein kräftiger, heißer Wasserstrahl. Ursachen:

1. Das Kesselspeiseventil ist geschlossen oder in Unordnung. — Nachsehen, ob die Absperrvorrichtung in der Speiseleitung geöffnet ist und ob sich das Speiserückschlagventil leicht bewegt.

2. Die Speisedruckleitung hat einen zu engen Querschnitt, oder sie hat sich durch Dichtungen oder Kesselstein verlegt. Die Speiseleitung, besonders das in den Kessel hineinragende Rohrende ist auf seinen freien Querschnitt zu prüfen. Es kann sich auch bei einem der Ventile der Sitz im Gehäuse gelockert haben, so daß er mit angehoben wird.

3. Der Injektor erhält zu wenig Dampf. Die Dampfzuleitung ist entweder zu eng bzw. verlegt oder das Dampfventil befindet sich nicht in Ordnung. Der Dampfdruck ist durch ein Manometer in der Dampfleitung kurz vor dem Injektor nachzuprüfen. Zeigt bei eingeschaltetem Injektor das Manometer in der Dampfleitung wesentlich weniger an als das am Kessel, so ist die Dampfleitung verengt; zeigt es vollen Druck an, so ist die Speisedruckleitung verengt.

4. Der Injektor ist verschmutzt. — Injektor auseinandernehmen und reinigen! Beim Reinigen der Düsen ist jede Formveränderung der Düsen durch Feilen, Schaben, Klopfen usw. unbedingt zu vermeiden! Die Düsen sind ohne Dichtung einzusetzen.

5. Der senkrechte Abstand zwischen dem Injektor und dem Wasserstand im Kessel ist zu groß. Er soll 3 bis 4 m nicht überschreiten. es sei denn, daß der Hersteller die Düsen für einen den örtlichen Verhältnissen entsprechend größeren Höhenunterschied eingestellt hat.

Die Kreisel- oder Zentrifugalpumpen. Kreiselpumpen finden hauptsächlich bei größeren Fördermengen Anwendung; sie beanspruchen wenig Raum, sind einfach in der Wartung und eignen sich für die höchsten Drücke.

Wirkungsweise der Kreiselpumpen (Bild 83). Aus dem Saugraum (p) tritt das Wasser unmittelbar an der Nabe in das Laufrad ein, das im Inneren hohl und mit gekrümmten Schaufeln versehen ist, Durch die Drehung des an einer schnellaufenden Welle befestigten Laufrades wird das im Inneren des Rades befindliche Wasser in krei-

sende Bewegung gesetzt, so daß es infolge der Fliehkraft (Zentrifugalkraft) nach außen geschleudert wird und mit großer Geschwindigkeit
am Umfang des Laufrades austritt. Hier trifft es auf das Leitrad auf,
das mit dem Gehäuse verbunden ist, also stillsteht, und in dem die
Geschwindigkeit des Wassers in Druck umgesetzt und das Wasser zum
Druckstutzen oder durch ein Gehäusezwischenstück zum nächsten Laufrad geleitet wird. Entsprechend dem Laufraddurchmesser und der
Umdrehungszahl der Pumpenwelle kann mit einem Laufrad nur ein

Bild 83. Kreiselpumpe von der Firma Klein, Schanzlin u. Becker in Frankenthal.

bestimmter Druck erzeugt werden. Je nach dem Kesseldruck werden
daher mehrere Laufräder samt Leiträdern und Zwischenstücken zu einer
Pumpe zusammengebaut.

Die Laufräder sind gegen das Gehäuse durch Laufringe abgedichtet
und an der Rückseite gegenüber der Einlauföffnung durchbohrt, damit
auf beiden Seiten des Laufrades ein gleich hoher Druck entsteht. Um
aber bei ungleichmäßiger Abnützung der Laufringe eine seitliche Verschiebung der Welle, die durch den dann entstehenden Druckunterschied auf den beiden Seiten der Laufräder hervorgerufen würde, zu
verhindern, ist an einem Ende der Welle ein Druckkugellager oder ein
Walzenlager eingebaut.

Bei manchen Kreiselpumpen, besonders bei Pumpen zur Speisung
von sehr heißem Wasser, ist die Laufradrückseite nicht durchbohrt und
das Laufrad nur auf der Saugseite durch einen Laufring gegenüber dem
Gehäuse abgedichtet. Der bei diesen Pumpen vorhandene starke seitliche Druck auf die Welle in Richtung gegen die Saugseite wird durch
eine Entlastungsscheibe (Bild 84) aufgenommen, die an der Druck-

seite mit der Welle fest verbunden ist und am Umfang auf einer Gegenscheibe gleitet. Der Hohlraum zwischen diesen beiden Scheiben steht
durch einen engen Spalt zwischen der Welle und dem Gehäuse mit dem
Druckraum in Verbindung, so daß durch den Pumpendruck auf die
Innenseite der Entlastungsscheibe die Welle gegen die Druckseite gepreßt
wird. Das zwischen der Entlastungs-
scheibe und der Gegenscheibe austretende Wasser wird bei Förderung
von kaltem Wasser frei abgeleitet;
bei Heißwasserpumpen, denen das
Wasser zuläuft, wird es in den Zu-
laufstutzen zurückgeführt.

Inbetriebsetzung von Kreiselpumpen. Da die Kreiselpumpe
Wasser nur dann fördern kann, wenn
sie vollständig mit Wasser gefüllt ist
und keine Luft mehr enthält, sind
zunächst die Pumpe und das Saugrohr entweder durch eine Füllöffnung oder bei zufließendem Wasser
durch Öffnen des Schiebers in der

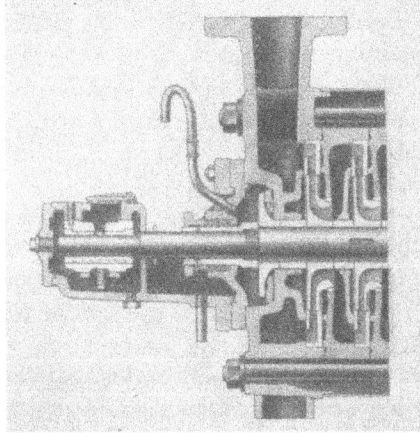

Bild 84. Kreiselpumpe mit Entlastungsscheibe.

Saugleitung vollständig mit Wasser
zu füllen und an jedem einzelnen Glied solange zu entlüften, bis aus
den geöffneten Lufthähnen das Wasser ohne Luftblasen austritt. Gegebenenfalls kann das Auffüllen auch durch die Druckleitung erfolgen,
wenn die in der Nähe des Druckstutzens befindliche Rückschlagklappe
eine Umgehungsleitung besitzt. Es ist dabei jedoch darauf zu achten,
daß die Saugleitung keinem zu hohen Druck ausgesetzt wird. Bei Heißwasserpumpen, die mit gekühlten Lagern und Stopfbüchsen ausgerüstet
sind, ist nun das Kühlwasser anzustellen. Der Kesselwärter hat sich
unbedingt davon zu überzeugen, daß das Kühlwasser auch frei abläuft.
Dann prüft man, ob sich die Welle mit der Hand leicht drehen läßt und
schaltet die Antriebsmaschine bei geschlossenem Schieber in der
Druckleitung ein. Hat die Pumpe ihre normale Drehzahl erreicht und
zeigt das Druckmanometer den für die Pumpe vorgesehenen Höchstdruck
an, so ist der Regulierschieber in der Druckleitung langsam zu öffnen.

Beim Betrieb der Kreiselpumpe ist zu beachten, daß die
Stopfbüchsen nicht zu stark angezogen werden, weil sonst der Kraft-
verbrauch unnötig ansteigt und der Verschleiß der Wellenbüchsen zu-
nimmt. Bei richtiger Einstellung müssen die Stopfbüchsen von Kreiselpumpen leicht tropfen. Auch bei saugenden Pumpen, denen also das
Wasser nicht zuläuft, kann Luft durch die Stopfbüchsen nicht eingesaugt werden, da dem Saugraum ein besonderer Raum vorgeschaltet
ist, der mit der ersten Druckstufe in Verbindung steht.

Zur Nachprüfung der richtigen Stellung des Läufers (Welle mit Laufrädern) gegenüber den Leitapparaten dient ein Winkelriß, der an der Welle zwischen Lager und Kupplung angebracht ist und der mit der äußeren Kante des Lagers zusammenfallen soll. Die durch die Abnützung der Entlastungsscheibe bedingte seitliche Verschiebung der Welle kann an diesem Winkelriß erkannt werden. Hat sie etwa 1,5 mm erreicht, so sind die in den Betriebsanweisungen vorgeschriebenen Maßnahmen zu ergreifen.

Das einwandfreie Fördern einer Kreiselpumpe erkennt man daran, daß das Manometer in der Druckleitung einen Druck anzeigt, der etwas höher liegt als der Kesseldruck, und daß der Wasserstand im Kessel steigt.

Vor dem Abstellen der Kreiselpumpe ist zuerst der Schieber in der Speisedruckleitung zu schließen. Die Saugleitung darf nur nach dem Stillstand der Pumpe abgesperrt werden.

Kreiselpumpen dürfen nicht zu lange bei geschlossenem Druckschieber betrieben werden, da sich sonst das Wasser in der Pumpe übermäßig erwärmt oder gar verdampft. Sie dürfen auch nicht bei vollgeöffnetem Druckschieber gegen einen wesentlich geringeren Druck als ihren Betriebsdruck fördern, was beispielsweise beim Füllen druckloser Kessel eintreten kann, da hierbei die Fördermenge so hoch ansteigt, daß der Antriebsmotor überlastet wird. Durch Drosselung mit dem Druckschieber ist in solchen Fällen der Pumpendruck entsprechend zu erhöhen. Bei der ersten Inbetriebnahme einer Kreiselpumpe ist besonders auf die Drehrichtung, die am Gehäuse durch einen Pfeil angegeben ist, zu achten. Bei falscher Drehrichtung fördert eine Kreiselpumpe zwar immer noch durch den Druckstutzen; ihre Leistung sinkt jedoch stark ab.

Zusätzliche Ausrüstungsteile einer Kreiselpumpe. Der Antrieb von Kreiselpumpen erfolgt entweder durch schnellaufende Elektromotoren oder durch kleine Dampfturbinen. Diese sind vor der Inbetriebnahme langsam anzuwärmen. Nur kleine Pumpen sind vereinzelt mit Riemenantrieb ausgerüstet. Neben einem Fußventil am Ende der Saugleitung, das bei saugenden Kreiselpumpen unbedingt vorhanden sein muß, soll in der Druckleitung stets ein Rückschlagventil eingebaut sein. Zur Überwachung des Pumpenbetriebes dient ein Manometer in der Druckleitung und bei saugenden Pumpen ein Vakuummeter in der Saugleitung. Bei Kreiselpumpen, die durch eine Dampfturbine oder durch Transmission angetrieben werden, empfiehlt sich der Einbau eines Drehzahlmessers.

Betriebsstörungen an Kreiselpumpen werden verursacht:

1. durch Luft in der Saugleitung oder in der Pumpe, durch Luftsackbildung in der Saug- oder Zulaufleitung und durch Undichtheiten

in der Saugleitung sowie durch undichtes Fußventil. — Abhilfe: Auffüllen der Pumpe und gründliches Entlüften eines jeden einzelnen Pumpengliedes, Verlegen der Saug- oder Zulaufleitung mit dauernder Steigung zur Pumpe oder zu dem Zulaufbehälter, Instandsetzung der Saugleitung bzw. des Fußventiles;

2. durch eine der Speisewassertemperatur nicht entsprechende, zu große Saughöhe oder zu geringe Zulaufhöhe. — Abhilfe: Bei zu starker Absenkung des Wasserspiegels im Speisewasserbehälter dort jeweils soviel Wasser zulaufen lassen, als dem Speisewasserbedarf des Kessels entspricht; bei zu hoher Wassertemperatur zunächst kaltes Wasser zulaufen lassen und zur dauernden Abhilfe die Saughöhe verkleinern bzw. die Zulaufhöhe vergrößern; gegebenenfalls ist auch die Saug- oder Zulaufleitung zu vergrößern;

3. durch Verstopfen der Saug- oder Zulaufleitung oder eines Laufrades — der Druckmesser am Druckstutzen zeigt keinen oder zu geringen Überdruck an;

4. durch zu geringe Drehzahl der Pumpe, hervorgerufen durch Riemenrutsch, Spannungs- oder Periodenabfall, oder zu geringen Druck bzw. zu hohen Gegendruck bei Turbinen — der Drehzahlmesser zeigt die notwendige Drehzahl nicht an;

5. durch große Abnützung der Innenteile — bei geschlossenem Regulierschieber wird nicht mehr der am Leistungsschild angegebene Druck erreicht; der Winkelriß fällt nicht mehr mit der äußeren Kante des Lagers zusammen.

Die Speisewasserregelung. Die Speisewassermenge ist der jeweils im Kessel verdampften Wassermenge anzupassen. Es ist bei allen Kesselbauarten anzustreben, ununterbrochen zu speisen; bei Rauchgas-Speisewasservorwärmern ist dies unbedingt erforderlich.

Handregelung. Bei Speisevorrichtungen, die sich in ihrer Leistung nicht regeln lassen und die eine größere Wassermenge liefern, als der Kessel verdampft, kann diese Forderung nicht erfüllt werden. Solche Speisevorrichtungen müssen von Zeit zu Zeit an- und wieder abgestellt werden. Hierbei ist zu beachten, daß der Wasserstand im Kessel nicht unter den niedrigsten Wasserstand fällt und daß der Kessel auch nicht zu hoch gespeist wird.

Maschinenpumpen sowie Transmissions- und elektrisch angetriebene Pumpen besitzen meistens zur Regelung ihrer Förderleistung eine absperrbare Verbindungsleitung zwischen der Druckseite und dem Speisewasserbehälter oder der Saugseite. Diese Verbindung kann auch im Pumpengehäuse eingegossen sein. Ist die Absperrvorrichtung dieser Verbindung geschlossen, so fördert die Pumpe mit voller Leistung; ist sie ganz geöffnet, so gelangt kein Speisewasser in den Kessel. Durch Zwischenstellungen dieser Absperrvorrichtung kann der Kesselwärter den jeweiligen Speisewasserbedarf einstellen.

Bei Dampfpumpen regelt man durch entsprechende Einstellung der Dampfabsperrvorrichtung die Hubzahl, bei Kreiselpumpen durch den Schieber in der Druckleitung die Leistung der Pumpe.

Mit diesen Regelvorrichtungen kann der Kesselwärter bei genügender Aufmerksamkeit die Pumpenleistung mit der jeweils verdampften Wassermenge in Übereinstimmung bringen, falls die Kesselbelastung nicht zu stark ungleichmäßig ist. Bei stärkeren Belastungsschwankungen allerdings wird es nicht möglich sein, den Wasserstand bei Kesseln mit geringem Wasserinhalt genügend gleichmäßig zu halten. Aus diesen Gründen rüstet man solche Kessel mit selbsttätigen Regelvorrichtungen aus, von denen einige näher besprochen werden sollen.

Selbsttätige Regelung. Beim Hannemann-Speiseregler (Bild 85) ist ein auf den normalen Wasserstand eingestellter Tauchkörper V über eine nahezu reibungslos arbeitende Hebelvorrichtung R und über ein Stahlband mit dem in der Speiseleitung eingebauten Regelventil A_E verbunden. Der massive Tauchkörper ist durch das Gegengewicht am Hebel J des Regelventils so ausgewogen, daß er wie ein Schwimmer allen Bewegungen des Wasserspiegels folgen kann. Fällt der Wasserspiegel, so hebt der Tauchkörper den Hebel J und mit diesem den entlasteten Doppelkegel C des Regelventils an, wodurch die Speisung einsetzt oder vermehrt wird. Steigt der Wasserspiegel im Kessel, so wird der Tauchkörper V gehoben, der Doppelkegel C gesenkt und die Speisung vermindert oder völlig abgestellt.

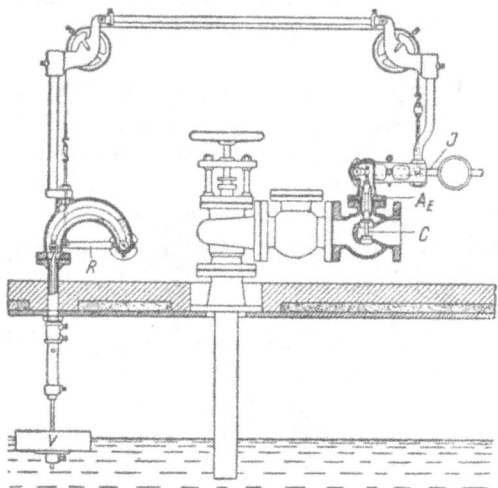

Bild 85. Hannemann-Speiseregler.

Kraftag-Regler. Der Kraftag-Regler (Bild 86) besteht aus einem außerhalb des Kessels in Höhe des mittleren Wasserstandes angeordneten, schräg geneigten Rohr, das mit dem Wasserraum und dem Dampfraum des Kessels gesondert verbunden und aus einem Werkstoff hergestellt ist, der eine hohe Wärmeausdehnungszahl besitzt. Der Wasserstand in diesem Rohr stellt sich genau wie bei einem Wasserstandsglas auf die Höhe des Wasserspiegels im Kessel ein. Der darüber liegende Teil des Rohres ist mit heißem Dampf gefüllt und dehnt sich daher stärker aus als der Teil des Rohres, in dem sich Wasser befindet, da sich dieses nach kurzer Zeit abkühlt. Bei einer Änderung des Wasserspiegels im

Kessel wird daher auch ein größerer oder kleinerer Teil des Rohres mit Dampf gefüllt sein und das Rohr sich entsprechend ausdehnen oder zusammenziehen. Diese Längenänderung wird durch eine Hebelüber-

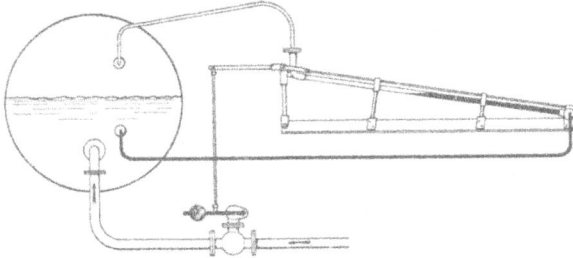

Bild 86. Kraftag-Speisewasserregler.

setzung vergrößert und dazu benützt, das in der Speisedruckleitung eingebaute entlastete Regenventil zu steuern.

Diese Einrichtungen befreien den Kesselwärter nicht von den regelmäßigen Beobachtungen des Wasserstandes, sie können, auch wenn sie noch so vollkommen durchdacht und ausgeführt sind, einmal versagen.

Die Regelventile sind bei Kesseln ohne Rauchgasspeisewasservorwärmer unmittelbar vor den Speiseventilen eingebaut; bei Kesselanlagen mit Sammelvorwärmern müssen sie zwischen Vorwärmer und Kessel, bei Kesseln mit Einzelvorwärmern zwischen Pumpe und Vorwärmer angeordnet sein. Bei Kolbenpumpen, die beim Schließen des Regelventils einen unzulässig hohen Druck in der Speisedruckleitung erzeugen würden, ist in dieser Leitung noch ein geeignetes Sicherheitsventil einzubauen oder es ist ein Differenzdruckregler vorzusehen, der in Abhängigkeit von dem Druckunterschied zwischen dem Pumpendruck und dem Kesseldruck die Pumpenleistung beeinflußt, so daß der Pumpendruck auch bei Kolbenpumpen nicht unzulässig hoch ansteigen kann. Die Regelung der Pumpenleistung erfolgt dabei durch Verstellen des Dampfventils bei Dampfpumpen, oder des Umlaufventils bei Maschinen-, Transmissionspumpen u. dgl. Auch bei größeren Kreiselpumpen finden diese Differenzdruckregler zweckmäßig Verwendung.

δ) Das Speiseventil und die Speiseleitung.

In jeder zum Dampfkessel führenden Speiseleitung muß möglichst nahe am Kesselkörper ein Speiseventil (Rückschlagventil) (Bild 87) angebracht sein, das beim Abstellen der Speisevorrichtungen durch den Druck des Kesselwassers geschlossen wird. Außerdem muß jeder Dampfkessel zwischen dem Speiseventil und dem Kesselkörper eine Absperrvorrichtung (Bild 88) erhalten, auch wenn das Speiseventil absperrbar ist.

Speiseventil. Das Speiseventil muß sich im Gehäuse frei bewegen können, damit es sich durch den Kesseldruck selbständig schließt und durch den etwas höheren Druck in der Speiseleitung selbsttätig anhebt. Es muß so eingebaut sein, daß das Wasser das Ventil in der Richtung des eingegossenen Pfeils durchfließt und daß das Ventilgehäuse waagrecht in der Speiseleitung mit der Deckelverschraubung nach oben sitzt.

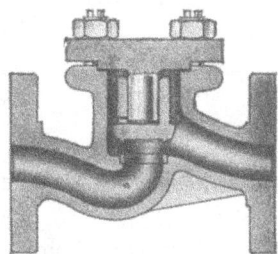

Bild 87. Speiserückschlagventil.   Bild 88. Absperrvorrichtung.

Störungen am Speiseventil können verursacht werden durch falschen Einbau, durch Verschmutzung und Verstopfungen des Gehäuses durch Kesselstein und Schlamm, durch undichten Sitz, durch Festsetzen des Ventilkegels, durch Abnützung, durch Abbrechen oder Klemmen des Führungsstiftes und der Führungsflügel.

Zu starkes Schlagen des Speiseventils ist meist auf größere Abnützung zurückzuführen. Hat die nähere Untersuchung eine solche nicht ergeben, so ist das Ventil zu klein und durch ein neues von größerer Lichtweite zu ersetzen.

Ein starkes Schlagen des Speiseventils tritt auch dann auf, wenn der Hub des Ventils ein zu großer ist. Behelfsmäßige Abhilfe wird dadurch erreicht, daß man über den Führungsstift des Ventils eine Druckfeder stülpt. Dabei ist jedoch zu beachten, daß die Druckfeder nur so stark gespannt ist, daß ein Heben des Ventils sicher erreicht wird.

Um Störungen am Rückschlagventil während des Betriebes gefahrlos beseitigen zu können, muß das Absperrventil zwischen dem Kesselkörper und dem Speiseventil angeordnet sein. Es wird zweckmäßig so eingebaut, daß der Druck vom Kessel auf den Kegel von oben wirkt. Wenn es dabei auch nicht mehr möglich ist, bei Ventilen älterer Bauart die Stopfbüchsenpackung während des Betriebes zu erneuern, so kann bei dieser Einbauweise der Ventilkegel bei einem Bruch der Ventilspindel durch den Pumpendruck gehoben werden, so daß die Speisung nicht unterbrochen wird. Werden die Absperrventile dagegen, was häufig anzutreffen ist, in umgekehrter Richtung eingebaut, so kann der Stopfbüchsenraum zwar drucklos gemacht werden; bei einem Bruch der Ventilspindel aber wirkt der Kegel als Rückschlagventil gegen die Speiseleitung und verhindert so die Speisung vollkommen.

Alle Ventile sind so zu warten, daß sie dicht halten und daß ihre Stopfbüchsen nicht blasen.

Einschleifen der Ventile. Nach dem Ausbau des Ventilkegels ist dieser und der Ventilsitz zunächst gründlich zu reinigen. Weisen die Sitzflächen größere Beschädigungen auf, so führt ein Einschleifen allein nicht zum Ziele; die schadhafte Dichtfläche ist dann zunächst abzudrehen oder abzufräsen, wobei besonders auf ein genügend starkes Hinterdrehen zu achten ist.

Ventilkegel mit Führungsflügel werden unter Verwendung verschieden grober Einschleifmassen auf ihrem eigenen Sitz so lange eingeschliffen, bis nach Verwendung einer Masse mit feinster Körnung eine vollkommen gleichmäßige Sitzfläche entstanden ist. Der Kegel wird dabei unter gleichmäßigem Druck auf dem Sitz hin- und hergedreht und die Lage des Kegels dabei von Zeit zu Zeit so geändert, daß er mehrmals vollkommen gedreht wird.

Zum Einschleifen größerer Ventile und von Ventilen ohne Führungsflügel an den Kegeln verwendet man Einschleifvorrichtungen, mit denen der Ventilsitz und der Kegel getrennt eingeschliffen werden. Man bedient sich dabei eines behelfsmäßig geführten Hilfsdornes aus Gußeisen für den Sitz und einer Schleifplatte für den Kegel. Über die Einzelheiten solcher Einschleifvorrichtungen, die ein sachgemäßes Nachschleifen ermöglichen, unterrichten die zugehörigen Gebrauchsanweisungen.

Verpacken von Ventilstopfbüchsen. Beim Neuverpacken der Stopfbüchsen von Ventilen sind nachstehende Punkte zu beachten:

1. Die Packung darf nicht als fortlaufender Zopf, sondern nur in einzelnen Ringen eingebracht werden.

2. Die Ringe müssen genau passen und dürfen weder zu kurz noch zu lang sein. Sind sie zu kurz, so entsteht an der Stoßstelle eine Lücke, die zu Undichtheiten führen kann. Sind sie zu lang, so überträgt sich der Packungsdruck durch die Verdickung am Stoß nicht mehr gleichmäßig auf den ganzen Ring. Man messe also durch Umlegen der Packung um die Spindel die richtige Länge genau ab und schneide alle Ringe nach demselben Muster zu.

3. Die Ringe sollen nicht senkrecht, sondern schräg abgeschnitten werden, damit sich der Packungsstoff an dem Stoß überdeckt.

4. Zum Abschneiden der Packungsringe verwende man ein sehr scharfes Messer; denn der Schnitt soll scharf sein, damit der Packungsring an den Ecken nicht ausfranst.

5. Die Stöße der einzelnen Ringe müssen gegeneinander versetzt sein.

6. Der Packungsraum ist mit einer genügenden Anzahl von Packungsringen bis oben hinauf zu füllen. Die Ringe sind kräftig zusammen-

zupressen, damit die Packung nicht im Betrieb zu stark nach-
sackt. Ein gewisses Nachsacken während des Betriebes tritt stets
ein und wird durch Nachziehen der Stopfbüchsenbrille ausgeglichen.
Sind aber die Ringe von vornherein schon zu locker eingelegt oder
sind zu wenig Ringe vorhanden, so kann die Packung im Betrieb
soweit nachsacken, daß der Anzug der Stopfbüchsenbrille nicht
mehr ausreicht.

7. Man verwende nur festgeflochtenes, besser vierkantiges als rundes
Packungsmaterial von bester Güte.

Pflege der Stopfbüchsenpackungen. Für die Betriebssicherheit der Ventile ist die Pflege der Stopfbüchsenpackung von großer
Wichtigkeit. Darum sind Ventile regelmäßig auf Dichtheit der Stopfbüchsen zu prüfen. Das sich in undichten Stopfbüchsen ansammelnde
Kondenswasser ist für die Ventile sehr schädlich, daher sind Undichtheiten durch mäßiges Nachziehen der Packungsverschraubung baldigst
abzustellen. Ist eine Stopfbüchse trotz kräftigen Anziehens nicht mehr
dicht zu bekommen, so ist sie zu öffnen und mit neuen Packungsringen
zu versehen. Übermäßiges Anziehen der Stopfbüchsenpak-
kung hat keinen Zweck!

Bei frisch verpackten Ventilen setzt sich die Packung in den ersten
Wochen des Betriebes noch etwas zusammen. Man soll deshalb neue
Packungen öfters nachziehen und gegebenenfalls in den frei gewordenen
Packungsraum einen weiteren Ring einlegen.

Nach einiger Betriebszeit gibt die Packung nur noch wenig nach
und braucht dann seltener nachgezogen zu werden. Bei längerer Betriebszeit empfiehlt es sich, alljährlich, mindestens aber bei jeder Kesselreinigung bzw. Instandsetzung die ganze Packung zu erneuern.

Von großer Wichtigkeit ist es, starke Verschmutzungen der Stopfbüchse zu vermeiden. Der Schmutz wird beim Auf- und Niedergehen der
Spindel durch die Packung durchgezogen, reißt das Packungsmaterial
auf und verletzt unter Umständen auch die Spindel. Eine derartig be-
schädigte Stopfbüchse kann niemals dichthalten. Lassen sich solche
Verschmutzungen z. B. bei Vorhandensein von Kesselstein, von Rohr-
zunder oder von chemischen Kristallen nicht vermeiden, so empfiehlt
sich die Verwendung von Spindeln aus hartem Spezialwerkstoff, um Ver-
letzungen der Spindeloberfläche zu verhindern. Die Spindeloberfläche
soll blank und glatt sein, Riefen, Kratzer u. dgl. auf einer Spindel verhindern einen dichten Abschluß der Stopfbüchse.

Wo eine stärkere Verrostung zu befürchten ist, z. B. bei Einbau
von Ventilen im Freien oder bei Verwendung von Ventilen für Seewasser,
empfiehlt es sich, die Stopfbüchsenteile einschließlich der Spindel aus
rostsicherem Werkstoff zu wählen.

Die Speiseleitung. Die Speiseleitung muß möglichst so beschaffen sein, daß sich der Dampfkessel bei undichtem Rückschlagventil

(Speiseventil) nicht durch die Speiseleitung entleeren kann. Das Speiserohr darf daher nur bis etwa 50 mm unter den niedrigsten Wasserstand reichen, damit bei undichtem Speiseventil eine Entleerung des Kessels unter den höchsten Feuerzug und damit eine Gefährdung durch Wassermangel vermieden wird.

Haben Speisevorrichtungen gemeinschaftliche Saug- oder Druckleitung, so muß jede Speisevorrichtung von der gemeinschaftlichen Leitung abschließbar sein. Beim Umstellen der Speisevorrichtungen sind diese Absperrvorrichtungen in der Saug- und in der Druckleitung der außer Betrieb zu setzenden Speisevorrichtung zu schließen.

In manchen Kesselanlagen, bei denen zum Speisen nur kaltes Wasser zur Verfügung steht, wird das Speiserohr unmittelbar unter dem Wasserspiegel noch waagrecht geführt oder es mündet in eine Speiserinne aus, um zu erreichen, daß sich das kältere Speisewasser mit dem heißen Kesselwasser gut vermischt. Dadurch werden die im Speisewasser enthaltenen Gase ausgetrieben, die, wie noch besprochen wird, zu Anrostungen im Kessel Veranlassung geben können. Außerdem wird vermieden, daß einzelne, hoch beheizte Teile des Kesselkörpers mit kaltem Wasser in Berührung kommen, was Risse zur Folge haben könnte.

Störungen an der Speiseleitung können, wenn man von Undichtheiten absieht, in folgendem bestehen:

1. Das Speiserohr ist im Dampfraum des Kessels durchgerostet oder so kurz, daß es nicht mehr in das Kesselwasser eintaucht. Dadurch gelangt das Speisewasser unmittelbar in den Dampfraum des Kessels, wobei in der Speiseleitung starke Schläge auftreten.

2. Die Speiseleitung ist so stark verschmutzt oder durch Kesselstein verlegt, daß es nicht mehr gelingt, die notwendige Speisewassermenge in einer bestimmten Zeit in den Kessel zu fördern.

ε) *Die Ablaßvorrichtungen.*

Jeder Dampfkessel muß mit einer zuverlässigen Vorrichtung versehen sein, durch die er entleert werden kann. Diese Vorrichtung soll auch dazu dienen, den Kessel während des Betriebes abzuschlämmen. Sie ist an den tiefsten Stellen des Kessels anzuordnen, gegen die Einwirkung der Heizgase zu schützen und so anzubringen, daß sie leicht und gefahrlos bedient werden kann. Befindet sich die Ablaßvorrichtung in einer Grube unter dem Kessel, so muß sie von oben so bedient werden können, daß ein Aufenthalt in der Grube zum Abschlämmen nicht nötig ist. Das abzulassende Wasser ist durch eine mit der Ablaßvorrichtung fest verbundene Leitung gefahrlos abzuleiten.

Als Ablaßvorrichtungen kommen in Betracht: Hähne, Ventile und Abschlämmvorrichtungen.

Ablaßhähne (Bild 89), die noch bei älteren Kesselanlagen anzutreffen sind und einen sicheren Abschluß gewähren, sollen möglichst eine Vorrichtung zum Lösen des Hahnkegels besitzen. Diese besteht meist in einer Abdruckschraube, durch die nach dem Lockern der Stopfbüchse der Hahnkegel angehoben und dadurch gangbar gemacht wird. Dabei ist aber darauf zu achten, daß die Muttern der Stopfbüchsen-

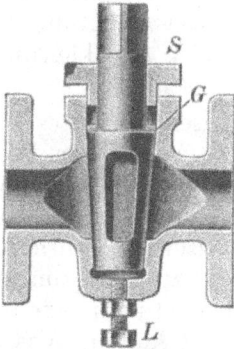

Bild 89. Ablaßhahn.

Bild 90. Ablaßventil.

schrauben nur gelockert und nicht beseitigt werden, da sonst der Hahnkegel herausgeschleudert werden kann. Bei stopfbüchsenlosen Hähnen, deren Kegel von unten durch eine Schraube gehalten werden, ist die Haltemutter des Hahnkegels nur ganz wenig zu lockern und der festsitzende Kegel mit einem Hammer und einem Gegenhalter zu lösen. Ist die Leitung vom Kessel zum Ablaßhahn verlegt, so ist der Kessel außer Betrieb zu setzen und die Ablaßleitung am drucklosen Kessel durchzustoßen.

Als Ablaßventil kann jedes Durchgangsventil verwendet werden, wenn es kräftig gebaut ist. Vielfach verwendet man jedoch hierzu Ventile nach Bild 90, bei denen der mit der Spindel fest verbundene Kegel durch das obere Handrad auf seinem Sitz gedreht werden kann, während das untere, größere Handrad zum Öffnen und Schließen des Ventils dient.

. Der Aufsatz oder der Deckel der Ventile muß durch mindestens 3 Schrauben mit dem Gehäuse verbunden sein. Sog. Zweilappenventile haben beim Bruch eines Lappens schwere Unfälle zur Folge.

Abschlämmventile sind kräftig gebaute Ventile, die durch eine Hebelvorrichtung geöffnet und deren Kegel durch den Kesseldruck und durch eine starke Feder auf den Sitz gedrückt werden. Bei dem in Bild 91 gezeigten Abschlämmventil der Firma Gerdts, Bremen, ist die Federkraft noch durch eine Kniehebelübertragung verstärkt. Auch bei diesen Ventilen ist der Kegel mit der Spindel fest verbunden, so daß er durch ein Handrad oder einen Vierkantschlüssel auf dem Sitz gedreht werden

kann, wodurch sich in die Dichtungsfläche hineingeratene Kesselsteinsplitter zermalmen lassen.

Abschlämmventile, die nicht von Hand absperrbar sind, müssen
zum mindesten mit einer Vorrichtung versehen sein, mit der sie in ge-
schlossener Stellung festgestellt werden können, damit sie nicht
durch einen herabfallenden Gegenstand oder durch einen anderen Umstand ungewollt geöffnet werden. Ist
eine solche Feststellvorrichtung nicht
vorhanden, so ist zwischen dem Abschlämmventil und dem Kessel noch
ein gewöhnliches Absperrventil vorzusehen.

Bedienung der Abschlämm-
ventile. Die Kessel sind in regelmäßigen Zeitabständen je nach der
Kesselbauart, den Betriebs- und vor
allem den Speisewasserverhältnissen
ein- bis mehrmals im Tage abzuschlämmen, um größere Ablagerungen
von Schlamm im Kessel zu verhüten.
Das Abschlämmen ist unter vollem
Kesseldruck, vor allem nach längeren
Betriebspausen, in denen sich der
Schlamm absetzt, vorzunehmen und
soll jeweils nur kurz, ungefähr 2 bis

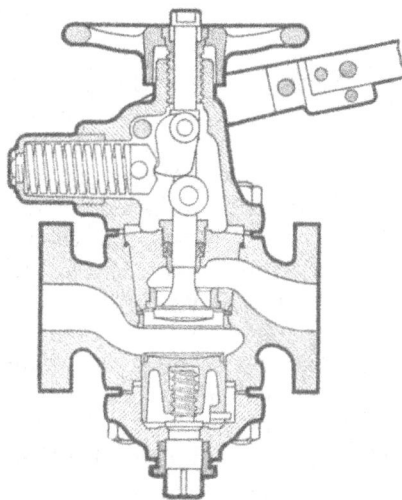

Bild 91.
Abschlämmventil von Gerdts, Bremen.

3 s lang dauern. Da beim Abschlämmen nur der in der Nähe der Ablaßöffnung lagernde Schlamm mitgerissen wird, ist ein längeres Abschlämmen zwecklos und führt nur zu nutzloser Vergeudung heißen
Kesselwassers. Dagegen ist das Abschlämmventil beim Abschlämmen
rasch und vollständig zu öffnen.

Die häufigsten Störungen an Abschlämmventilen rühren
davon her, daß sich harte Gegenstände, wie Holz, Kesselsteinsplitter
oder von der Kesselreinigung zurückgebliebene Eisenstücke zwischen
die Dichtungsfläche setzen und ein Abschließen des Ventils verhindern. Man erkennt solche Störungen an dem auftretenden Geräusch
und daran, daß Kesselwasser und Dampfschwaden am Ende der Ablaßleitung, die sichtbar ausmünden soll, austreten. Wenn durch ein wieder-
holtes Betätigen des Ventils und durch ein Drehen des Ventilkegels der
Fremdkörper nicht beseitigt werden kann und eine weitere Absperrvorrichtung zwischen Kessel und Ventil nicht vorhanden ist, so ist der Kessel
außer Betrieb zu setzen und das Ventil bei drucklosem Kessel auszubauen.

Geringere Undichtheiten des Abschlämmventils, die durch Befühlen
der Ablaßleitung festgestellt werden können, lassen sich in der Regel
durch Drehen des Kegels auf dem Sitz beseitigen.

Zu Beginn jeder Schicht und einige Zeit nach dem Abschlämmen hat der Kesselwärter die Ablaßleitung mit der Hand zu befühlen und in Zweifelsfällen nachzusehen, ob am Ende der Ablaßleitung kein Wasser oder keine Dampfschwaden austreten.

b) Vorrichtungen zur Erkennung und Begrenzung des Dampfdruckes.

α) Das Manometer.

Nach den gesetzlichen Bestimmungen muß mit dem Dampfraum jedes Dampfkessels ein zuverlässiges, nach Atmosphären geteiltes Manometer verbunden sein. Auf dem Zifferblatte des Manometers ist die festgesetzte höchste Dampfspannung durch eine unveränderliche, in die Augen fallende Marke zu bezeichnen. Das Manometer muß die Ablesung des bei der Druckprobe anzuwendenden Probedruckes gestatten. Es muß so angebracht sein, daß es gegen die vom Kessel ausstrahlende Hitze möglichst geschützt ist und daß seine Angabe vom Kesselwärter jederzeit ohne Schwierigkeit beobachtet werden kann. Die Leitung zum Manometer muß mit einem Wassersack versehen und zum Ausblasen eingerichtet sein.

Für Schiffskessel sind 2 Manometer vorgeschrieben, von denen sich das eine auf dem Schiffsdeck befinden muß.

Liegt der Anschlußstutzen am Kessel für das Manometer höher als das Manometer selbst, dann zeigt das Manometer einen höheren Druck an, als im Dampfraum herrscht. Da sich nämlich das Manometerrohr mit Kondenswasser füllt, lastet auf dem Manometer eine zusätzliche Wassersäule, die für je 1 m Höhe den Druck am Manometer um $^1/_{10}$ at erhöht.

Bei den Manometern unterscheidet man Röhrenfedermanometer und Plattenfedermanometer.

Röhrenfedermanometer. Gemäß Bild 92 besitzen diese Manometer als Hauptbestandteil eine aus elastischem Metall hergestellte, flachgedrückte Röhre, welche über ihre Breitseiten zu einem sich nicht ganz schließenden Kreis gebogen ist. Das eine Ende der Röhrenfeder ist geschlossen, das andere dampfdicht mit dem Anschlußstutzen des Manometers verbunden. Wird nun das Manometer an einen Kessel angeschlossen und die Röhrenfeder im Innern unter Druck gesetzt, so streckt sie sich und ihr freies, geschlossenes Ende bewegt sich entsprechend seitlich bzw. aufwärts. Diese Bewegung wird durch eine Hebel- und Zahnradübersetzung auf eine Zeigerwelle übertragen, auf der außer dem Triebrad und dem Zeiger noch das innere Ende einer schwachen Spiralfeder befestigt ist. Durch diese wird das Übersetzungsgetriebe ständig im Eingriff gehalten und somit »toter Gang« im Getriebe vermieden.

Plattenfedermanometer. Bei dem Plattenfedermanometer (Bild 93) ist eine ringförmig gewellte und hierdurch besonders elastische, dünne Metallplatte zwischen zwei Flanschen dampfdicht eingespannt. Der untere der beiden Flanschen bildet die Fortsetzung der Manometeranschlußverschraubung, während der obere Flansch mit dem Manometergehäuse fest verbunden ist. Wird die Plattenfeder unter Druck gesetzt, so biegt sie sich — je nach der Höhe des Druckes — mehr oder weniger stark nach oben durch. In der Mitte der Platte, wo die Durchbiegung am stärksten ist, ist ein Stift fest angebracht, der die Auf- und

Bild 92. Röhrenfedermanometer
der Firma Schäffer u. Budenberg in Magdeburg-Buckau.

Bild 93. Plattenfedermanometer

Abwärtsbewegungen der Plattenfeder durch Hebel- und Zahnradübersetzung auf die Zeigerwelle überträgt. Auf dieser sitzt ebenfalls, zur Verhütung toten Ganges, eine Spiralfeder.

Röhrenfedermanometer eignen sich infolge ihres geringeren Übersetzungsverhältnisses und der kräftig ausgeführten Röhrenfedern besser für Dampfkessel, besonders bei höheren Drücken, als Plattenfedermanometer. Diese sind aber unempfindlicher gegenüber Stößen, so daß sie vorwiegend bei beweglichen Kesseln Anwendung finden.

Störungen an Manometern.

1. Verstopfen des Manometerrohres durch Packungsteile, Rost u. dgl.
2. Einfrieren des Manometers oder des Wassersackes in der Manometerleitung.
3. Durchrosten bzw. Undichtwerden der Manometerfeder.
4. Heißwerden der Feder durch Undichtheiten am Absperrhahn oder am Manometerrohr.

10*

5. Verdrehen der Zeigerwelle, Verschieben des Zeigers und Ecken oder Ausbrechen der Zähne des Zahnrades bzw. des Zahnsegmentes infolge unsachgemäßer Durchführung der Manometerprobe.

6. Ermüdung der Feder.

Bei Beschädigungen des Manometers ist dasselbe nur durch den Hersteller instand setzen zu lassen, da eine Ausbesserung an Manometern ohne besondere Erfahrungen und ohne Spezialwerkzeuge nicht möglich ist.

β) Der Kontrollflansch mit Absperrvorrichtung.

Im Dampfzuleitungsrohr muß vor dem Manometer eine Absperrvorrichtung eingeschaltet sein, die mit einem Kontrollflansch zur Anbringung des Kontrollmanometers zu versehen und als Dreiwegehahn oder Dreiwegeventil auszubilden ist.

Mit Hilfe des Dreiwegehahnes oder -ventils kann das Manometer abgesperrt und drucklos gemacht werden, was zur Abnahme des Manometers und zur Durchführung der »Nullprobe« erforderlich ist, es kann das Kontrollmanometer gleichzeitig mit dem Betriebsmanometer angeschlossen und endlich kann die Manometerleitung ausgeblasen werden. Die Nullprobe, die zur Nachprüfung des Manometers auf richtige Anzeige dient, und das Ausblasen der Manometerleitung sind vom Kesselwärter regelmäßig durchzuführen. Dabei ist zu beachten, daß der Dreiwegehahn bzw. das Dreiwegeventil nur ganz langsam geöffnet und geschlossen wird, da sonst das Manometer durch eine ruckartige Ent- oder Belastung beschädigt werden kann. Es darf ferner kein Dampf in das Manometer gelangen, da sonst die Manometerfeder heiß wird und das Manometer falsch anzeigt.

Hahnstellungen des Kontrollflanschhahnes (Bild 94).

1. Betriebsstellung: Das Manometer ist eingeschaltet, die Leitung zum Kontrollflansch verschlossen.

Bild 94. Manometerdreiweghahn.

2. Entlüftungsstellung: Die Manometerleitung vom Kessel ist abgesperrt, das Manometer ist drucklos und mit der Atmosphäre verbunden. — Nullprobe: Der Hahngriff wird $\frac{1}{4}$ Umdrehung von unten nach rückwärts (auf die dem Kontrollflansch gegenüberliegende Seite) gedreht.

3. **Ausblasestellung**: Das Manometer ist abgesperrt, die Manometerleitung ist mit dem Kontrollflansch verbunden, durch den der Dampf ins Freie entweicht. Drehung des Hahngriffes von unten nach vorne um $1/4$ Umdrehung.

4. **Prüfstellung**: Das Betriebsmanometer und das am Kontrollflansch angebrachte Prüfmanometer stehen zu gleicher Zeit unter Druck, der Hahn ist um $1/2$ Umdrehung gedreht. Diese Stellung darf erst dann hergestellt werden, wenn das Prüfmanometer dicht angeschlossen ist.

Bei Dreiwegeventilen sind in der Regel zwei Ventile vorhanden. Das eine dient zum Absperren der Manometerleitung, das andere zum Einschalten des Kontrollstutzens.

γ) *Das Sicherheitsventil.*

Jeder feststehende Dampfkessel ist mit wenigstens einem zuverlässigen Sicherheitsventil auszurüsten, das eine Drucksteigerung über den höchsten zulässigen Betriebsdruck wirksam verhindert. Jeder bewegliche Dampfkessel muß mindestens mit zwei Ventilen versehen sein, die zusammen die Abblaseleistung besitzen.

Als zuverlässig und wirksam gilt ein Sicherheitsventil, wenn es nachstehenden Anforderungen genügt.

1. Das Ventil muß lüftbar sein.
2. Es muß auf seinem Sitze auch unter Druck gedreht werden können.
3. Der Druckpunkt des Ventilkegels muß in oder besser unter der Dichtungsebene liegen.
4. Der Sitz des Ventils muß eben und
5. der Ventilhub begrenzt sein.

Hinsichtlich der Ventilbelastung unterscheidet man unmittelbar und mittelbar gewichts- und federbelastete Sicherheitsventile.

Bei dem **unmittelbar belasteten** Sicherheitsventil wirkt das Gewicht oder der Federdruck ohne Übersetzung in senkrechter Rich-

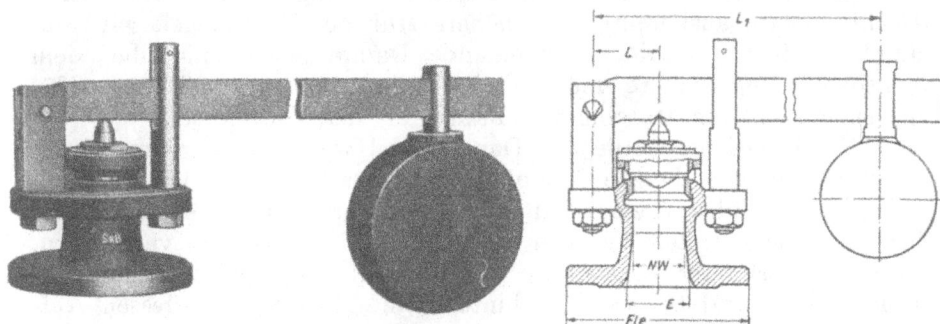

Bild 95. Niederhubsicherheitsventil mit Hebel- und Gewichtsbelastung.

tung auf den Ventilkegel. Da hierzu bei höheren Drücken große Gewichte oder starke Federn erforderlich sind, werden solche gewichtsbelastete Sicherheitsventile nur bei niedrigen Drücken und solche Federventile nur bei kleineren Ventildurchmessern angewendet.

Der auf dem Ventilkörper lastende Dampfdruck wird beim mittelbar belasteten Sicherheitsventil (Bild 95) auf einen einarmigen Hebel übertragen und durch ein nahe am Hebelende angebrachtes Gewicht oder durch eine Zugfeder im Gleichgewicht gehalten.

Federbelastete, sowohl mittelbar wie unmittelbar wirkende Sicherheitsventile (Bild 96) finden hauptsächlich bei beweglichen Kesseln, wie Lokomotiv-, Lokomobil- und Schiffskesseln, Verwendung, weil sie gegen Erschütterungen weniger empfindlich sind als die gewichtsbelasteten.

Sicherheitsventile, bei denen der Raum über dem Ventilkegel vollkommen geschlossen und von dem Hebel durch eine Gehäusewand getrennt ist, die nur vom Druckstift durchdrungen wird, nennt man geschlossene Ventile. Bei ihnen wird der entweichende Dampf oder das austretende Wasser stets seitlich durch einen Stutzen mit Flansch abgeführt. Alle übrigen Ventile,

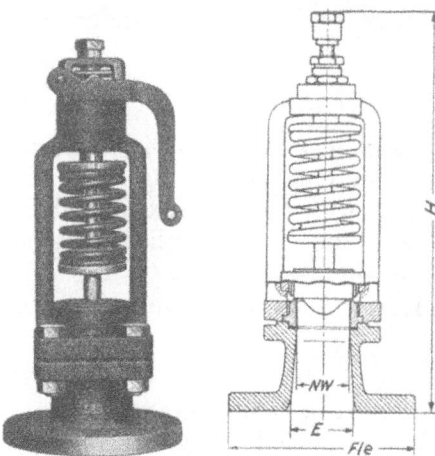

Bild 96. Unmittelbar mit Feder belastetes Sicherheitsventil.

auch wenn sie mit Haube und Abzugsrohr versehen sind, sind offene Ventile.

Die Ventilkegel der Hochhub- und Vollhubsicherheitsventile (Bild 97) erheben sich beim Abblasen höher vom Sitz als die der gewöhnlichen Sicherheitsventile. Ihre Abblaseleistung ist daher größer, weshalb man auch für eine gleiche Dampfleistung mit einem kleineren Hochhubventil auskommt. Der höhere Hub des Ventilkegels wird dadurch bewirkt, daß der ausströmende Dampf gegen eine über dem Ventilkegel angeordnete und mit diesem fest verbundene Platte trifft, die einen größeren Durchmesser besitzt als der Ventilkegel.

Die Sicherheitsventile der Dampfkessel werden von dem zuständigen Kesselprüfer bei der Abnahme des Kessels für den höchsten zulässigen Dampfdruck eingestellt. Um ein Verschieben des Gewichtes bei gewichtsbelasteten Ventilen nach innen oder außen zu verhindern, wird nach erfolgter Einstellung das Gewicht durch zwei Splinte gesichert, die am Hebel vor und hinter dem Gewicht bzw. dessen Aufhängeöse angebracht werden. Bei Gewichten, die mit einer Schneide am Aufhängebügel in einer Kerbe des Hebels hängen, genügt es auch, einen Keil, der zwischen Hebel und Unterkante des Bügels geschoben wird, und der ein Herausspringen der Schneide aus der Kerbe verhindert, zu versplinten.

Fehlt die innere Splintsicherung, so kann beim Anlüften des Ventils zum Prüfen seiner Betriebsfähigkeit oder durch die schwingende Bewegung des Hebels beim Abblasen des Ventils das Belastungsgewicht auf dem Hebel nach dem Ventil zu sich verschieben. Durch den verkürzten Hebelarm wird dann das Ventil vorzeitig abblasen und unter

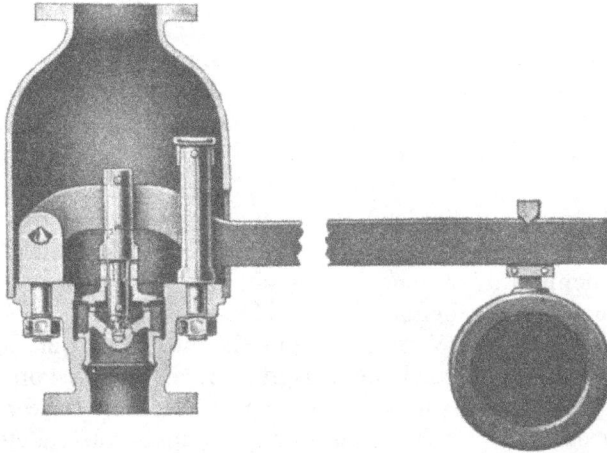

Bild 97. Vollhub-Sicherheitsventil der Firma Schäffer u. Budenberg in Magdeburg-Buckau.

Umständen sich so weit öffnen, daß es während des Betriebes nicht wieder in Ordnung zu bringen ist und der Kessel hierzu außer Betrieb gesetzt werden muß.

Beim Fehlen des äußeren Splintes kann sich das Gewicht nach außen verschieben, so daß das Ventil zu spät abbläst. Es besteht aber auch die Gefahr, daß das Gewicht von dem Hebel herunterfällt und dadurch das Ventil so stark abbläst, daß es nicht mehr geschlossen werden kann, ehe der Kessel drucklos ist.

Federbelastete Sicherheitsventile werden gegen unzulässiges Nachspannen der Feder durch sog. Kontroll- oder Sperrhülsen geschützt, deren Höhen, nach den Angaben des Kesselprüfers, genau zu bemessen sind.

Sicherheitsventile müssen leicht zugänglich sein, damit man sich jederzeit von ihrer Betriebsfähigkeit durch leichtes Anlüften des Hebels überzeugen kann. Entströmen dabei geringe Dampfmengen, so ist das Ventil in Ordnung. Bei unmittelbar belasteten Ventilen ist zur Vornahme dieser Prüfung ein besonderer Lüfthebel, der unmittelbar am Ventilteller angreift, vorgesehen (Bild 96).

Bläst ein Sicherheitsventil nach Angabe des Betriebsmanometers zu früh oder zu spät ab, so ist zunächst festzustellen, ob das Manometer richtig anzeigt (durch Vornahme der »Nullprobe« oder Nachprüfung mittels Kontrollmanometer). Ist dies der Fall, so liegen Störungen am Sicherheitsventil vor, die schnellstens zu beseitigen sind. Wird auch hierdurch das falsche Abblasen nicht beseitigt, so ist der Kesselprüfer zu benachrichtigen, der allein eine Neueinstellung des Ventils vornehmen darf. Unter keinen Umständen dagegen darf die Belastung des Ventils geändert, vor allem nicht erhöht werden.

Zuwiderhandlung gegen diese gesetzliche Bestimmung wird mit Geld- und unter Umständen mit Freiheitsstrafen geahndet.

Ein Kesselwärter, der ein Sicherheitsventil überlastet, beweist damit, daß es ihm an dem für seinen verantwortungsvollen Dienst unbedingt erforderlichen Pflichtbewußtsein und der nötigen Zuverlässigkeit fehlt, und daß er daher für den Heizerberuf durchaus ungeeignet ist.

Störungen an Sicherheitsventilen. Außer in Undichtheiten des Ventilsitzes, durch die das Ventil schon bei niedrigen Drücken Dampf entweichen läßt und zu früh abbläst und die durch Einschleifen des Ventils oder manchmal auch schon durch ein bloßes Drehen des Ventilkegels während des Betriebes behoben werden können, kann die Störung auch in einem Klemmen des Ventils liegen. Es bläst dann zu spät oder gar nicht ab und schließt nach dem Lüften nicht mehr von selbst. Die Gründe hierfür sind in einer zu starken Reibung der Führungsflügel des Ventilkegels oder des Drehbolzens sowie in einem Anstreifen des Ventilhebels in der Hubbegrenzungsgabel oder im Hebelschlitz der Ventilhaube zu suchen. Durch eine gründliche Reinigung und Instandsetzung des Ventils können diese Mängel behoben werden. Endlich können die Störungen aber auch davon herrühren, daß der Ventilhebel nicht mehr waagrecht liegt. Dann ist die Länge des Druckstiftes entsprechend zu verändern und das Ventil durch den Kesselprüfer neu einzustellen.

δ) Das Fabrikschild.

Jeder Dampfkessel muß mit einem Metallschild versehen sein, das folgende Angaben enthält:

1. Name und Wohnort des Kesselherstellers.
2. Jahr der Erbauung des Kessels.
3. Laufende Fabriknummer des Kessels.
4. Festgesetzte höchste Dampfspannung in Atmosphären Überdruck.

Dieses Schild ist durch abstempelbare Niete am Kessel so zu befestigen, daß es auch nach der Einmauerung oder Ummantelung des Kessels sichtbar bleibt. Auf die Niete wird durch den mit der Abnahme des Kessels betrauten Prüfer der behördliche Stempel eingeschlagen, der auch im Prüfungszeugnis zum Abdruck kommt.

ε) *Die Dampfabsperrvorrichtung.*

Nach den gesetzlichen Bestimmungen muß jeder Dampfkessel mit einer zuverlässigen Dampfabsperrvorrichtung versehen sein. Diese kann in einem Absperrventil oder einem Absperrschieber bestehen und ist möglichst unmittelbar am· Kessel anzubringen.

Sind mehrere Dampfkessel mit verschiedenen Drücken an einer gemeinsamen Hauptdampfleitung angeschlossen, so muß in den Verbindungsleitungen der Kessel mit niedrigerem Druck zur Hauptdampfleitung je ein Rückschlagventil (meistens Klappenventil) eingeschaltet sein. Diese Rückschlagventile, die durch einen Überdruck in der Hauptdampfleitung geschlossen werden, verhindern, daß Dampf von Kesseln mit höherer Spannung in Kessel mit niedrigerem Betriebsdruck gelangen kann. Damit diese Kessel aber überhaupt Dampf abgeben können, muß der Dampfdruck der Kessel mit höherer Spannung vor der Hauptdampfleitung durch eine Druckmindereinrichtung entsprechend herabgemindert werden.

ζ) *Das Dampfdruckminderventil.*

Druckminderventile haben den Zweck, Dampf von hoher Spannung in solchen von niedrigerer Spannung umzuwandeln. Dies wird dadurch erreicht, daß der Dampf beim Durchtritt durch einen engen Querschnitt gedrosselt wird. Bei den Druckminderventilen, von denen Bild 98 ein

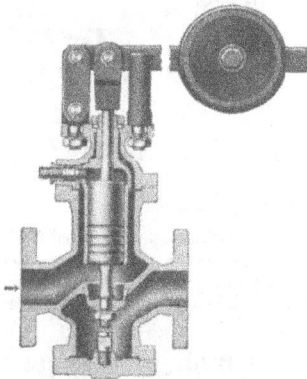

Bild 98. Druckminderventil mit Kolben- und Gewichtsbelastung von Schäffer u. Budenburg in Magdeburg.

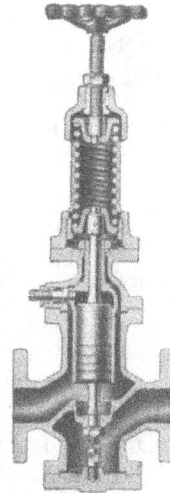

Bild 99. Druckminderventil mit Kolben- und Federbelastung von Schäffer u. Budenburg in Magdeburg.

Ventil mit Hebel und Gewichtsbelastung und Bild 99 ein Ventil mit unmittelbarer Federbelastung zeigt, wird diese Drosselung durch den Ventilkegel erreicht, der entsprechend dem Druck in der Austrittsleitung selbsttätig den erforderlichen Drosselquerschnitt einstellt. Der Ventilkegel wird durch den Gewichts- bzw. Federdruck geöffnet. Dieser Öffnungskraft hält der Dampfdruck in der Austrittsleitung, also der des niedriger gespannten Dampfes das Gleichgewicht. Sinkt er, so öffnet die Belastung das Ventil weiter, steigt er, so drückt der Dampfdruck in der Austrittsleitung den Ventilkegel nach oben. Der Druck des höher gespannten Dampfes in der Eintrittsleitung erzeugt eine nach oben gerichtete Kraft, obwohl die Fläche des Ventilkegels und die des darüber befindlichen Kolbens gleich groß sind, da der Raum über dem Kolben drucklos ist. Der jeweils gewünschte Niederdruck wird durch Verändern der Belastung eingestellt.

Eine andere Reglerart ist in Bild 100 dargestellt. Bei ihr wird der Ventilkegel durch ein Gewicht mit Hebel nach oben und durch einen Kolben, der am gleichen Hebel angreift und auf den der Druck des niedriger gespannten Dampfes wirkt, nach unten bewegt, bis sich der gewünschte Dampfdruck nach dem Ventil einstellt.

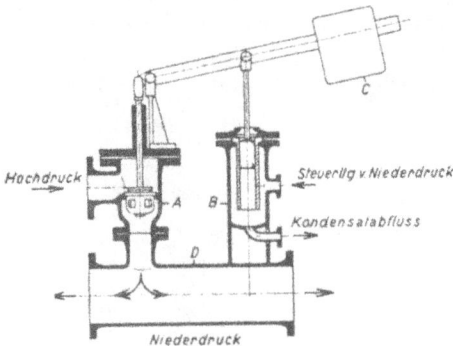

Bild 100.
Dampfdruckminderventil der Firma
A. Lob, Maschinen- u. Apparatebau
G. m. b. H., Düsseldorf.

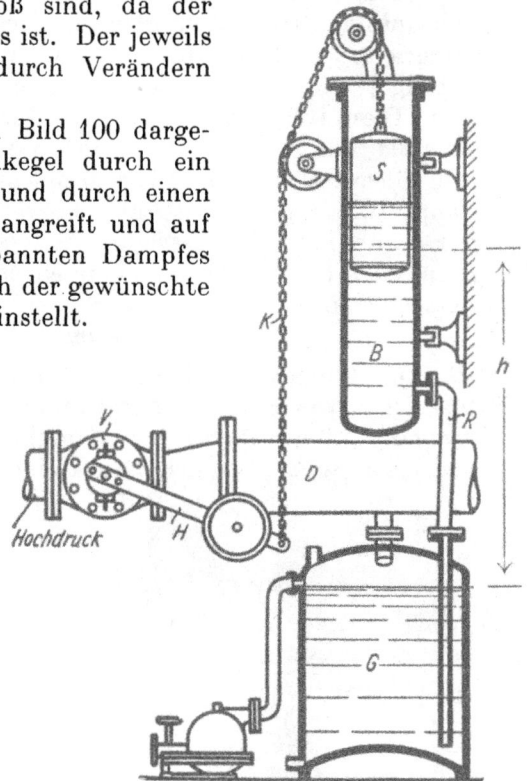

Bild 101. Dampfdruckmindereinrichtung der
Firma: C. F. Scheer u. Cie., Feuerbach.

Bei Niederdruckanlagen ist häufig das in Bild 101 gezeigte Druckminderventil anzutreffen. Der doppelsitzige Kegel des Ventils V wird beim Drehen des Hebels H durch ein Steilgewinde an der Ventilspindel geöffnet bzw. geschlossen. Durch einen Kettenzug K ist dieser Hebel mit einem Schwimmer S verbunden, der sich in einem Behälter B befindet. Ein Gegengewicht auf dem Hebel dient dazu, das Gewicht des Schwimmers auszugleichen. Unter dem Behälter B ist eine Wasservorlage G angeordnet, die bis zum Überlauf mit Wasser gefüllt und mit der Niederdruckdampfleitung, sowie dem Behälter B verbunden ist. Das entstehende Dampfniederschlagswasser wird durch einen Kondenstopf abgeleitet.

Durch den Druck in der Niederdruckleitung wird das Wasser von der Wasservorlage in den Schwimmerbehälter gedrückt. Der Schwimmer wird dadurch angehoben und das Ventil so weit gedrosselt, bis der gewünschte Druck erreicht ist. Der Höhenunterschied des Wasserspiegels entspricht der Niederdruckspannung. Durch Verändern der Gewichtsbelastung, durch die der Schwimmer mehr oder weniger eintaucht, kann die Niederdruckspannung verändert werden.

Bei der Bedienung ist darauf zu achten, daß das untere Gefäß mit Wasser gefüllt ist und der Kondenstopf richtig arbeitet. Selbstverständlich müssen auch der Kettenzug und die Ventilspindel leicht gangbar sein.

Für die richtige Arbeitsweise dieser Einrichtung ist Bedingung, daß

1. die Ventilspindel stets leicht gangbar ist,
2. das untere Gefäß richtig mit Wasser gefüllt ist, also der angeschlossene Kondenstopf einwandfrei arbeitet,
3. der Höhenunterschied h dem niederdruckseitig zu haltenden Druck in m WS entspricht und
4. der Kettenzug keine Hemmungen aufweist.

2. Hilfseinrichtungen an Dampfkesseln.

Zu den Hilfseinrichtungen am Dampfkessel gehören die Vorrichtungen zur Erzeugung von überhitztem Dampf, zur Erwärmung des Speisewassers, zur Speisewasseraufbereitung, ferner die Einrichtungen zur Reinigung der Kesselwandungen, zum Messen der Temperaturen und des Zuges, sowie zur Untersuchung auf der Zusammensetzung der Rauchgase.

a) Der Überhitzer.

Zweck des Überhitzers ist aus Sattdampf durch Zuführung weiterer Wärme überhitzten Dampf zu erzeugen.

α) Aufbau und Anordnung des Überhitzers.

Um gute Wärmeübertragung zu erhalten, ist für den Überhitzer eine hohe Dampfgeschwindigkeit erforderlich. Er wird daher aus einer größeren Anzahl enger Rohre hergestellt, die auf der Außenseite von den Heizgasen umspült werden. Der dem Kessel entnommene Sattdampf wird in einer kleinen Dampfkammer, die meist als Vierkantkasten ausgebildet ist, auf zahlreiche Überhitzerrohrschlangen verteilt und gelangt durch sie nach einer zweiten Dampfkammer, von wo er als überhitzter Dampf der Dampfleitung zugeführt wird. Überhitzer sind in der Regel vom Dampfkessel absperrbar. Sie müssen dann mit einem Sicherheitsventil versehen sein.

Bei den meisten Kesselbauarten wird der Überhitzer zwischen den ersten und zweiten Feuerzug (Bild 59 und 60), bei ausziehbaren Röhrenkesseln und Lokomotivkesseln entweder in die Rauchkammer (Bild 46 und 47) oder in größere Rauchrohre eingebaut.

Man unterscheidet Überhitzer mit liegenden Schlangen, Überhitzer mit hängenden Schlangen und Spiralrohrüberhitzer (Bild 102).

β) Inbetriebnahme des Überhitzers.

Kann man den Überhitzer aus dem Rauchgasstrom ausschalten, so darf er in diesen erst dann eingeschaltet werden, wenn der Kessel an die Dampfleitung zugeschaltet ist und Dampf abgibt. Das Sattdampfventil soll während des Anheizens offen sein. Vor dem Einschalten ist außerdem der Überhitzer gut zu entwässern.

Überhitzer, die vom Rauchgasstrom nicht ausgeschaltet werden können, müssen beim Anheizen mit Wasser gefüllt werden.

Bild 102. Spiralrohrüberhitzer der Maschinenfabrik K. Wolf in Magdeburg-Buckau.

Zu diesem Zweck wird das Ablaßventil des von der Hauptdampfleitung abgesperrten Überhitzers geschlossen und das Absperrventil in der vom Kessel zum Überhitzer führenden Fülleitung sowie das Sattdampfventil geöffnet. Ist der erforderliche Dampfdruck erreicht und soll dem Dampfkessel Dampf entnommen werden, so ist zuvor alles Wasser aus dem Überhitzer zu entfernen. Hierzu wird das Ventil in der Fülleitung abgesperrt und das Ablaßventil solange geöffnet, bis aus ihm kein Wasser, sondern Dampf austritt. Erst dann darf das Ventil in der Verbindungsleitung des Überhitzers zur Hauptdampfleitung geöffnet werden.

γ) Betrieb des Überhitzers.

Der Kesselwärter hat den in der Heißdampfleitung eingebauten Temperaturmesser stets zu beobachten und die Heißdampftemperatur durch entsprechende Maßnahmen so zu regeln, daß sie stets gleichmäßig auf der für den Betrieb erforderlichen Höhe gehalten wird. Zu niedrige Temperatur ergibt einen zu hohen Dampfverbrauch der Kraftmaschinen, zu hohe Temperatur kann zu schweren Schäden an diesen Maschinen führen.

δ) Heißdampftemperaturregelung.

Die Temperaturregelung des Heißdampfes kann rauchgasseitig oder dampfseitig erfolgen. Die rauchgasseitige Regelung setzt einen guten Zustand der Klappen oder Schieber voraus. Durch entsprechende Stellung dieser Vorrichtungen wird der Überhitzer bei zu hoher Dampftemperatur von einem Teil der Rauchgase abgeschaltet.

Für die dampfseitige Regelung der Heißdampftemperatur kommen in erster Linie Oberflächenkühler in Frage, die aus einem in den Wasserraum des Kessels eingebauten flußstählernen Rippenrohr oder Glattrohr bestehen. Ein Regelventil teilt den überhitzten Dampf in zwei Ströme, von denen der eine in den Reglerrohren einen Teil seiner Dampfwärme an den Kesselinhalt abgibt. Nach dem Austritt aus dem Regler vereinigt er sich wieder mit dem anderen hoch überhitzten Teilstrom und kühlt diesen ab. Der Kesselwärter hat es also in der Hand, durch entsprechende Einstellung des Regelventils mehr oder weniger Dampf durch die wassergekühlten Reglerrohre zu schicken und damit die Heißdampftemperatur auf die gewünschte Höhe herabzuregeln. Bei der Reinigung des Kessels muß er allerdings darauf achten, daß die Reglerrohre frei von Kesselstein sind und daß sie dicht halten. Die Durchführung einer besonderen Wasserdruckprobe an dem Heißdampfregler ist zu empfehlen.

Eine weitere Art der Heißdampfregler stellen die Einspritzkühler dar. Sie bestehen aus einem in die Heißdampfleitung eingebauten Hohlkörper, der vielfach mit Prellblechen und dergleichen Einbauten versehen ist und in den vollkommen reines, durch eine Düse fein zerstäubtes Wasser eingespritzt wird. Diese Wassermenge wird selbsttätig in Abhängigkeit von der Dampftemperatur nach dem Einspritzkühler geregelt.

Vielfach ist zur Regelung der Heißdampftemperatur auch eine unmittelbare Verbindungsleitung zwischen der Sattdampf- und der Überhitzeraustrittsleitung vorgesehen. Durch Zusatz von Sattdampf kann dadurch die Heißdampftemperatur herabgeregelt werden. Die Temperatur im Überhitzer aber wird dann noch höher ansteigen, da ja die unmittelbar zugesetzte Sattdampfmenge nicht mehr durch den Überhitzer strömt. Die Überhitzerschlangen werden sich dadurch verziehen und stark abzundern, mit der Zeit sogar aufreißen. Diese Handhabung ist daher nur im Notfall zu verwenden.

ε) Störungen am Überhitzer.

1. Die Überhitzungstemperatur fällt allmählich. Ursachen: Der Überhitzer ist wasser- oder feuerseitig stark verschmutzt; durch schadhafte Rauchgasklappen oder Schieber oder durch schadhafte Trennwände des Kesselmauerwerkes wird er nicht mehr voll durch die Rauchgase beaufschlagt, durch Undichtheiten des Füllventils oder des Heißdampfreglers gelangt Wasser in den Überhitzer bzw. in die Heißdampfleitung.

Solche Undichtheiten sind besonders deshalb gefährlich, weil durch das Kesselwasser Unreinigkeiten in den Dampf gelangen, die dann in den Kraftmaschinen zu schweren Störungen Anlaß geben können.

2. Die Überhitzungstemperatur fällt plötzlich: Ursache: Durch ein Spucken des Kessels wird Wasser mit in den Überhitzer gerissen. Das Spucken kann durch einen zu hohen Wasserstand oder durch einen zu hohen Gehalt des Kesselwassers an Salzen, Schwebestoffen u. dgl. m., sowie durch eine für die Kesselbauart zu hohe Belastung verursacht werden.

3. Die Überhitzungstemperatur steigt zu hoch an: Ursachen: Die Kesselheizfläche ist verschmutzt. Die Sattdampfentnahme ist zu groß, der Kessel ist zu stark belastet.

b) Der Speisewasservorwärmer.

α) Der Abdampfvorwärmer.

Im Abdampfvorwärmer wird das Speisewasser von der Speisepumpe durch ein aus dünnwandigen Kupfer- oder Messingrohren bestehendes Röhrenbündel gedrückt, das in einen Mantel aus Flußstahl oder bei älteren Anlagen aus Gußeisen eingesetzt ist. Der Abdampf umspült diese Rohre im Gegenstrom und gibt dabei einen Teil seiner Wärme an das Speisewasser ab. Das durch die Abkühlung entfallende Dampfniederschlagswasser wird durch einen Kondenstopf abgeleitet.

Störungen an Abdampfvorwärmern können durch Undichtheiten an den Rohren und an ihren Einwalzstellen auftreten. Diese machen sich dadurch bemerkbar, daß die Speisevorrichtung bei sonst gleichen Verhältnissen mehr Wasser fördern muß, und daß aus dem Kondenstopf des Vorwärmers mehr Wasser als sonst austritt.

Bei der Kesselreinigung ist der Vorwärmer zu öffnen und die Rohre innen von Kesselstein oder Schlamm zu befreien.

β) Der Rauchgasspeisewasservorwärmer (Ekonomiser).

Die Rauchgasspeisewasservorwärmer werden am Kesselende in den Rauchgasstrom eingebaut.

Sie dienen dazu, die in den Abgasen enthaltene Wärmemenge weitgehendst auszunützen und mit ihr das Speisewasser aufzuwärmen.

Sind die Rohre so geschaltet, daß das Wasser den Rauchgasen entgegenströmt, der Wassereintritt also auf der Rauchgasaustrittsseite liegt, so spricht man von einem Gegenstromvorwärmer. Vorwärmer, die vom Wasser in der gleichen Richtung der Rauchgase durchflossen werden, heißen Gleichstromvorwärmer.

Je nach der Bauart unterscheidet man gußeiserne Glattrohrvorwärmer, gußeiserne Rippenrohrvorwärmer und Flußstahlvorwärmer, so wie Umlaufvorwärmer.

Glattrohrvorwärmer. Glattrohrvorwärmer (Bild 103) bestehen aus einer Anzahl senkrecht angeordneter, gußeiserner Rohre, die zu einzelnen Gruppen zusammengefaßt oben und unten in gußeiserne, waagrechte Sammelkästen von rechteckigem Querschnitt ohne Dichtung eingepreßt sind. Die Sammelkästen werden je nach der wasserseitigen Schaltung durch Sammelrohre oder Rohrkrümmer miteinander verbunden. Damit die Rohre gereinigt und bei Schadhaftigkeit ausgewech-

Bild 103.
Glattrohr-Rauchgasvorwärmer.

Bild 104.
Rippenrohrekonomiser.
(Vereinigte Ekonomiser-Werke
Düsseldorf.)

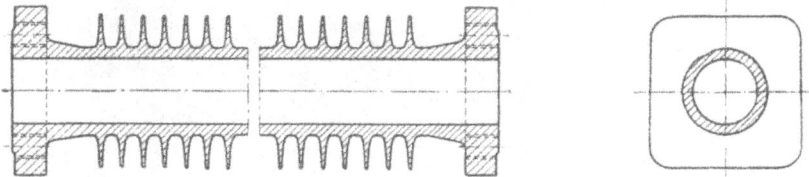

Bild 105. Schnittzeichnung des Babcock-Hochleistungs-Rippenrohres.

selt werden können, sind in den oberen Querkästen für jedes Rohr konische Verschlußdeckel vorgesehen, die von innen ohne Dichtung eingesetzt sind und vom Wasserdruck auf ihren Sitz gepreßt werden.

Zur feuerseitigen Reinigung während des Betriebes ist jedes Rohr mit einem Kratzer ausgerüstet, der durch eine maschinell angetriebene Kette langsam auf- und niedergezogen wird und dabei Ruß- und Flugaschenansätze abstreift. Unterhalb des Vorwärmers angeordnete Trichter dienen zum Auffangen der Flugasche. Sie müssen in regelmäßigen Zeitabständen entleert werden.

Rippenrohrvorwärmer. Rippenrohrvorwärmer (Bild 104 und 105) bestehen aus waagrecht angeordneten, gußeisernen Rohren, an die an der Außenseite, zur Vergrößerung der Heizfläche, Rippen verschiedenster Form und Größe angegossen sind.

Flußstahlvorwärmer. Flußstahlvorwärmer bestehen ähnlich wie die Überhitzer aus einer größeren Anzahl flußstählerner Rohrschlangen, die in gemeinsame Eintritts- und Austrittssammelkästen aus Stahl eingewalzt sind. Wird in solchen Vorwärmern das Wasser nicht nur bis zur Dampftemperatur erwärmt, sondern zum Teil bereits verdampft, so spricht man von Vorverdampfern. Vereinzelt werden die Flußstahlvorwärmer auch als Rippenrohrvorwärmer von annähernd gleicher Form als wie die gußeisernen hergestellt.

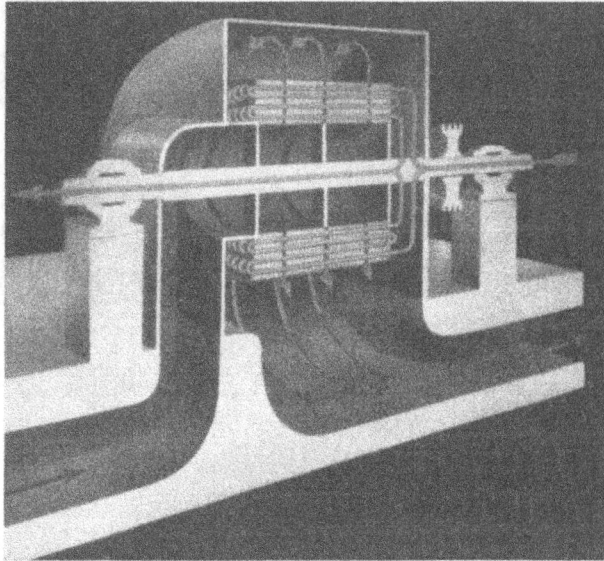

Bild 106. Simmon-Wärmezug.

Umlaufvorwärmer. Der umlaufende Vorwärmer, auch Simmon-Wärmezug genannt (Bild 106), stellt einen Saugzugventilator dar, dessen Schaufelkranz aus vielen kupfernen Rohren besteht, auf die in geringem Abstand Stahllamellen aufgezogen sind. Die Rauchgase werden durch die Fliehkraft mit großer Geschwindigkeit an den Lamellen vorbeigeführt, wodurch ein guter Wärmeübergang gewährleistet wird. Das Wasser wird durch die hohle Achse den umlaufenden Rohren an einem Ende zugeführt und am anderen Ende abgeleitet.

Vorwärmer können hinter einem einzelnen Kessel (Einzelvorwärmer) oder in dem für mehrere Kessel gemeinsamen Rauchgasfuchs (Sammelvorwärmer) aufgestellt werden.

Durch je ein Absperrventil am Wasserein- und -austritt können die meisten Vorwärmer von der Speiseleitung abgeschaltet werden. Damit bei einem Schaden im Vorwärmer dem Kessel trotzdem Wasser zugeführt werden kann, ist es erforderlich, eine unmittelbar in den Kessel führende, absperrbare Umgehungsleitung vorzusehen. Diese ist nur für den Notfall bestimmt.

Kann der Vorwärmer durch Rauchgasschieber oder Drehklappen aus dem Rauchgasstrom abgeschaltet werden, dann kann man etwa notwendig werdende Instandsetzungen auch während des Kesselbetriebes vornehmen. Sind solche Absperrvorrichtungen nicht vorhanden, kann also der Vorwärmer aus dem Rauchgasstrom nicht ausgeschaltet werden, so bleibt bei einem Schaden am Vorwärmer nur die Außerbetriebsetzung des Kessels übrig.

Die Vorwärmer müssen außerdem ausgerüstet sein: mit einem Manometer mit Druckmarke und Schleppzeiger, einem Sicherheitsventil, soweit es sich nicht um nicht absperrbare oder um Verdampfungsvorwärmer handelt, je einem Thermometer am Wasserein- und -austritt und einer Ablaßvorrichtung.

Das Sicherheitsventil wird wegen des Strömungswiderstandes des Wassers und wegen der Stöße in der Speisedruckleitung bei Kolbenpumpen auf einen etwas höheren Druck eingestellt als den Betriebsdruck der zugehörigen Kessel. Selbsttätige Speisewasser-Regelventile müssen bei Einzelvorwärmern vor dem Vorwärmer und bei Sammelvorwärmern zwischen Vorwärmer und Kessel angeordnet werden.

Vor dem Anheizen und der Inbetriebsetzung ist der Vorwärmer mit Wasser zu füllen, wobei die Luft durch ein gesondertes Entlüftungsventil oder durch das Sicherheitsventil vollkommen entfernt werden muß.

Aus dem Rauchgasstrom ausschaltbare Vorwärmer sind feuerseitig erst dann einzuschalten, wenn durch den Vorwärmer gespeist wird, nicht ausschaltbare müssen von Beginn des Anheizens an von Wasser durchströmt werden, das bis zur Inbetriebnahme des Kessels auf der Vorwärmeraustrittsseite wieder abzulassen ist, und zwar zweckmäßig durch das Sicherheitsventil oder das Kesselablaßventil.

Während des Betriebes ist die wasserseitige und feuerseitige Umgehungsleitung geschlossen zu halten. Die Regelung des Zuges soll nach Möglichkeit durch die Rauchgasklappe am Vorwärmerende vorgenommen werden, damit der Vorwärmer nicht unnötig zu hohem Unterdruck ausgesetzt ist.

Der Kesselwärter hat die Speisewasser-Eintritts- und -Austrittstemperatur dauernd zu beobachten. Die Eintrittstemperatur soll nie unter 40° C, bei stark schwefelhaltiger Kohle sogar noch bedeutend höher liegen, da sich sonst Schwitzwasser auf den Rohren bildet, das eine starke Verschmutzung der Rohre herbeiführt und zu schweren Anfressungen selbst gußeiserner Rohre Veranlassung geben kann.

Da in gußeisernen Vorwärmern kein Dampf gebildet werden darf, muß bei diesen die Speisewasseraustrittstemperatur stets unter der Sattdampftemperatur liegen. Bei Rippenrohrvorwärmern genügt hierfür eine Temperaturspanne von ungefähr 10° C. Bei Glattrohrvorwärmern muß nach gesetzlichen Vorschriften bei Betriebsdrücken bis 12 atü eine Temperaturspanne von 30° bis 50° C je nach der Schaltung eingehalten werden, über 12 atü Betriebsdruck darf die Austrittstemperatur 160° C nicht übersteigen. Steigt diese Temperatur dennoch höher, so ist stärker zu speisen und das Ablaßventil des Kessels langsam zu öffnen oder es ist bei Vorhandensein einer Rauchgasumführung diese entsprechend zu öffnen.

Um die Vorwärmer feuerseitig rein zu halten, ist bei Glattrohrvorwärmern die Kratzereinrichtung von Betriebsbeginn an einzuschalten. Bleiben einzelne Kratzer der Kratzereinrichtung hängen, so ist die Kupplungsschraube zwischen Kettenrad und Schneckenrad zu entfernen und der Kratzer mit einer Handkurbel auf- und abwärts zu bewegen, bis die Störung behoben ist.

Rippenrohr- und Flußstahlvorwärmer sind regelmäßig durch Rußbläser auszublasen. Umlaufvorwärmer reinigen sich feuerseitig selbst.

Der Vorwärmer soll täglich während einiger Sekunden durch kräftiges Anheben des Sicherheitsventils entlüftet und durch kurzes Öffnen des Ablaßventils von dem sich ansammelnden Schlamm befreit werden.

Wird die Wasseraufwärmung, d. h. der Unterschied zwischen Ein- und Austrittstemperatur des Wassers, mit der Zeit geringer, so ist nachzusehen, ob Flugaschenablagerungen vorliegen, ob das Mauerwerk noch dicht ist oder ob Rauchgasumführungsklappen beschädigt sind.

Der Vorwärmer kann aber auch wasserseitig einen stärkeren Kesselsteinbelag aufweisen. Glattrohrvorwärmer sind daher nach Öffnen der Verschlußdeckel, Rippenrohrvorwärmer nach Abschrauben der Krümmer innen zu besichtigen und gegebenenfalls zu reinigen. Es empfiehlt sich, diese Besichtigung bzw. Reinigung alle zwei Jahre vorzunehmen. Flußstählerne Vorwärmer, die wasserseitig nicht gereinigt werden können, sind nur mit gut aufbereitetem Wasser zu betreiben.

Damit sich kein Dampf im Vorwärmer bilden kann und etwaige Dampfblasen mit dem Speisewasserstrom mitgerissen werden, soll letzterer dauernd aufrechterhalten werden, also durch den Rauchgasvorwärmer ununterbrochen gespeist werden.

c) Die Speisewasseraufbereitung.

α) *Das Kesselspeisewasser.*

Als Speisewasser kommt gereinigtes Rohwasser und Kondenswasser in Betracht.

Das Rohwasser, so wie es die Natur liefert, ist nie rein. Es kann verunreinigt sein

1. durch feste Stoffe, wie Laub, Holz, Schlamm usw.;
2. durch Gase, meist Kohlensäure und Sauerstoff;
3. durch Mineralstoffe, wie Calcium- und Magnesiumsalze, Kochsalz, Kieselsäure-, Eisen- und Tonerdeverbindungen, schwefelsaures Natrium u. a.;
4. durch organische Stoffe, z. B. Humusstoffe in Moorwässern, Öl.

Die Calcium- und Magnesiumsalze verursachen die sog. **Härte des Wassers**. Die durch Calciumsalze verursachte Härte wird **Kalkhärte**, die durch Magnesiumsalze verursachte Härte wird **Magnesiahärte** genannt. Kalkhärte und Magnesiahärte zusammen ergeben die Gesamthärte des Wassers.

Nach der Art der Bindung von Calcium und Magnesium an Säuren unterscheidet man: **Karbonathärte** (= doppelkohlensaure Salze = Bikarbonate von Calcium und Magnesium) und **Nichtkarbonathärte** (= Sulfate, Chloride, Nitrate und Calcium und Magnesium). Karbonathärte und Nichtkarbonathärte zusammen ergeben gleichfalls die Gesamthärte.

Als Maß für die Wasserhärte ist bei uns der sog. **deutsche Härtegrad** (^{0} d) eingeführt. 1^0 d (1 deutscher Härtegrad) wird in 1 l Wasser durch 10 mg (Milligramm) Kalk (Calciumoxyd) oder durch 7,19 mg Magnesia (Magnesiumoxyd) hervorgerufen.

Enthält also z. B. 1 l Wasser 100 mg Kalk und 36 mg Magnesia, so ist die Kalkhärte $100 : 10 = 10^0$ d, die Magnesiahärte $36 : 7,19 = 5^0$ d. Daraus ergibt sich die Gesamthärte zu 10^0 d $+ 5^0$ d $= 15^0$ d.

Wasser mit einer Gesamthärte unter 8^0 d ist weich, Wasser von 8^0 d bis 16^0 d ist mittelhart, Wasser mit einer Gesamthärte über 16^0 d ist hart.

Verhalten des ungereinigten Rohwassers im Kessel. Wird ungereinigtes Rohwasser im Kessel verdampft, so zersetzen sich die im Wasser gelösten doppelkohlensauren Magnesia- und Kalksalze in freie Kohlensäure, einfach kohlensaure Magnesia und einfach kohlensauren Kalk. Erstere geht mit den übrigen im Wasser gelösten Gasen — von Anfang an vorhandene freie Kohlensäure, vorhandener Sauerstoff und Stickstoff —, soweit sie nicht anderweitig verbraucht wird, mit dem Dampf fort, während die einfach kohlensauren Salze, im Wasser unlöslich, als Stein oder Schlamm ausfallen. Gips (= schwefelsaurer Kalk) und Erdalkali-(= Calcium- und Magnesium-)Silikate bilden Kesselstein.

Die leicht löslichen Stoffe, wie Magnesiumchlorid, Kochsalz, schwefelsaures Natrium u. a. reichern sich bei fortschreitender Verdampfung im Kesselwasser an, bewirken Anfressungen an den Kesselwandungen, stoßweises Kochen und Schäumen des Wassers.

Das Kondenswasser oder Dampfniederschlagswasser kann Stoffe enthalten, die seine unmittelbare Verwendung als Kesselspeisewasser in Frage stellen.

Als schädliche Beimengungen kommen u. a. vor: Öl im Kondensat von Kolbendampfmaschinen, Sauerstoff, Kohlensäure, Rohwasser von undichten Kondensatoren herrührend, sowie aus der Fabrikation herstammende Stoffe verschiedenster Art.

β) *Durchführung der Speisewasseraufbereitung.*

Die Aufgabe der Speisewasseraufbereitung besteht darin, durch entsprechende Behandlung ein an sich zur Kesselspeisung ungeeignetes oder schlecht geeignetes Wasser so zu verändern, daß es ohne Nachteil als Kesselspeisewasser verwendet werden kann. Es ist grundsätzlich anzustreben, die Wasserbehandlung vor dem Einspeisen des Wassers in den Kessel vorzunehmen.

Die Kesselspeisewasseraufbereitung umfaßt die Entfernung der mechanischen Verunreinigungen, der organischen Stoffe, der Härtebildner und der schädlichen Gase.

Die Entfernung der mechanischen Verunreinigungen wie Laub, Holz usw. geschieht durch Rechen und Siebe, die der Wasserentnahme vorgesetzt sind. Schwebestoffe hält man durch Kiesfilter zurück; Sinkstoffe läßt man in Klärbecken absetzen.

Die Entfernung der organischen Stoffe. Organische Stoffe können durch Bildung saurer Abbaustoffe im Dampfkessel Anfressungen verursachen. Während des Betriebes scheiden sie sich auch zum Teil mit den Härtebildnern aus und geben mit diesen beim Festbrennen an stark beheizten Stellen Ablagerungen, die zu Ausbeulungen Anlaß geben können. Sie begünstigen das Schäumen des Kesselwassers und erschweren die Wasserenthärtung. Man entfernt die organischen Stoffe durch »Ausflocken« z. B. mit Aluminium- und Eisensalzen und darauffolgende Filterung.

Einer der gefährlichsten organischen Stoffe ist wegen seiner wärmestauenden Eigenschaft das Öl. Es muß aus dem Wasser möglichst weitgehend entfernt werden. Die Hauptmenge des Öles im Abdampf beseitigt man durch Vorentölung mittels besonderer in die Abdampfleitung eingebauter Abdampfentöler. Durch nachfolgende Filterung des Niederschlagwassers über Stoffe mit großer Oberfläche, z. B. Holzwolle, Koks, in Filtern mit mehreren Kammern, kann unter der Voraussetzung langsamen Wasserdurchflusses und rechtzeitiger Erneuerung der Filterstoffe das im vorentölten Wasser noch enthaltene Öl bis auf einen für weniger empfindliche Kessel unschädlichen Rest von durchschnittlich 3 bis 5 mg/l entfernt werden. Für empfindliche Kessel ist eine noch bessere Entölung erforderlich, z. B. durch Ausflockung, Elektrolyse, Filterung über aktive Kohle. Ölhaltiges Einspritzkondensat wird im Wasserreiniger gleichzeitig enthärtet und entölt. Bei entsprechend großer Wasserreinigungsanlage kann auch das im Holzwollefilter u. ä. vorentölte Kondensat mit dem zu enthärtenden Rohwasser zur Entölung über den Wasserreiniger geschickt werden.

Die Entfernung der Härtebildner. Die Entfernung der Härtebildner (= Enthärtung) kann geschehen:

1. auf chemischem Wege, entweder durch Zusatz von Fällmitteln, z. B. gebranntem Kalk, Ätznatron, Soda, Trinatriumphosphat oder durch Filterung über sog. basenaustauschende Stoffe (= Zeolithe), z. B. Permutit, Invertit, Wofatit u. a. m.;
2. durch Kochen des Wassers (= thermisch), nötigenfalls unter Zusatz von Fällmitteln (= thermisch-chemisch);
3. durch Verdampfung.

γ) *Enthärtung auf chemischem Wege.*

Das Kalk-Soda-Verfahren. Das Kalk-Soda-Verfahren ist für alle Calcium- und Magnesiumsalz enthaltenden Wässer anwendbar und besonders gut für Wässer mit viel freier Kohlensäure, hoher Karbonathärte und hohem Gehalt an Magnesiumsalzen geeignet. Der Kalk schlägt die freie Kohlensäure und die Karbonathärte nieder und verwandelt die Magnesiumsalze in unlösliches Magnesiumhydroxyd. Die Soda beseitigt die Nichtkarbonathärte. Alle Kalksalze werden in unlösliches Calciumkarbonat verwandelt. Das Verfahren liefert ein Reinwasser, das salzärmer ist als das Rohwasser, weil die Ausfällung der freien Kohlensäure und der Karbonathärte ohne die Bildung von leichtlöslichen Salzen verläuft. Um eine möglichst weitgehende Enthärtung bis auf 0,5° d und darunter zu erzielen, müssen die Fällmittel, wie übrigens bei allen Fällverfahren, im Überschuß angewendet werden. Dabei ist der Sodaüberschuß so groß zu nehmen, daß der Kalküberschuß unter Bildung von unlöslichem Kalkkarbonat unschädlich gemacht wird und überdies noch Soda im Reinwasser nachgewiesen werden kann. Das Wasser muß mit den Zusätzen gründlich durchmischt werden. Die Enthärtung ist in genügend großen Behältern und bei möglichst hoher Temperatur vorzunehmen, wobei das Wasser zugleich bis zu einem gewissen Grad entlüftet wird.

Zur Durchführung des Verfahrens genügt bei kleinen Kesselanlagen mit Tagesbetrieb und einfachen, wenig empfindlichen Kesseln ein einfacher Klärbehälter. Der Behälter muß den Tagesbedarf an Zusatzwasser fassen. Die nutzbare Höhe dieses Klärbehälters, d. h. die Höhe zwischen dem Überlauf und dem rd. 20 cm über dem Behälterboden liegenden Ablaufstutzen, ist zweckmäßig nicht über 100 cm zu wählen, um eine möglichst rasche Klärung des Wassers zu erzielen. Zur Anwärmung des Wassers zwecks Beschleunigung der Enthärtung und Klärung wird in den Behälter eine Heizschlange eingebaut, die mit Abdampf beheizt wird. Die Mischung des Wassers mit den Chemikalienzusätzen erfolgt in diesem Falle von Hand mittels Krücke. Wo Frischdampf verwendet werden muß, erfolgt das Anwärmen und die Mischung gemeinsam mit einer Frischdampfanwärmdüse. Zur Verringerung von Wärmeverlusten wird der Behälter zweckmäßig gegen Abkühlung geschützt. Der Betrieb einer solchen Anlage ist folgendermaßen:

Der Behälter wird abends mit Wasser für den nächsten Tag gefüllt. Dann wird das Wasser erwärmt und mit den durch eine Rohwasseruntersuchung ermittelten Zusätzen gut vermischt, worauf die Härtebildner sofort auszufallen beginnen. Am anderen Morgen kann das klare, weiche Wasser unmittelbar aus dem Behälter gespeist werden. Der am Behälterboden abgelagerte Schlamm ist von Zeit zu Zeit durch eine im Behälterboden angebrachte Entleerung zu entfernen. Es kann auch mit zwei übereinandergestellten, gleich großen Behältern gearbeitet werden. Der obere Behälter dient dann als Fäll- und Klärbehälter, der untere als Speisebehälter.

Bei der Bedienung eines solchen Reinigers ist folgendes zu beachten:

Der abgewogene Kalk (Ätzkalk, gebrannter Weißkalk) wird vor seiner Verwendung mit kaltem Wasser gelöscht, dann mit Wasser zu Kalkmilch angerührt und als solche dem Wasser zugesetzt. Die Soda (kalzinierte = wasserfreie Soda des Handels) wird in heißem Wasser aufgelöst und als etwa 10proz. Lösung verwendet. Beim Abwägen der Zusätze ist zu berücksichtigen, daß handelsüblicher gebrannter Kalk etwa 80% Reinkalk, die handelsübliche kalzinierte Soda etwa 98% Reinsoda enthält. Zur Bereitung der Kalkmilch und der Sodalösung ist möglichst reines Wasser, z. B. Kondensat, zu nehmen, denn hartes Wasser verbraucht einen der Härte und der Menge des benützten Anmachwassers entsprechenden Teil der Zusätze zu seiner eigenen Enthärtung. Soda und Kalk zieht aus der Luft Feuchtigkeit an, Kalk außerdem auch Kohlensäure, wodurch eine Verminderung des Wirkungswertes der Fällmittel eintritt. Um dies zu verhindern, müssen sie trocken und vor Luftzutritt geschützt aufbewahrt werden. Bewährt haben sich z. B. mit Blech ausgeschlagene Holzkisten mit gut schließenden und mit starkem Filz abgedichteten Deckeln, die in trockenen Räumen aufgestellt werden. Es ist ferner zu beachten, daß Kalk und Soda ätzende Stoffe sind, mit denen vorsichtig umzugehen ist.

Ist der stündliche Zusatzwasserbedarf einer Kesselanlage so groß, daß die Wasseraufbereitung in einfachen Klärbehältern zu platzraubend wäre, dann wird die Enthärtung in einer sog. selbsttätigen Wasserreinigungsanlage durchgeführt. Das ist eine Einrichtung, welcher während des Betriebes ständig Rohwasser und Chemikalienlösung in einem auf die Rohwasserhärte und die Rohwassermenge eingestellten Mengenverhältnis zufließt. Beim Abstellen oder vorübergehenden Unterbrechen der Kesselspeisung wird der Wasser- und Chemikalienzufluß in der Regel durch Schwimmerventile ausgeschaltet.

Eine solche selbsttätige Wasserreinigungsanlage für das Kalk-Soda-Verfahren besteht meistens aus Stufenvorwärmer, Wasserverteilung, Misch- und Klärbehälter, Kalksättiger, Sodazuteilung und auswaschbarem Kiesfilter. Der Kalk wird gewöhnlich in Form von gesättigtem Kalkwasser verwendet. Auf die richtige Kalkwasserherstellung ist größtes Gewicht zu legen. Fehler in der Wasserenthärtung nach dem Kalk-Soda-Verfahren lassen sich fast immer auf eine fehlerhafte Kalkwasserherstellung zurückführen. Zum Betrieb des Kalksättigers ist kaltes Wasser von möglichst gleichbleibender Temperatur zu verwenden, weil die Löslichkeit des Kalks in Wasser mit steigender Temperatur abnimmt. Das vom Kalksättiger in den Wasserreiniger abfließende Kalkwasser muß vom Beginn bis zur Beendigung der täglichen Betriebzeit mit Kalk gesättigt sein. Ein bei gewöhnlicher Temperatur mit Kalk gesättigtes Wasser enthält etwa 1,2 g Ätzkalk im Liter. Die Soda wird in Form von 10proz. Lösung verwendet.

Die bei der Enthärtung sich bildenden Niederschläge setzen sich zum größten Teil im Klärbehälter ab, der Rest wird vom Filter zurückgehalten, das in regelmäßigen Zeitabständen ausgewaschen werden muß. Der Kalksättiger und die Klärbehälter müssen regelmäßig entschlammt werden.

Das Ätznatronverfahren. Ätznatron wirkt wie Ätzkalk auf die freie Kohlensäure, auf die Karbonathärte und die Magnesiumsalze ein. Es entsteht aber bei den Umsetzungen nicht wie bei der Verwendung von Ätzkalk aus der freien Kohlensäure und der halbgebundenen Kohlensäure der Karbonathärte nur unlöslicher kohlensaurer Kalk, sondern kohlensaurer Kalk und Soda, die im Wasser löslich ist und auf die Nichtkarbonathärte des Wassers fällend einwirkt. Reicht die entstehende Soda zur Fällung der gesamten Nichtkarbonathärte des Wassers nicht aus, so ist eine entsprechende Menge Soda außer Ätznatron bei der Enthärtung noch zuzusetzen.

Das Ätzkalk-Ätznatron-Verfahren. Diese Art der Enthärtung ist bei Wässern mit hoher Karbonat- und geringer Nichtkarbonathärte anwendbar und z. B. dann angezeigt, wenn bei einer Kalk-Soda-Anlage der Kalksättiger für die verlangte Leistung zu klein ist. Dem Wasser wird so viel Ätznatron zugesetzt, daß außer der zur Ausfällung der Nichtkarbonathärte erforderlichen Soda noch ein ausreichend großer Überschuß an Soda in dem zu enthärtenden Wasser entsteht. Was noch an Karbonathärte nach der Umsetzung im Wasser verbleibt, wird durch Ätzkalkzusatz gefällt.

Das Sodaverfahren. Bei diesem Verfahren, das heute wohl allgemein in Verbindung mit Rückführung von Kesselwasser in den Wasserreiniger angewendet wird, wird die Nichtkarbonathärte wie üblich durch Sodazusatz ausgefällt. Der Ätznatrongehalt des alkalischen, in den Wasserreiniger zurückgeführten Kesselwassers entfernt die Karbonathärte und verbindet sich mit der freien, sowie der halbgebundenen Kohlensäure zu Soda. Die Magnesiumsalze werden als Hydroxyd gefällt.

Um von der Inbetriebnahme eines Kessels an einen genügenden Gehalt an Ätznatron im Kesselwasser zu haben, setzt man ihm eine von Fall zu Fall zu errechnende Menge Ätznatron oder Soda (Alkali) bei jeder Neufüllung zu. Aus der mit dem gereinigten Wasser in den Kessel gelangenden Soda entsteht dort — je nach der Höhe des Kesseldruckes in mehr oder weniger großer Menge — unter Kohlensäureabspaltung Ätznatron. Bei niedrigem Kesseldruck ist die Ätznatronbildung aus Soda im Kessel gering, so daß sich in diesem Falle das Soda-Verfahren mit Kesselwasserrückführung für Wässer mit hohem Gehalt an freier Kohlensäure, hoher Karbonathärte und hohem Gehalt an Magnesiumsalzen wenig eignet. Man müßte bei solchem Wasser den Kessel entweder sehr stark alkalisch fahren oder sehr viel Kesselwasser geringerer Alkalität in den Reiniger zurückführen. Ersteres ist mit Rücksicht auf die Erhaltung der Armaturen unerwünscht, letzteres bedeutet eine starke Erhöhung der Speisepumpenleistung und der Wärmeverluste.

Das Phosphatverfahren. Phosphat ist heute bei der Wasseraufbereitung für Kessel mit hohem Druck unentbehrlich, um diese steinfrei fahren zu können. Die Wasseraufbereitung mit Phosphat führt man aus wirtschaftlichen Gründen meistens wie die Enthärtung mit Soda durch, indem man eine Wasserreinigungsanlage mit Kesselwasserrückführung benützt. Bezüglich der Eignung des Verfahrens gilt das für das Sodaverfahren Gesagte. Wässer, die sich mit Phosphat allein und nach dem obigen Verfahren mit Kesselwasserrückführung nicht wirtschaftlich enthärten lassen, werden zunächst nach einem anderen Verfahren, z. B. mit Kalk, Kalk und Soda, vorenthärtet; Phosphat wird dann nur zum Niederschlagen der nach der Vorenthärtung im Wasser noch vorhandenen Resthärte benützt.

Das Basenaustauschverfahren. Beim Basenaustauschverfahren erfolgt im Gegensatz zu den bisher beschriebenen Fällverfahren die Wasserenthärtung mit sog. basenaustauschenden Stoffen. Das Verfahren ist unempfindlich gegen größere Härteschwankungen, arbeitet ohne Bildung von Niederschlägen und enthärtet schon bei gewöhnlicher Temperatur bis unter $0,1^{\circ}$ d. Als Austauscher werden natürlich vorkommende und künstlich hergestellte Austauscher verwendet.

Am bekanntesten und z. Z. noch am verbreitetsten sind die Natriumaustauscher (z. B. Natrium-Permutit). Sie enthärten, indem sie ihr Na-

trium gegen Calcium und Magnesium der entsprechenden Salze austauschen. Das Rohwasser darf bei der Enthärtung jedoch nicht heiß sein.
Bei der Wasserenthärtung mit Natriumaustauschern entstehen aus der
Nichtkarbonathärte des Wassers die entsprechenden Neutralsalze, wie
Natriumsulfat, Natriumchlorid usw.; aus der Karbonathärte bildet sich
die entsprechende Menge Natriumbikarbonat. Dieses verwandelt sich
beim Erhitzen des Wassers unter Kohlensäureabspaltung in Soda, die
sich beim weiteren Erhitzen unter Druck im Kessel in Kohlensäure
und Ätznatron spaltet. Wird daher ein stark karbonathärtehaltiges
Wasser mit einem Natriumaustauscher enthärtet und stehen keine aus-
reichenden Mengen Kondensat als Verdünnungsmittel zur Verfügung, so
reichert sich das Wasser im Kessel in kurzer Zeit unerwünscht hoch mit
Soda und Ätznatron an.

Dies kann vermieden werden, indem man die Hauptmenge der
Karbonathärte des Rohwassers durch Entkarbonisierung, z. B. mit
gebranntem Kalk, entfernt.

Zur Durchführung des Verfahrens benützt man sog. Basenaus-
tauschfilter. Das sind zylindrische Behälter, die den Basenaustausch-
stoff enthalten und beim Hindurchleiten von Rohwasser eine für jedes
Filter bestimmte Menge Härtebildner austauschen. Ist das Filter durch
Aufnahme der höchstzulässigen Menge von Härtebildnern erschöpft,
so muß es durch Überleiten einer Kochsalzlösung »regeneriert«, d. h.
wiederbelebt werden. Dabei bildet sich der Natriumaustauschstoff zurück. Nach der Regeneration muß das Filter gut ausgewaschen werden,
da sonst Magnesiumchlorid enthaltende Regenerationslauge in das
Speisewasser gelangt und im Kessel Anfressungen verursachen kann.

Mit den neuen »Wasserstoff-Austauschern«, z. B. dem Wasserstoff-
permutit der Permutit AG. Berlin, das unter dem Namen Orzelith in
den Handel kommt, entsteht beim Umsetzen kein Bikarbonat und kein
Neutralsalz, sondern freie Kohlensäure und freie Mineralsäure, da hier
Wasserstoff gegen die Härtebildner ausgetauscht wird. Der Wasser-
stoffaustauscher kann sowohl durch Natriumsalze als auch durch Säuren
wiederbelebt werden.

Damit im praktischen Betrieb keine freie, schädliche Mineralsäure
in das Reinwasser gelangt, wird hierzu Säure und Salz verwendet. Dadurch liefert der Austauscher ein salzarmes Wasser, das an Säure nur
freie Kohlensäure enthält, die durch Entgasung entfernt wird.

Mit Orzelith kann Wasser bis etwa 70° Temperatur enthärtet
werden.

Ein durch Basenaustausch aufbereitetes Wasser muß, wenn es
zur Speisung von Hochdruckkesseln mit mehr als 20 atü Betriebsdruck
dient, einen Zusatz von Phosphat erhalten.

Das bei gewöhnlicher Temperatur durch Basenaustausch enthärtete
Wasser ist im Gegensatz zu dem bei hoher Temperatur nach einem Fäll-

verfahren aufbereiteten Wasser nicht entlüftet. Um daher Korrosions-
schäden im Kessel zu vermeiden, muß das Wasser nachträglich bei mittleren Kesseldrücken auf mindestens 90° erhitzt werden. Bei hohen
Kesseldrücken ist, wie bei den Fällverfahren, eine regelrechte Entgasung
des Wassers erforderlich.

δ) *Thermische und thermisch-chemische Enthärtung.*

Bei der thermischen und thermisch-chemischen Enthärtung wird
das Wasser in der Regel in sog. Plattenkochern gekocht. Dabei wird die
Karbonathärte unter Kohlensäureabspaltung zersetzt. Der kohlensaure
Kalk scheidet sich aus, das kohlensaure Magnesium bleibt z. T. gelöst.
Zugleich findet eine Entgasung statt. Das thermische Verfahren leistet
also nur dann gute Dienste, wenn das Wasser keine Nichtkarbonathärte
und nur wenig Magnesiumbikarbonat enthält. Wässer mit Nichtkarbonathärte und größeren Mengen Magnesiumsalzen müssen bei der Enthärtung einen Zusatz von Soda oder Soda und Ätznatron erhalten. Das
Verfahren wird dadurch zum thermisch-chemischen.

ε) *Enthärtung durch Verdampfung.*

Das Verfahren der Enthärtung durch Verdampfung beruht auf der
Überführung des Wassers in Dampf und Zurückverwandlung des Dampfes
in Wasser durch Kühlung. Dabei bleiben die Härtebildner und die sonstigen im Wasser enthaltenen Salze in der Verdampfungseinrichtung, dem
Verdampfer, zurück. Karbonatharte Wässer werden zur Vermeidung
einer vorzeitigen Verschmutzung der Verdampfer vorher entkarbonisiert.
Mit der Verdampfung ist zugleich auch eine Entgasung verbunden,
so daß bei richtiger Handhabung des Verfahrens Wasser von höchster
Reinheit gewonnen wird. Der Trockenrückstand eines guten Ver-
dampferdestillates beträgt höchstens 10 mg/l. Das Verfahren kommt
hauptsächlich bei Werken mit geringem Zusatzwasserbedarf, z. B. Kraft-
werken, in Betracht.

ζ) *Entfernung der schädlichen Gase (Entgasung).*

Die Entfernung schädlicher Gase — als solche kommen für gewöhnlich nur Kohlensäure und Sauerstoff in Frage — geschieht für die Zwecke
des Kesselbetriebes in der Regel durch Auskochen des Wassers unter
Atmosphärendruck oder unter vermindertem Druck in besonderen Ent-
gasungsanlagen. Die letzten Sauerstoffreste werden, falls erforderlich,
durch Behandlung des Wassers mit Natriumsulfit entfernt. Dieses bindet
den Sauerstoff unter Bildung von Natriumsulfat.
Entgastes Wasser muß sorgfältig vor der Berührung mit Luft geschützt werden, da besonders gasfreies, weiches und salzarmes Wasser
mit großer Begierde wieder Gase aufnimmt. Auf Pumpen und Saugleitungen ist daher besonders zu achten. Wo Zwischenbehälter zur Auf-

speicherung von entgastem Wasser vorhanden sind, unterhält man ein Dampfpolster unter geringem Druck über dem Wasser, um die Aufnahme von Luft zu verhindern. Es empfiehlt sich, nicht nur das Zusatzwasser, sondern das gesamte Speisewasser, d. h. Zusatzwasser und Kondensat, zu entgasen.

d) Die Kesselspeisewasserpflege.

Die Wasseraufbereitung ist nur dann von gutem Erfolg, wenn sie durch regelmäßige Untersuchung aller in Betracht kommenden Wässer, vor allem des enthärteten Wassers und des Wassers im Dampfkessel sorgfältig überwacht wird. Nur so ist es möglich, Unregelmäßigkeiten in der Speisewasseraufbereitung rechtzeitig zu erkennen und Beschädigungen des Kessels durch ungenügend aufbereitetes Wasser zu verhindern.

Für die Wasseruntersuchungen in kleinen und mittleren Kesselanlagen genügen einfache, rasch auszuführende Verfahren.

Einfache Anweisung für die Untersuchung des gereinigten Wassers, des Wassers aus dem Kalksättiger und des Kesselwassers.

Allgemeines. Es ist täglich mindestens einmal das enthärtete Wasser und bei Wasserreinigungsanlagen nach dem Kalk-Soda-Verfahren auch das Wasser aus dem Kalksättiger zu untersuchen. Dabei ist es zweckmäßig, die zu untersuchenden Wasserproben nicht immer zur gleichen Stunde zu entnehmen, um so ein Urteil über das Arbeiten des Wasserreinigers während einer längeren Betriebsdauer zu gewinnen. Das Wasser im Kessel soll ebenfalls möglichst täglich untersucht werden. Sind mehrere Kessel vorhanden, so können sie abwechselnd zur Untersuchung herangezogen werden.

Beim gereinigten Wasser erfolgt die Probeentnahme hinter dem Filter des Wasserreinigers, beim Kalkwasser am Einlauf desselben in das Mischrohr, soferne keine besonderen Probeentnahmestellen vorgesehen sind. Kesselwasser wird am Wasserstand nach vorherigem kräftigem Durchblasen desselben entnommen. Für genaue Untersuchungen, insbesondere bei hohen Kesseldrücken, ist die Zwischenschaltung einer Kühlschlange erforderlich.

Die Untersuchung der Wasserproben erfolgt unmittelbar im Anschluß an die Entnahme, am besten bei gutem Tageslicht. Die Wasserproben müssen zur Untersuchung kalt und klar gefiltert sein. Insbesondere die Kalkwasserprobe darf man vor der Untersuchung nie lange stehenlassen, weil sich sonst an der Oberfläche der Wasserprobe infolge von Kohlensäureaufnahme eine Haut von unlöslichem kohlensaurem Kalk bildet; die Untersuchung wird dann falsch.

Die zu den Untersuchungen benützten Geräte und Lösungen müssen peinlichst sauber gehalten werden. Zerbrochene Geräte sind sofort zu ersetzen, fehlende Lösungen zu ergänzen. Zur Entnahme der Wasserproben eignen sich am besten emaillierte Gefäße von je etwa $\frac{1}{4}$ l Inhalt, mit Ausguß, nach Art der Milchtöpfe. Sie sind vor dem Einfüllen der endgültigen Wasserprobe mit dem zu untersuchenden Wasser mehrmals auszuspülen; nach Gebrauch sind sie gereinigt aufzubewahren. Der Kesselwärter bedenke stets, daß aus dem Zustand des Gerätes auf die Arbeit und die Person geschlossen wird.

Im allgemeinen sind folgende Untersuchungen auszuführen:

Beim Kalkwasser: Untersuchung auf Ätzkalkgehalt. Beim gereinigten Wasser ist das Aussehen der Probe festzustellen. Zu bestimmen ist die Resthärte, die Alkalität und bei Phosphatbehandlung außerdem der Phosphatüberschuß. Kesselwasser ist zu untersuchen auf Alkalität und Gesamtgehalt an gelösten Salzen; bei Phosphatbehandlung kommt dazu ebenfalls die Prüfung auf Phosphatüberschuß.

Zur Untersuchung benötigte Geräte und Lösungen.

α) Geräte.

1. Ein Meßgefäß (entweder eine kleine Rollflasche oder ein Meßzylinder) mit Eichmarke bei 28 und 14 cm³.
2. Je ein Tropfglas, 50 cm³ Inhalt, für die Methylorange- und für die Phenolphthaleinlösung.
3. Eine in $^1/_{10}$ cm³ geteilte Meßbürette, 10 cm³ fassend, mit feiner Auslaufspitze und Schellbachstreifen, mit Stativ.
4. Ein Schüttelzylinder zur Härtebestimmung in Wasser nach Boutron-Boudet.
5. Ein Härteprüfer mit Einteilung nach deutschen Härtegraden für die Härtebestimmung in Wasser nach Boutron-Boudet.
6. Eine Aräometerspindel nach Baumé, in $^1/_{10}$ Grade geteilt von 0 bis 3° Bé, mit Glaszylinder, zur Bestimmung des Salzgehaltes im Kesselwasser.
7. Ein Thermometer, in ganze Grade geteilt bis 100° C.
8. Ein Glastrichter, 5 bis 6 cm Durchmesser.
9. Einige Bogen Filtrierpapier.
10. Je ein emailliertes Gefäß, etwa 250 cm³ fassend, für das gereinigte Wasser und das Kesselwasser.

Zur Überwachung von Anlagen, die mit Phosphat arbeiten, ist die Prüfung des Wassers auf Phosphatgehalt erforderlich. Hierzu ist die Anschaffung eines Phosphatkolorimeters zu empfehlen.

β) Lösungen.

1. $1\frac{1}{4}$ l 1proz. alkoholische Phenolphthaleinlösung.
2. $1\frac{1}{4}$ l 0,1proz. wässerige Methylorangelösung.
3. $1\frac{1}{2}$ l Seifenlösung nach Boutron-Boudet.
4. 1 l $^1/_{10}$ Normal-Salzsäure.

Durchführung der Wasseruntersuchungen.

α) Untersuchung des gereinigten Wassers.

Ein nach einem Fällverfahren richtig enthärtetes Wasser enthält, von den im Überschuß zugesetzten Chemikalien herrührend, Ätznatron und Soda. Bei Einhaltung eines Ätznatronüberschusses von etwa 1,5 bis 3° d und eines Sodaüberschusses von etwa 3 bis 6° d liegt die Resthärte des gereinigten Wassers, soferne kein Zusatz von Trinatriumphosphat gegeben wird und die Enthärtung in der Wärme erfolgt, bei etwa 0,5° d, bei Zusatz von Triphosphat bei 0,1 bis 0,2° d.

1. Bestimmung der Phenolphthaleinalkalität und der Methylorangealkalität.

In das Meßgefäß mit Eichmarke bei 28 cm³ und 14 cm³ kommen 28 cm³ gegebenenfalls zuvor filtriertes Wasser. Dazu gibt man 1 Tropfen Phenolphthalein. Das Wasser muß sich rot färben. Ist dies nicht der Fall, so enthält es keine Chemikalienüberschüsse. Es sind dann die Zusätze vor weiterer Untersuchung des Wassers solange zu erhöhen, bis Rotfärbung eintritt. Nach jeder etwa notwendig werdenden Veränderung der Zusätze muß man bis zur Vornahme der nächsten Prüfung des Wassers 2 h warten.

Färbt sich die Reinwasserprobe auf Zusatz von Phenolphthalein rot, dann tropft man zu dem im Meßgefäß befindlichen Wasser aus der Meßbürette unter leichtem Umschwenken solange $^1/_{10}$ Normal-Salzsäure, bis die Farbe von rot in farblos umschlägt. Die Anzahl der dazu verbrauchten cm³ an Säure vervielfacht mit 10 ergibt die Phenolphthaleinalkalität in deutschen Härtegradgleichwerten. Sie wird mit P bezeichnet.

Hierauf gibt man zur gleichen Probe 2 Tropfen Methylorangelösung und tropft weiter $^1/_{10}$ Normal-Salzsäure zu, bis die anfangs gelbe Farbe in Gelbrot umschlägt. Der Gesamtverbrauch an Säure (also der Säureverbrauch für Ermittlung des P-Wertes mitgerechnet), vervielfacht mit 10, ergibt die Methylorangealkalität. Sie wird mit M bezeichnet.

2. Bestimmung der Resthärte.

In den Schüttelzylinder zur Härtebestimmung füllt man 40 cm³, gegebenenfalls filtriertes Wasser und setzt 1 Tropfen Phenolphthaleinlösung zu. Dann versetzt man mit $^1/_{10}$ Normal-Salzsäure bis fast zum Verschwinden der roten Farbe.

In das so vorbereitete Wasser tropft man nun aus dem bis zum Strich über der Nullmarke mit Seifenlösung gefüllten Härteprüfer solange Seifenlösung, wobei man nach jedem Tropfen den Schüttelzylinder schließt und recht kräftig senkrecht schüttelt, bis sich ein mindestens 1 cm hoher, dichter, feinblasiger Schaum bildet, der sich etwa 5 min lang unverändert hält. Hierauf wird die Härte an der Teilung des Härteprüfers in deutschen Härtegraden abgelesen. Sie wird mit H bezeichnet.

3. Auswertung der Ergebnisse.

Bei richtiger Enthärtung ist $2 \times P$ größer als M und M größer als H. Wird diese Bedingung nicht erfüllt, so sind die Zusätze zu vermehren. (Siehe S. 163.) Aus den Werten für P, M und H läßt sich der Ätznatron- und Sodagehalt des Wassers berechnen. Es ist, in deutschen Härtegradgleichwerten ausgedrückt:

Der Ätznatrongehalt: $(2 \times P) - M$.

Der Sodagehalt: $[2 \times (M - P)] - H$ oder, wenn man den Ätznatrongehalt mit A bezeichnet: $M - (A + H)$.

Bei einem gut gereinigten Wasser soll der Ätznatrongehalt 1,5 bis 3° d, der Sodagehalt 3 bis 6° d und die Resthärte nicht über 0,5° d betragen.

β) Untersuchung des Wassers aus dem Kalksättiger.

(Bestimmung des Ätzkalkgehaltes im Wasser vom Kalksättiger.)

In die Meßflasche mit Eichmarke bei 28 und 14 cm³ füllt man 14 cm³ klares Kalkwasser aus dem Kalksättiger (am Einlauf in das Mischrohr des Reinigers entnommen), dazu 1 Tropfen Phenolphthaleinlösung. Dann tropft man aus der Meßbürette solange $^1/_{10}$ Normal-Salzsäure zu, bis die rote Farbe eben verschwindet und liest den Säureverbrauch an der Meßbürette ab. Der Säureverbrauch wird mit 20 vervielfacht. Man erhält so den Ätzkalkgehalt des Kalkwassers in deutschen Härtegraden.

Bei der Beurteilung des Ergebnisses der Kalkwasseruntersuchung ist zu berücksichtigen, daß die Löslichkeit des Ätzkalkes in Wasser mit steigender Temperatur abnimmt:

Bei 15° gesättigtes Kalkwasser enthält etwa 130° d Ätzkalk.

»	20°	»	»	»	»	125° d	»
»	30°	»	»	»	»	115° d	»
»	40°	»	»	»	»	105° d	»
»	50°	»	»	»	»	95° d	»

Wird bei der Untersuchung wesentlich weniger Ätzkalk gefunden, als der Löslichkeit des Ätzkalkes bei der betreffenden Temperatur des Wassers im Kalksättiger entspricht, so ist der Kalksättiger mit frischem Ätzkalk zu beschicken.

γ) *Untersuchung des Kesselwassers.*

Man verfährt wie bei der Untersuchung des gereinigten Wassers. Jeder $^1/_{10}$ cm³ der $^1/_{10}$ Normal-Salzsäure zeigt 1^0 d an; im übrigen erfolgen die Berechnungen wie unter 3 angegeben.

Merke dazu noch:

1^0 d Soda $\times$ 18,9 = mg Soda in 1 l Kesselwasser.

1^0 d Ätznatron $\times$ 14,3 = mg Ätznatron in 1 l Kesselwasser.

Um Anfressungen des Kesselbaustoffes durch schädlich wirkende Salze zu verhindern, muß man eine bestimmte Alkalität im Kesselwasser einhalten. Sie wird als Natronzahl ausgedrückt.

$$\text{Natronzahl} = \text{mg Ätznatron/l} + \frac{\text{mg Soda/l}}{4,5}.$$

Die Natronzahl soll bei phosphatfreiem Kesselwasser den Wert 400 nicht unterschreiten.

Zur Prüfung des Kesselwassers auf seinen Gesamtgehalt an gelösten Salzen füllt man den zum Aräometer gehörigen Zylinder genügend hoch mit abgekühltem, nötigenfalls klar filtriertem Kesselwasser, läßt das Aräometer darin frei schwimmen und liest dann an der Aräometerskala unmittelbar die Dichte des Wassers in Baumégraden ab. (1^0 Baumé = etwa 10 g Salz im Liter Wasser.) Sie soll bei Großwasserraumkesseln 2^0 Baumé möglichst nicht überschreiten und muß bei Hochleistungskesseln unter $0,5^0$ Bé liegen.

e) Die Einrichtungen zur Reinigung der Kesselwandungen.

α) *Reinigung der Kesselwandungen auf der Wasserseite.*

1. Mechanische Reinigung.

Besteht der Niederschlag auf der Wasserseite hauptsächlich aus Schlamm oder mürbem Stein, so erreicht man durch einen kräftigen Wasserstrahl in der Regel schon reine Kesselwandungen. Diese Art der Reinigung darf aber erst einsetzen, wenn die Kesselwandungen abgekühlt sind. Am besten läßt man den Kessel samt Wasserinhalt abkühlen und beginnt mit der Reinigung schon während des Entleerens des Kesselinhalts.

Ein Steinbelag in Kesseln, die mit nicht enthärtetem Wasser gespeist wurden, muß abgeklopft werden. Dies geschieht mit einem sog. Pickhammer, der auf beiden Seiten eine Finne besitzt, die jedoch nicht scharf geschliffen werden darf. Beim Klopfen ist darauf zu achten, daß die Oberfläche der Wandungen durch Pickhammerschläge nicht verletzt wird. Solche Einhiebe begünstigen das Auftreten von Korrosionen.

Bei mürbem Stein kann man u. U. den Pickhammer durch einen Schaber ersetzen.

Klopfapparate, z. B. nach Patent Devoorde, ermöglichen bei richtiger Bedienung eine schnelle Entfernung des Kesselsteins, ohne daß die Kesselwandungen beschädigt werden. Bei diesen Apparaten wird ein Schlag- oder Bohrkopf, in dem eine größere Anzahl von Schlagrädchen beweglich gelagert sind, durch einen Elektromotor über eine biegsame Welle angetrieben. Diese Rädchen, die einen Ausschlag bis zu 5 mm haben, werden bei der großen Umfangsgeschwindigkeit durch

Bild 107. Rohrreinigungsgerät der Firma Bader u. Halbig in Halle a. S.

die Fliehkraft gegen den Kesselstein geschleudert und »reiben« oder »fräsen« ihn ab. Mit solchen Geräten kann man bei Verwendung des entsprechenden Schlagwerkzeuges auch Wasserrohre, gerade und gebogene, sehr gut reinigen (Bild 107). Dabei ist zu beachten, daß der Klopfer immer hin- und hergeführt und durch Wasser ständig gekühlt wird. Das Belassen des Schlagwerkzeuges an einer Stelle verursacht Ausbeulungen der Rohre.

2. Chemische Reinigung.

Bei Kesseln, die auf der Wasserseite schlecht zugänglich sind (Quersieder-, Feuerbüchskessel, stehende Röhrenkessel), vermag man eine einwandfreie Reinigung meist nur mittels Flüssigkeiten, die den Stein auflösen, zu erreichen. Diese bestehen in der Hauptsache aus Salzsäure, der noch kolloidale Beimengungen zur Abschwächung der angreifenden Wirkung auf Eisen zugesetzt sind. Die erforderliche Menge dieser Flüssigkeiten, die im Handel unter den Namen Aqualith, Steintod u. a. angeboten werden, richtet sich nach der Größe des Kessels und der Dicke und Art des Kesselsteins. Sie wird vom Verkäufer in der Regel angegeben. Bei der Verwendung dieser Mittel sind die Anwendungsvorschriften genau einzuhalten. Insbesondere ist darauf zu achten, daß während des ganzen Reinigungsvorganges nicht geraucht und kein offenes oder nicht schlagwettersicheres Licht verwendet wird und daß nach dem Ablassen der bis zum ·normalen Wasserstand reichenden Reinigungsflüssigkeit der Kessel bis zum Sicherheitsventil mehrere Male mit frischem Wasser gefüllt und ausgespült wird, ehe er befahren werden darf.

β) Reinigung der Kesselwandungen auf der Feuerseite.

1. Reinigung von Hand.

Bei einfachen Kesselbauarten (Sieder-, Batterie-, Flammrohr-, Quersieder-, Feuerbüchs- und Rauchröhrenkessel) wird der sich ansetzende Rußbelag mit Schabern oder Drahtbürsten nach der Außerbetriebnahme des Kessels beseitigt. Die Feuerzüge sind mit Krücken und Besen von der sich ansammelnden Flugasche zu säubern. Das ist insbesondere in den Flammrohren von Flammrohrkesseln und den Rauchrohren von Röhrenkesseln notwendig, die je nach Bedarf während der Betriebspausen zu reinigen sind.

Das sog. Dämpfen der Kessel — Einleiten von Dampf in die Feuerzüge — ist unter allen Umständen wegen der besonders bei schwefelhaltiger Kohle entstehenden Abzehrungen der Kesselwandungen zu unterlassen. Auch übt das sog. Abschlämmen mit Wasser auf das Mauerwerk eine zerstörende Wirkung aus.

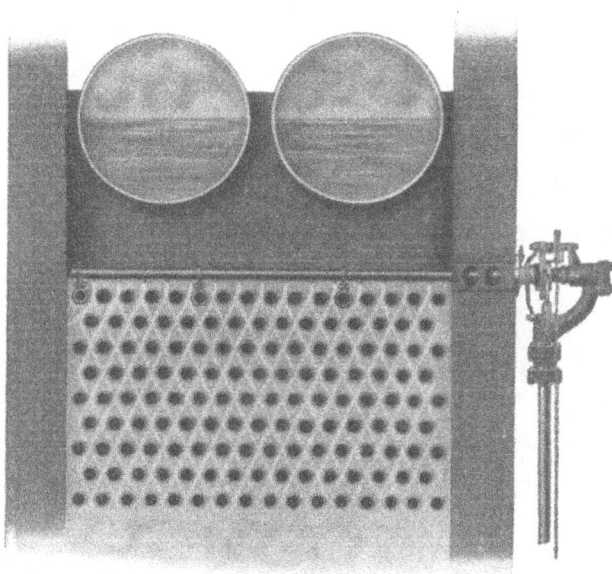

Bild 108. Einbau des Babcock-Rußbläsers in einen Wasserrohrkessel.

2. Reinigung durch Rußbläser.

Bei Wasserrohrkesseln, in denen im Vergleich zur Heizfläche große Brennstoffmengen verfeuert werden, ist eine Reinigung während des Betriebes erforderlich. Man bedient sich hierzu der Rußbläser, die gestatten, während des Betriebes mittels Heißdampf oder Preßluft die Kesselwandungen von Flugasche zu säubern.

Rußbläser bestehen aus mit düsenförmigen Öffnungen versehenen Blasrohren, die an mehreren Stellen der Feuerzüge so eingebaut sind, daß alle Teile der Heizfläche bestrichen werden können.

Für die im Bereich der mittleren und niedrigeren Gastemperaturen liegenden Heizflächen sind Drehbläser (Bild 108) entwickelt worden, deren Blasrohre im Rauchgasstrom bleiben und drehbar eingerichtet sind. Die Blasrohre sind am freien Ende zugeschweißt und enthalten

über die Länge verteilt Düsen, die einen scharfen Dampfstrahl austreten
lassen. Der Antrieb der Rohre erfolgt in der Regel durch ein Kettenrad, dessen Drehbewegung mittels Ritzel und Zahnrad auf das Blasrohr
übertragen wird und das zu gleicher Zeit das Öffnen und das Schließen

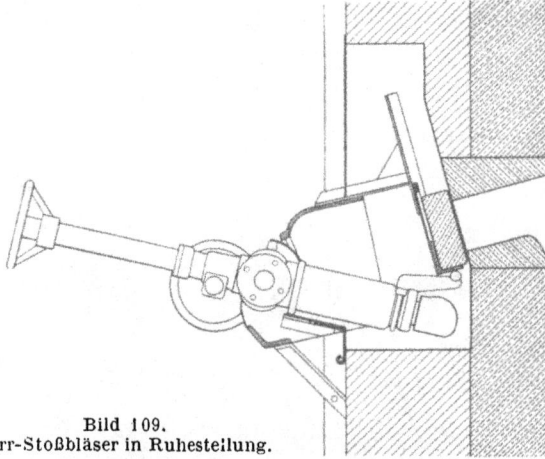

Bild 109.
Dürr-Stoßbläser in Ruhestellung.

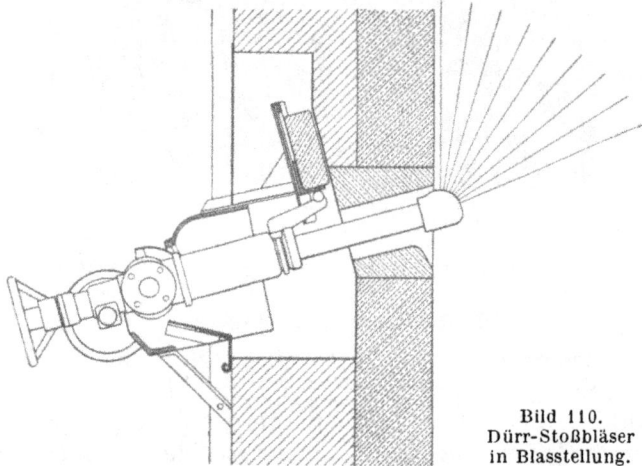

Bild 110.
Dürr-Stoßbläser
in Blasstellung.

des Dampf- oder Preßluftventils bewirkt. Beim Einbau dieser Rußbläser ist darauf zu achten, daß die Düsen des Blasrohres immer in eine
Rohrgasse zu liegen kommen, der austretende Dampfstrahl also nicht
unmittelbar auf ein Rohr trifft. Dies ist bei allen Reinigungen nachzuprüfen.

Zum Abblasen der im Bereich hoher Temperaturen liegenden Heizflächen, insbesondere der Feuerraumheizflächen, ist der Stoßbläser

bestimmt, der nur während des Abblasens der Einwirkung der Feuergase ausgesetzt ist. Bild 109 und Bild 110 zeigen einen solchen Stoßbläser. In Ruhestellung liegt der Bläserkopf vollständig geschützt hinter dem Mauerwerk. Zum Abblasen wird der Bläser in die Blasstellung geschwenkt, und das Blasrohr durch ein Hand- oder Kettenrad in den Feuerraum vorgestoßen. Der Schutzschieber gibt hierbei die Blasöffnung im Mauerwerk selbsttätig frei. Sobald der Blaskopf sich in seiner Endstellung befindet, öffnet sich die Dampfzufuhr zwangläufig und das Abblasen beginnt. Während des Abblasens wird durch langsames Weiterdrehen des Handrades der Blaskopf gedreht. Durch Rückwärtsdrehen des Handrades wird die Dampfzufuhr unterbunden und der Bläser zurückgezogen. Durch das Abwärtsschwenken des Bläsers tritt der Schutzschieber wieder vor die Blasöffnung. Bei anderen Bauarten von

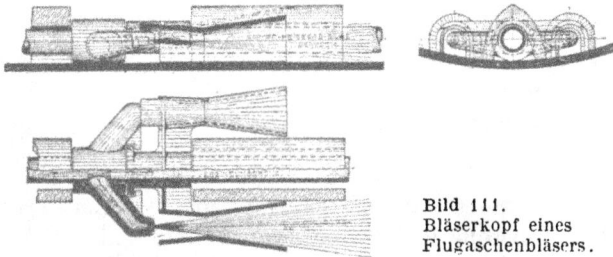

Bild 111.
Bläserkopf eines
Flugaschenbläsers.

Stoßbläsern liegt der Blaskopf in der Ruhestellung in einer Mauernische, die gegen den Feuerraum hin offen ist. Das Vor- und Zurückdrehen des Bläserkopfes, sowie das Blasen selbst erfolgt in der gleichen Weise, wie vorstehend beschrieben.

Der Flugaschenbläser. Flugaschenbläser werden vor allem in die Flammrohre und Seitenzüge von Flammrohrkesseln eingebaut, um die Flugasche an diesen Stellen auch während des Betriebes beseitigen zu können. Sie bestehen aus einzelnen Rohren, die aus hoch hitzebeständigem Werkstoff hergestellt sind und die die eigentlichen Bläserköpfe (Bild 111) miteinander verbinden. Durch eine Abdeckung aus feuerfesten Steinen werden die Flugaschenbläser der unmittelbaren Einwirkung der Heizgase entzogen. Bei jeder Außerbetriebnahme sind die Flugaschenbläser zu besichtigen. Undichte Verbindungsstellen, an denen der austretende Dampf unmittelbar auf die Wandungen auftreffen kann, können zu größeren Ausschleifungen der Kesselwandungen führen.

Benützung der Rußbläser und der Flugaschenbläser.

1. Zum Blasen darf nur Heißdampf oder Preßluft, nie aber Sattdampf verwendet werden.
2. Vor dem Rußblasen sind die Zuführungsleitungen vollständig zu entwässern.

12*

3. Das Ausblasen soll nicht zu oft und nicht zu lange erfolgen, im allgemeinen genügt eine einmalige Inbetriebnahme während einer achtstündigen Schicht.

4. Das Ausblasen muß während des eigentlichen Heizbetriebes stattfinden, wenn die höchsten Temperaturen im Feuerraum herrschen.

5. Während des Abblasens ist der Rauchgasschieber weit zu öffnen.

6. Das Hauptabsperrventil für die Zuführungsleitungen zu den Bläsern ist nach jeder Betätigung zu schließen.

7. Die Entwässerungsventile sind nach dem Blasen wieder zu öffnen und in diesem Zustand zu belassen.

8. Tritt aus den Entwässerungsventilen Dampf aus, so ist das Hauptabsperrventil dicht einzuschleifen.

f) Geräte zur Prüfung der Verbrennungsverhältnisse.

Als solche kommen in der Hauptsache in Frage:

1. Zugmesser,
2. Temperaturmesser,
3. Gasuntersuchungsapparat.

α) *Zugmesser.*

Durch die Zugmessung wird ermittelt, welcher Druckunterschied an der Meßstelle gegenüber dem Außenluftdruck herrscht. Bei richtigem Verständnis für die Anzeige der Zugmessung ist der Heizer in der Lage, die Luftzuführung zum Brennstoff durch Regelung mit dem Rauchgasschieber so einzustellen, daß die Verbrennung am günstigsten erfolgt.

Man unterscheidet gewöhnliche Zugmesser und Differenzzugmesser. Die ersteren beruhen darauf, daß sie mit nur einer Meßstelle, die anderen dagegen mit zwei Meßstellen gleichzeitig in Verbindung stehen.

Der einfachste Zugmesser (Bild 112) besteht aus einem U-förmig gebogenen Glasröhrchen mit Wasserfüllung. Hinter dem Röhrchen ist eine verschiebbare Skala mit mm-Teilung angeordnet. Das eine Ende der Glasröhre wird mit der Meßstelle durch eine Schlauch- bzw. Rohrleitung in Verbindung gebracht, das andere Ende bleibt offen. Herrscht nun an der Meßstelle ein Unterdruck, so drückt der Luftdruck

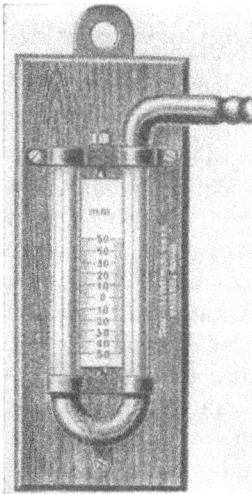

Bild 112. U-Zugmesser.

das in beiden Rohrschenkeln bisher gleich hoch gestandene Wasser in dem offenen Schenkel nach unten und in dem anderen Schenkel im gleichen Maße nach oben. Der Unterschied der beiden Wasserspiegel zeigt den Druckunterschied und damit die Zugstärke an der Meßstelle in mm WS an.

Bringt man das offene Ende des Messers mit einer zweiten Meßstelle in Verbindung, so wird der Unterschied der Unterdrücke zwischen den beiden Meßstellen angezeigt. Der einfache Zugmesser wird zum Differenzzugmesser.

Die Differenzzugmessung hat besonderen Wert, wenn die Anschlüsse über dem Rost und am Kesselende vor dem Rauchgasschieber erfolgen. Man erhält dadurch jede Veränderung der Feuerungsleistung auf dem Roste durch Verschlacken oder durch Abbrennen angezeigt.

Für genauere Zugmessungen benützt man Schrägzugmesser (Krellzugmesser) (Bild 113) und Membranzugmesser (Dosenzugmesser) (Bild 114).

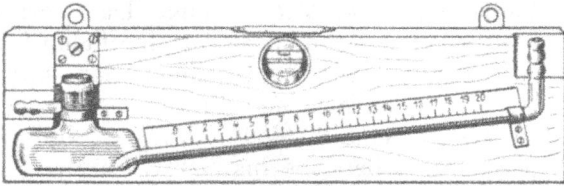

Bild 113.
Schrägrohrzugmesser.

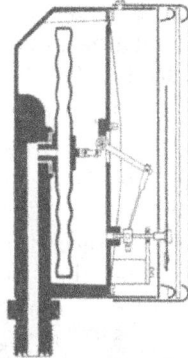

Bild 114. Dosenzugmesser der Firma F. C. Eckard A.G., Stuttgart, Bad Cannstadt.

Der Krellzugmesser besteht aus einem schwach ansteigenden Glasrohr mit einer Meßskala. Das obere Ende des Glasrohres besitzt einen Schlauchanschluß, das untere Ende ist in ein Gefäß mit größerem Inhalt eingeschmolzen. Man erhält damit einen festen Nullpunkt und durch die Schräglage des Meßrohres eine genauere und leichter abzulesende Anzeige. Meistens ist der Messer mit einer spezifisch leichten Flüssigkeit (Alkohol) zu füllen und stets in der Waage aufzuhängen, um eine richtige Anzeige zu erhalten.

Beim Dosenzugmesser steht eine sehr dünne, gewellte Blechwand unter Unterdruck, die ihre Bewegung auf ein Zeigerwerk überträgt. Auch diese beiden Einrichtungen können als Differenzzugmesser Verwendung finden.

β) Temperaturmesser.

Die Abgastemperaturmessung verfolgt den Zweck, festzustellen, mit welcher Temperatur die Rauchgase in den Schornstein entweichen. Hier gilt vom wirtschaftlichen Standpunkte aus der Grundsatz, daß die Gase mit möglichst niederer Temperatur abziehen sollen. Nach unten ist allerdings bei natürlichem Schornsteinzug eine Grenze gesetzt. Um im Schornstein den notwendigen Auftrieb zu erhalten, ist je nach der Höhe und lichten Weite des Schornsteins und dem Zugwiderstand im Kessel eine Mindest-Abgastemperatur erforderlich, die meist zwischen 140⁰ und 180⁰ C liegt. Sonst ist die Höhe der Abgastemperatur abhängig von der Art des Brennstoffes, der Rostbelastung und der Ausnutzung der Brennstoffwärme im Kessel.

Damit die Temperaturmessung richtig erfolgt, muß die Messung in der Mitte des Gasstromes vorgenommen werden; ferner ist die Meßstelle so zu wählen, daß eine unmittelbare Anstrahlung oder Abkühlung der Meßeinrichtung durch heißere oder kältere Mauerwerks- oder Kesselteile vermieden wird.

Außer der Abgastemperatur wird vielfach auch die Temperatur der Rauchgase vor dem Vorwärmer und die Temperatur im Verbrennungsraum der Kesselfeuerung gemessen.

Zur Temperaturmessung dienen folgende Geräte:

Quecksilber-Glasthermometer. Für Temperaturen bis 300⁰C finden gewöhnliche Quecksilberthermometer Verwendung. Da Quecksilber bei 357⁰ C siedet, wird der Raum über dem Quecksilberfaden bei Thermometern für Temperaturen über 300⁰ C mit einem Gas unter Druck gefüllt. Solche Thermometer werden aus Jenaer Sonderglas für Meßbereiche bis 660⁰ C und aus Quarzglas für Meßbereiche bis 750⁰ C hergestellt.

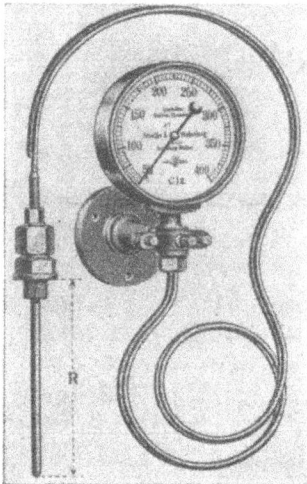

Quecksilber-Federthermometer. Soll die Anzeige eines Thermometers von der Meßstelle auf eine andere Stelle, z. B. auf ein am Heizerstand angebrachtes Anzeigeschild, übertragen werden, so ist ein Glasthermometer nicht mehr verwendbar. Neben den elektrischen Temperaturmeßgeräten ist hierfür auch das Quecksilber-Fernthermometer geeignet. Dieses besteht aus einer in einem Gehäuse untergebrachten, in mehreren Windungen spiralförmig gebogenen Röhrenfeder, an die ein bis 50 m langes, biegsames Kapillarrohr angeschlossen ist, das in ein Tauchrohr R (Bild 115) endigt. Die Feder, das Kapillarrohr und das Tauchrohr sind vollständig mit Quecksilber gefüllt. Wird das Tauchrohr erwärmt, so wird durch die Ausdehnung des Quecksilbers die Feder aufgebogen und die Bewegung des freien Federendes über eine Hebel- bzw. Zahnradübersetzung auf einen Zeiger übertragen.

Bild 115.
Quecksilber-Federthermometer.

Ist die Fernleitung verschiedenen Temperaturen ausgesetzt, so z. B. bei Verlegung an warmem Kesselmauerwerk oder in der Nähe von Dampfleitungen, so würde die Anzeige des Gerätes bei langen Leitungen durch die Ausdehnung des Quecksilbers im Kapillarrohr ungenau werden. Bei Fernleitungen über 12 m Länge ordnet man daher im Gehäuse eine zweite Röhrenfeder an, die mit einem gleichlangen Kapillarrohr ohne Tauchrohr, der Kompensationsleitung, versehen ist. Beide Leitungen müssen dicht nebeneinander verlegt werden. Die Bewegung der zur Kompensationsleitung gehörigen Feder hebt dann die durch Erwärmung der Fernmeßleitung entstandene Bewegung der Anzeigefeder wieder auf.

Quecksilber-Fernthermometer werden für Meßbereiche bis zu 600⁰ C verwendet, sie können mit einer Schreibvorrichtung versehen werden. Das Tauchrohr kann auch unter Wegfall der Fernleitung unmittelbar oder durch ein kurzes, starres Verbindungsrohr mit dem Zeigergerät verbunden werden.

Elektrische Widerstandsthermometer. Bei diesen Geräten wird die Eigenschaft der Metalle, bei Erwärmung einen höheren elektrischen Widerstand zu bekommen, zur Temperaturmessung benützt. In einem Rohr T (Bild 116), das in das zu messende Medium eintaucht, befindet sich eine Wicklung W, die durch zwei isolierte Kupferdrähte mit einem Ampèremesser M, dessen Skala in ⁰ C geeicht ist, in Verbindung steht. Von einer Stromquelle G aus fließt dauernd ein Strom von 4 V Spannung durch das Anzeigegerät und die Wicklung, dessen Menge sich entsprechend der Temperatur ändert. In dem Anzeigegerät ist außerdem eine besondere Schaltung getroffen, die Schwankungen in der Spannung selbsttätig ausgleicht.

Das Meßbereich dieser Geräte ist das gleiche wie bei den Quecksilberthermometern.

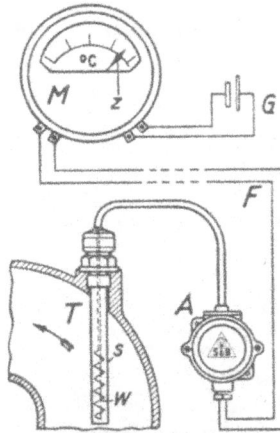

Bild 116. Elektrischer Widerstandsthermometer von Schäffer u. Budenburg in Magdeburg.

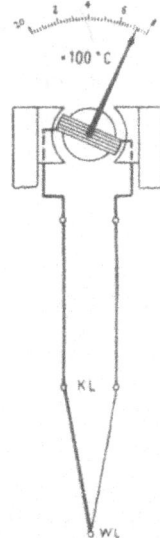

Bild 117. Thermoelement.

Thermoelemente. Erhitzt man die Verbindungsstelle zweier miteinander verschweißter oder verlöteter Metalle (warme Lötstelle »WL«) (Bild 117), während die freien Enden auf niedriger Temperatur (kalte Lötstelle »KL«) bleiben, so entsteht eine elektromotorische Kraft von einigen Tausendstel Volt. Die Größe dieser Thermospannung wird mit einem Millivoltmeter gemessen, dessen Skala in ⁰ C geteilt ist. Sie ist von der Temperatur der warmen und der kalten

Lötstelle und dem Werkstoff der Elementendrähte abhängig. Die warme Lötstelle wird in einem Schutzrohr an der Meßstelle eingebaut.

Da das Voltmeter die Temperaturdifferenz zwischen der warmen und der kalten Lötstelle anzeigt und seine Skala für eine Temperatur der kalten Lötstelle von 20^0 C geeicht ist, ist darauf zu achten, daß dort ungefähr diese Temperatur herrscht. Ist dies nicht der Fall, so ist die kalte Lötstelle durch eine besondere Ausgleichsleitung nach einer Stelle mit 20^0 C Temperatur zu verlegen, oder es ist die Temperatur der kalten Lötstelle durch ein Quecksilberthermometer zu bestimmen und die Übertemperatur über 20^0 C zur Anzeige des Meßgerätes hinzuzuzählen.

Je nach der Art des Elementenwerkstoffes kann der Meßbereich bis 500^0 C oder 800^0 C bzw. bis 1600^0 C gewählt werden.

Für die Temperaturmessungen über 1000^0 C, wie sie im Verbrennungsraum von Kesselfeuerungen auftreten, sind optische Geräte in Verwendung.

Diese optischen Geräte, die als Strahlungspyrometer bezeichnet werden, arbeiten je nach ihrer Bauart nach verschiedenen Grundsätzen. Bei allen diesen Geräten aber ist die Meßeinrichtung in einem fernrohrartigen Gehäuse untergebracht, durch das die zu messende Stelle anvisiert wird.

Die Wirkungsweise des in Bild 118 dargestellten Pyrometers beruht darauf, daß die von dem zu messenden Körper ausgestrahlte Wärme

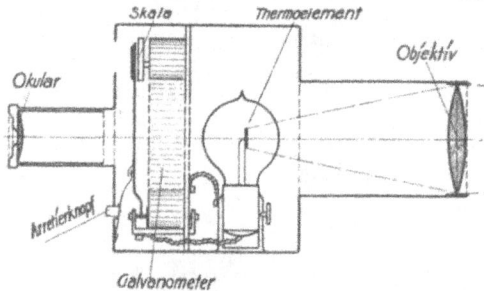

Bild 118.
Strahlungspyrometer
vom
Pyrowerk Hannover.

von dem Objektiv auf ein im Brennpunkt befindliches Thermoelement geworfen wird, das wie eine Glühlampe in eine Glaskugel eingeschmolzen ist. Die in dem Element entstehende elektromotorische Kraft wird, wie oben beschrieben, mit einem Millivoltmeter (Galvanometer) gemessen.

Bei einer anderen Art von optischen Pyrometern wird die Helligkeit des zu messenden Körpers mit der einer elektrischen Glühbirne, deren Temperatur bekannt ist, verglichen. Dabei wird entweder die Temperatur der Glühlampe vor der Messung durch einen Vorwiderstand auf einen Festwert eingestellt (Bild 119) und die Helligkeit des zu messenden Körpers durch eine drehbare, graue Glasscheibe verschiedener

Stärke, die zwischen dem Objektiv und der Glühlampe angeordnet ist, so weit abgedämpft, bis sie der Glühlampe gleich ist — die Temperatur wird dann an einer Skala abgelesen, die mit der grauen Scheibe ver-

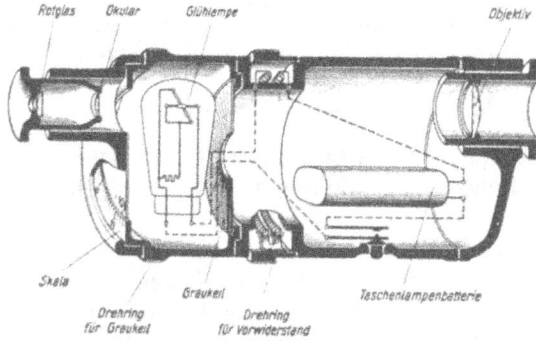

Bild 119. Kreuzfadenpyrometer.

bunden ist —, oder es wird die Helligkeit der Vergleichslampe durch einen Widerstand so geändert, bis sie ebenso groß ist wie die des zu messenden Körpers (Bild 120). Die Temperatur wird hier durch einen Spannungsmesser für die Lampenspannung angezeigt, dessen Skala

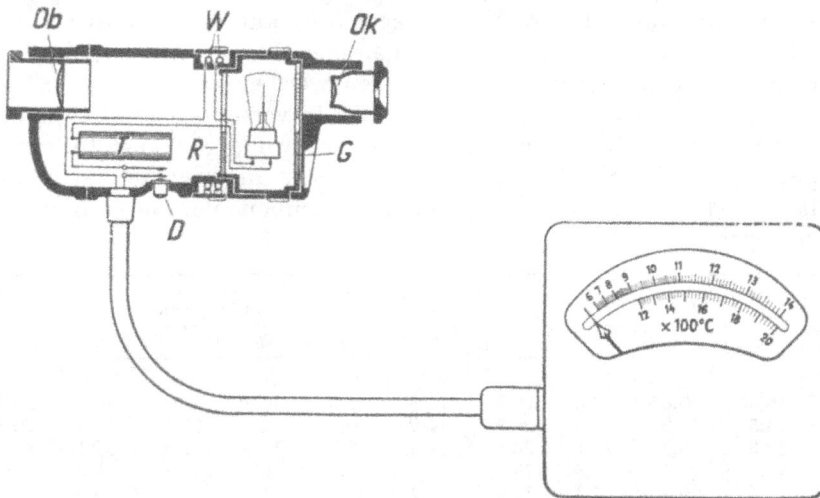

Bild 120. Glühfadenpyrometer der Siemens u. Halske A.G., Berlin.

ebenfalls in ⁰C geteilt ist. Als Stromquelle wird in beiden Fällen eine Taschenlampenbatterie verwendet.

Eine vierte Art von Strahlungspyrometern besitzt ein spiralförmiges Bimetallthermometer, das im Gehäuse samt der Anzeigenskala eingebaut ist und bei der Messung durch die Wärmestrahlung erhitzt wird. Die

Wirkungsweise des Bimetallthermometers beruht darauf, daß zwei Streifen verschiedener Metalle mit einer möglichst ungleichen Ausdehnungszahl miteinander verbunden sind. Durch die ungleiche Ausdehnung bei Erwärmung verbiegt sich daher der Streifen. Die dabei entstehende Bewegung des freien Endes wird auf einen Zeiger übertragen und bildet ein Maß für die Temperatur des Streifens.

γ) *Rauchgasprüfer.*

Zur Beurteilung der Verbrennungsverhältnisse ist die Ermittlung des in den Rauchgasen befindlichen Kohlensäuregehaltes in erster Linie erforderlich.

Bei der Untersuchung auf den Kohlensäuregehalt allein können leicht Fehlschlüsse entstehen, da die Rauchgase neben Kohlensäure auch Kohlenoxydgase enthalten können, die bei unvollkommener Verbrennung entstehen und bekanntlich einen großen Wärmeverlust bedeuten. Es ist daher stets neben der Kohlensäurebestimmung eine Untersuchung auf Kohlenoxyd durchzuführen. Der Kesselwärter hat die Feuerung so einzustellen, daß ein möglichst hoher Kohlensäuregehalt erreicht wird, ohne daß gleichzeitig Kohlenoxydgase auftreten.

An Stelle der Kohlenoxydgasbestimmung kann auch eine Untersuchung der Rauchgase auf den Sauerstoffgehalt treten, da bei gleichzeitiger Bestimmung des Kohlensäuregehaltes auf die Gegenwart von unverbrannten Gasen je nach dem erhaltenen Sauerstoffgehalt im Vergleich zum Kohlensäuregehalt geschlossen werden kann.

In der nachstehenden Zahlentafel ist für verschiedene Brennstoffe und verschiedenen Kohlensäuregehalt der notwendige Sauerstoffgehalt angegeben. Ergibt die Analyse der Gase einen niedrigeren Sauerstoffgehalt, so ist mit Bestimmtheit die Anwesenheit von unverbrannten Gasen gegeben.

CO_2	Koks		Steinkohlen		Obb. Pech-kohlen		Ältere deutsche Braunkohlen		Böhm. Klar-kohlen	
	O_2	CO_2+O_2	O_2	CO_2+O_2	O_2	CO_2+O_2	O_2	CO_2+O_2	O_2	CO_2+O_2
%	%	%	%	%	%	%	%	%	%	%
4	16,65	20,65	16,5	20,5	16,3	20,3	16,4	20,4	16,6	20,6
6	14,5	20,5	14,3	20,3	14,2	20,2	14,1	20,1	14,3	20,3
8	12,3	20,3	12,1	20,1	11,9	19,9	11,8	19,8	12,1	20,1
10	10,1	20,1	9,8	19,8	9,7	19,7	9,5	19,5	9,4	19,9
12	7,9	19,9	7,6	19,6	7,4	19,4	7,2	19,2	7,6	19,6
14	5,7	19,7	5,4	19,4	5,1	19,1	4,9	18,9	5,5	19,5
16	3,5	19,5	3,1	19,1	2,8	18,8	2,6	18,6	3,2	19,3

Wenn die Untersuchung der Rauchgase auf ihre Zusammensetzung ihren Zweck, die Feuerführung zu beurteilen, erfüllen soll, so muß man dafür sorgen, daß die untersuchten Gase der tatsächlichen mittleren Zusammensetzung der Verbrennungsgase entsprechen. Das Gasentnahme-

rohr muß bis in die Mitte des Gasstromes eintauchen, etwaige Undichtheiten, die eine Falschluftzuführung zu den Gasen ermöglichen, müssen
beseitigt werden. Kommen Gastemperaturen über 450° C in Frage,
so soll als Entnahmerohr ein Porzellan- oder Quarzrohr Verwendung
finden; Eisenrohre dürfen nicht benützt werden, weil sonst eine Zersetzung der Gase eintreten kann, es sei denn, daß das Entnahmerohr
in geeigneter Weise gegen die Einwirkung der heißen Gase geschützt ist.

Für einzelne Gasuntersuchungen bedient man sich des Orsatappa-
rates. Dieser arbeitet mit Absorptionsmitteln, und zwar mit Kalilauge
und Pyrogallussäure. Kalilauge hat die Eigenschaft, Kohlensäure zu
absorbieren, Pyrogallussäure nimmt den Sauerstoff auf.

In dem Bild 121 ist ein Orsatapparat schematisch dargestellt.

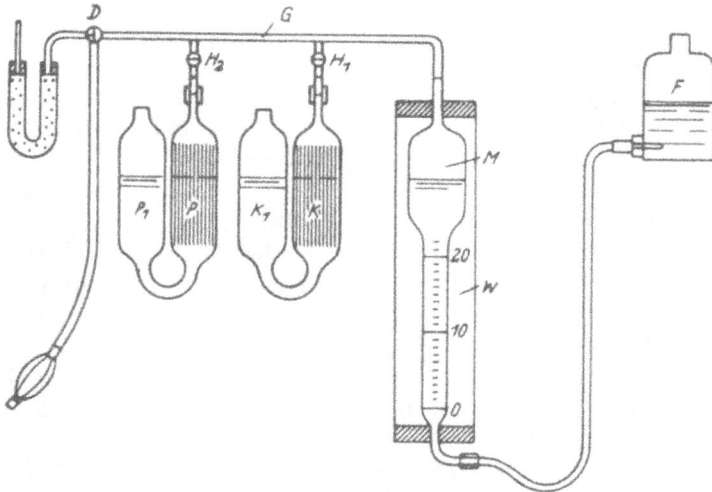

Bild 121. Orsat-Rauchgasprüfer.

Er besteht aus einem Meßgefäß M mit Wassermantel W, der zur
Kühlung der Gase dient, einem Absorptionsgefäß K zur Aufnahme der
Kalilauge und einem Absorptionsgefäß P zur Aufnahme der Pyrogallussäure. Die beiden Absorptionsgefäße stehen mit dem Gaszuführungs-
rohr G zum Meßgefäß durch je einen Hahn H_1 und H_2 absperrbar in
Verbindung. Sie sind zur Vergrößerung der Oberfläche und damit zur
Erleichterung der Absorption mit einer Anzahl Glasstäbchen oder mit
Drahtgeflecht angefüllt und mit zwei Ausgleichsgefäßen K_1 und P_1
kommunizierend verbunden. In das erwähnte Gaszuführungsröhrchen
ist ein Dreiweghahn D eingeschaltet, durch den die Gasentnahmestelle
und das Meßgefäß mit der Außenluft verbunden werden können. Am
unteren Ende des Meßgefäßes ist mittels Schlauches eine Wasserflasche F
angeschlossen, die beim Heben und Senken als Pumpe wirkt. Damit
das Ansaugen des Gases rascher vor sich geht, ist der Dreiweghahn D

meistens mit einem Gummisaugballen in Verbindung gebracht. Ein Wattefilter in der Gassaugleitung soll die engen Glasröhrchen möglichst vor Verschmutzung sichern.

Das Meßgefäß faßt in der Regel 100 cm³ Gas; es ist mit einer entsprechenden Meßskala versehen, deren Nullpunkt sich unten befindet. Jedes der Absorptionsgefäße und der zugehörigen Ausgleichsgefäße wird etwa bis $^2/_3$ des Inhaltes mit der Absorptionsflüssigkeit gefüllt.

Die Lauge zur Bestimmung der in den Gasen enthaltenen Kohlensäure besteht aus 200 Gewichtsteilen abgekochten Wassers und 100 Gewichtsteilen Ätzkali, die Säure zur Bestimmung des in den Gasen befindlichen Sauerstoffes aus 200 cm³ Kalilauge und 15 bis 20 g Pyrogallol.

Zu Beginn der Untersuchung sorgt man dafür, daß alle im Meßgefäß M und in den zugehörigen Zuleitungsröhrchen anwesende Luft entfernt wird und überzeugt sich, ob alle Teile dicht sind. Die Dichtigkeitsprobe erfolgt durch Hochheben der Flasche; dabei sind alle Absperrhähne geschlossen und die Flüssigkeiten in den Absorptionsgefäßen und im Meßgefäß bis zu den Marken hochgezogen. Bleiben alle Flüssigkeitsstände stehen, dann ist der Apparat dicht und betriebsfertig.

Nun stellt man den Hahn D auf Durchgang Gasentnahmeleitung und Saugballen und entfernt mit Hilfe des Ballens die Luft aus der Saugleitung. Ist diese ganz mit Rauchgasen gefüllt, was durch Gasgeruch bemerkt wird, so dreht man den Hahn D auf die Stellung Gasentnahmeleitung und Meßgefäß M und senkt gleichzeitig die Flasche F. Dadurch fällt auch das Wasser im Meßgefäß, das sich mit Gas füllt. Der Wasserspiegel wird auf den Nullpunkt eingestellt, so daß sich 100 cm³ Gas im Meßgefäß befinden.

Jetzt wird der Hahn D geschlossen und das Gas durch Heben der Flasche und Öffnen des Hahnes H_1 in das mit Kalilauge gefüllte Absorptionsgefäß gedrückt. Durch mehrmaliges Senken und Heben der Flasche wird dann das Gas von K nach M und von M nach K geleitet; dabei wird von der Kalilauge die im Gas enthaltene Kohlensäure aufgenommen. Darauf zieht man durch Senken der Flasche die Kalilauge im Gefäß K wieder bis zur Marke hoch und schließt den Hahn H_1. Es stellt sich nun heraus, daß im Meßgefäß M das Absperrwasser nicht mehr an der Nullmarke, sondern darüber steht. Durch Gleichhalten des Wasserspiegels in der Flasche und im Meßgefäß (Druckausgleich) kann man unmittelbar an der Meßskala den Kohlensäuregehalt der Gase in % ablesen, da das noch im Meßgefäß befindliche Gas keine Kohlensäure mehr enthält.

Nun leitet man das Gas in das Gefäß P mit Pyrogallussäure, die den Sauerstoff absorbiert. Nachdem sich aber dieser Vorgang nur langsam vollzieht, ist es notwendig, das Gas längere Zeit dort eingesperrt zu halten. Dann zieht man die Säure im Gefäß P bis zur Marke hoch und schließt den Hahn H_2 ab. Durch den Entzug des Sauerstoffs stellt sich das Wasser im Meßgefäß noch höher ein; der abgelesene Wert am Meßgefäß gibt den Gehalt der Gase an Kohlensäure und Sauerstoff an.

Die ermittelten Werte für Kohlensäure und Sauerstoff lassen die Güte der Verbrennung erkennen. Mit Hilfe der Zusammenstellung auf S. 176 kann festgestellt werden, ob noch unverbrannte Gase vorhanden sind. Gleichzeitig kann auch ermittelt werden, ob mit dem richtigen Luftüberschuß gearbeitet worden ist. Sind keine unverbrannten Gase nachzuweisen, dann besteht der Gasrest im Meßgefäß aus Stickstoff.

Um eine fortlaufende Bestimmung der Gaszusammensetzung zu ermöglichen, sind mehrere Arten von selbsttätig arbeitenden Apparaten auf dem Markte, die auf demselben Grundsatz beruhen wie der Orsatapparat. Im folgenden sei als Beispiel der von der Firma H. Maihak A.G. in Hamburg gelieferte »Duplex-Mono«- Rauchgasprüfer beschrieben (s. Bild 122).

Dieser ist elektrisch angetrieben und untersucht die Gase auf ihren Gehalt an Kohlensäure (CO_2) und unverbrannte Gase ($CO + H_2$). Die festgestellten

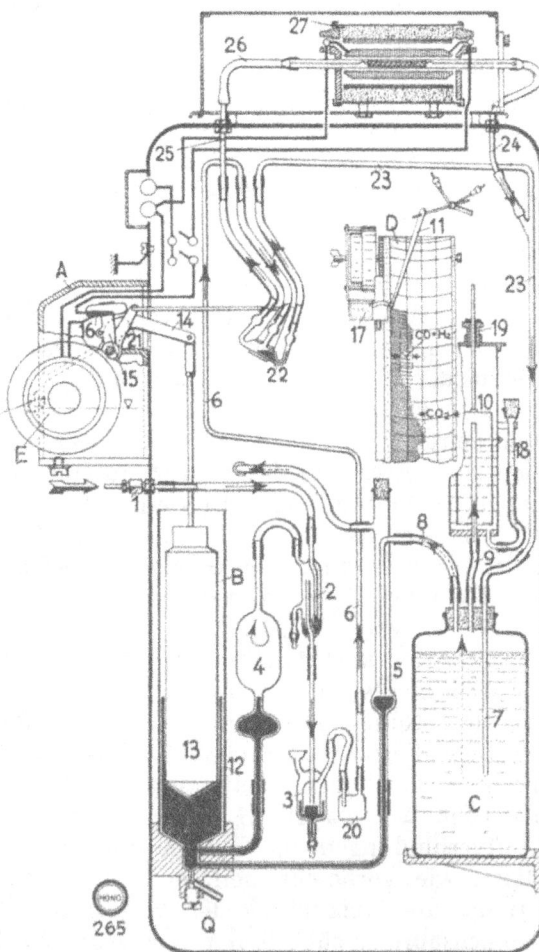

Bild 122. Rauchgasprüfer »Duplex-Mono«.

Werte werden laufend auf einen Diagrammstreifen geschrieben.

Die Hauptbestandteile seiner Einrichtung sind: ein seitlich am Apparat befestigter Antriebskasten A mit eingebautem Motor und Schalthebel 16, eine Gaspumpe B mit Quecksilberfüllung, ein Absorptionsgefäß C mit Kalilauge, ein Registrierwerk D, eine selbsttätige Umschaltvorrichtung 22 und ein elektrisch beheizter Verbrennungsofen 26/27.

Durch den Antriebsmotor wird der Kolben *13* im Gefäß *12* über den Hebel *14* langsam nach abwärts gedrückt, hierbei wird das Quecksilber verdrängt und steigt in den Ringraum zwischen Kolben *13* und Gefäß *12* und in den mit Gefäß *12* kommunizierend verbundenen Gefäßen *4* und *5* nach oben. Hat der Kolben *13* seine tiefste Stellung erreicht, so ist das Volumeter *4* vollständig mit Quecksilber gefüllt. In diesem Augenblick wird der Motor durch das Quecksilberschaltrohr *16* stromlos gemacht, also abgeschaltet. Nun schwimmt der Kolben *13* wieder in die Höhe und das Quecksilber läuft von *4* und *5* nach *12* zurück. Dabei werden über die Saugsperre *2* von der Gasentnahmeleitung *1* Rauchgase eingesaugt, die das Volumeter *4* anfüllen. Hat das Quecksilber die untere Kugel des Volumeters *4* erreicht, dann befindet sich der Kolben *13* wieder in seiner oberen Lage, der Motor wird kurz zuvor durch Hebel *14/15* und Quecksilberschalter *16* in Tätigkeit gesetzt, was zur Folge hat, daß sich der vorbeschriebene Vorgang wiederholt.

Das neuerdings verdrängte Quecksilber schiebt nun das im Volumeter eingefangene Gas durch die Saugsperre *2*, Drucksperre *3*, Wasserabscheider *20*, Rohr *6*, Umschalter *22* und Rohr *23* in das Absorptionsgefäß *C*, wo es von der im Gas befindlichen Kohlensäure durch Absorption befreit wird. Der Gasrest in *C* gelangt zunächst durch die Leitung *8* und *5* ins Freie, bis das Rohr *8* durch das im Rohr *5* steigende Quecksilber geschlossen wird. In diesem Augenblick ist im Volumeter *4* eine ganz bestimmte Gasmenge enthalten. Der nunmehr noch vorhandene Gasrest wird unter die Glocke *10* gedrückt, durch deren mehr oder minder hohes Heben mittels eines Schreibwerkes der Kohlensäuregehalt aufgezeigt wird.

Bei der nächsten Analyse ist der Umschalter *22* durch den Antrieb *A* in die andere Stellung gelegt, die in dem Bild 122 angegeben ist. Das Rohr *6* bekommt nun Verbindung mit Rohr *26*, wodurch das Prüfgas diesmal zum etwaigen Nachverbrennen vorhandener unverbrannter Gase in das mit Kupferoxyd beschickte Verbrennungsrohr *26* des Ofens *27* gelangt. Hier verbrennen Kohlenoxyd und Kohlenwasserstoffverbindungen zu Kohlensäure und Wasserdampf. Das Gas wird dann, wie vorbeschrieben, dem Absorptionsgefäß *C* zugeführt. Hier erfolgt die Absorption der bereits in den Rauchgasen enthaltenen Kohlensäure zuzüglich der durch die Nachverbrennung im Ofen entstandenen Kohlensäure sowie das Abscheiden des Verbrennungswassers. Der Gasrest gelangt wieder unter die Meßglocke *10*, wo die Messung von $CO_2 + CO + H_2$ erfolgt. Der Unterschied dieser Aufzeichnung gegenüber der vorangegangenen zeigt den Gehalt vorhandener unverbrannter Gase an.

Ein auf dem gleichen Grundsatz aufgebauter Rauchgasprüfer ist der von der Firma A d o s G. m. b. H. in A a c h e n hergestellte Duplex-Gasprüfer. Bei ihm werden jedoch sämtliche Gasproben auf unver-

brannte Gase untersucht und der Gehalt an Kohlensäure und unverbrannten Gasen getrennt aufgezeichnet.

Die richtige Arbeitsweise dieser Apparate setzt voraus, daß

1. die Gasentnahme richtig erfolgt,
2. die Gasführungsröhrchen usw. stets sauber erhalten bleiben,
3. die Laugenfüllung sowohl mengenmäßig als auch in der Aufnahme-
fähigkeit in Ordnung ist und
4. bei der Luftprobe der Schreibstift auf Nullstellung steht.

Auf ganz anderen Meßverfahren beruhen die nachfolgend beschriebenen Rauchgasprüfer.

In Bild 123 ist der von der AEG in Berlin gelieferte »Ranarex«-
Apparat in Ansicht dargestellt. Dieser Apparat benützt zur Messung

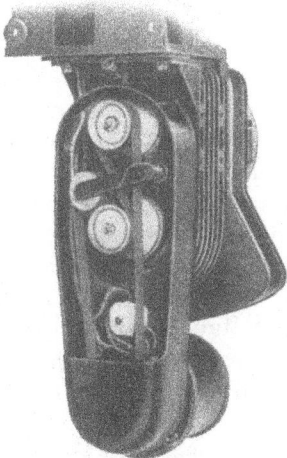

Bild 123.
»Ranarex«-Rauchgasprüfer.

Bild 124.
Treib- und Meßräder des »Ranarex«.

den Unterschied der spezifischen Gewichte bzw. Dichte der Rauchgase
und der Luft. Zur Erzielung großer Verstellkräfte werden die Gewichts-
unterschiede durch Motoren vervielfältigt, indem man den Gasen bzw.
der Luft hohe Geschwindigkeiten erteilt. In zwei voneinander getrennten
Meßkammern wird das zu untersuchende Gas bzw. die Vergleichsluft
durchgesaugt. Die mit je einem Motor in Verbindung gebrachten Treib-
räder setzen das Gas bzw. die Luft in drehende Bewegung und die
dabei entstehenden Gaswirbel versuchen die den Treibrädern gegenüber
angeordneten Meßräder, welche unter sich gelenkig verbunden sind, zu
verdrehen (s. Bild 124). Die Drehrichtung ist entgegengesetzt. Ein auf
die Luftmeßradachse gesteckter Zeiger gibt auf einer Skala den Kohlensäuregehalt der untersuchten Gase in % an.

Durch eine zusätzliche Einrichtung können die Verbrennungsgase
auch auf unverbrannte Gase untersucht werden.

Die Apparate werden auch mit entsprechenden Schreibanzeigevorrichtungen geliefert.

Unter der Voraussetzung, daß die einzelnen Apparateteile in Ordnung sind, können für ein unrichtiges Arbeiten des Apparates nachstehende Erscheinungen die Ursache sein.

1. Auf dem Wege von der Gasentnahmestelle bis in den Apparat wird Falschluft angesaugt.
2. Das zum Reinigen des Gases eingebaute Filter oder die Zuleitung ist verstopft bzw. durch Verunreinigung verengt.
3. In der Gasentnahmeleitung hat sich Wasser angesammelt.
4. Im Meßgerät hat sich infolge nicht genügend kalten Leitungswassers für die Gasansaugepumpe Niederschlagswasser gebildet.
5. Der Zeiger geht bei der Luftprobe nicht auf die Nullstellung zurück.

Auf diese Punkte sowie darauf, daß die Lager der Motoren ausreichend geschmiert sind, ist bei der Wartung dieser Rauchgasprüfer besondere Sorgfalt zu verwenden.

In Bild 125 ist der von der Firma Siemens & Halske A. G. in Berlin hergestellte Rauchgasprüfer in Ansicht und in Bild 126 die Gesamtanordnung einer derartigen Rauchgasprüferanlage dargestellt.

Als Grundlage für die Messung des Kohlensäuregehaltes wird bei dieser Art Rauchgasprüfer der Unterschied der Wärmeleitfähigkeit der Rauchgase gegenüber der Luft benutzt.

Kohlensäure leitet die Wärme nahezu nur halb so gut als Luft bzw. deren Bestandteile Sauerstoff und Stickstoff. Zu einem einfachen Meßgerät für die Messung der Wärmeleitfähigkeit und damit des Kohlensäuregehaltes eines Gases gelangt man, wenn man einen dünnen Draht, der von dem zu untersuchenden Gas umspült ist, auf elektrischem Wege erhitzt. Bei einer gegebenen Strombelastung wird der Draht je nach dem Wärmeleitvermögen des Gases eine verschieden hohe Temperatur annehmen, und zwar wird er um so heißer werden, je geringer das Leitvermögen des Gases, also je geringer der Kohlensäuregehalt ist und umgekehrt. Die Temperatur des Drahtes wird durch elektrische Widerstandsmessung festgestellt; damit ist auch

Bild 125.
Rauchgasprüfer von Siemens u. Halske, Berlin.

der Kohlensäuregehalt bestimmt. Durch eine zusätzliche Einrichtung werden die Rauchgase auch auf unverbrannte Gase untersucht.

Das Ansaugen des Gases und der Vergleichsluft erfolgt in der Regel mittels einer Wasserstrahlpumpe; der erforderliche Wasserdruck beträgt 0,8 atü.

Auch diese Apparate werden mit Selbstschreibern ausgerüstet.

Damit ein richtiges einwandfreies Arbeiten dieser Rauchgasprüfer gewährleistet ist, müssen die schon weiter oben beschriebenen Voraus-

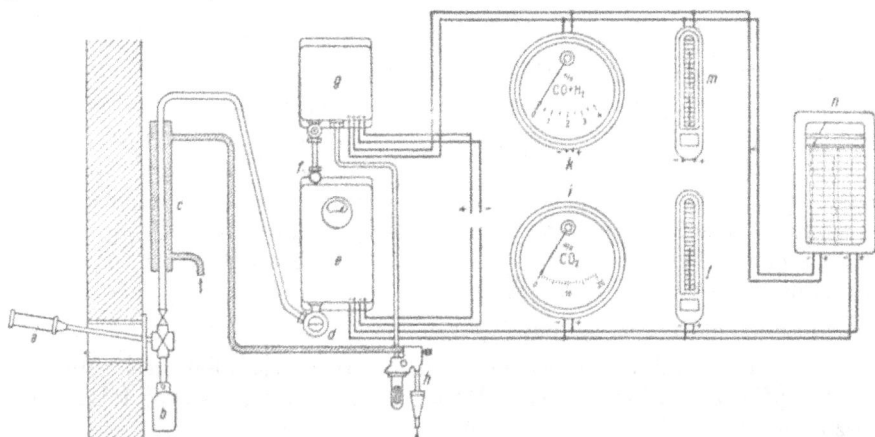

a = Keramisches Filter,	f = Drosselstrecke,	h = CO + H$_2$-Messer,
b = Kondenswassertopf,	g = CO + H$_2$-Geber,	l = CO$_2$-Zähler,
c = Kühler,	h = Ansaugegerät mit	m = CO + H$_2$-Zähler,
d = Warnfilter,	Strömungsmanometer,	n = Fallbügelschreiber,
e = CO$_2$-Geber,	i = CO$_2$-Messer,	

Bild 126. Gesamtanordnung einer Abgasprüferanlage.

setzungen erfüllt sein; diese sind stets im Auge zu behalten. Außerdem muß das Prüfgas ausreichend gekühlt werden, was erreicht wird, wenn das Kühlwasser um einige Grade kälter ist als die Raumluft. Der Wasserzufluß zum Ansaugen des Gases muß gleichmäßige Strömungsgeschwindigkeit aufweisen. Kontrolle bietet das Strömungsmanometer, das 20 mm Unterdruck anzeigen soll. Steigt dieser an, so ist das ein Hinweis, daß die Gasleitungen usw. mehr oder minder stark verlegt sind. Endlich soll die geforderte Meßstromstärke nicht unterschritten werden. Sie ist täglich zu prüfen und gegebenenfalls neu einzustellen.

F. Verhalten bei außergewöhnlichen Ereignissen.

Beim Kesselbetrieb können ohne Verschulden der Bedienung Störungen eintreten, die ein entschlossenes und richtiges Eingreifen erfordern. Selbst große Störungen können oft in verhältnismäßig kurzer Zeit ohne erhebliche Gefährdung der Bedienung und der Kesselanlage beseitigt werden, wenn die richtigen Maßnahmen rechtzeitig getroffen werden. Oberster Grundsatz muß aber immer bleiben: Durch eine auftretende Störung darf keine weitere Gefahrenquelle in feuerbeheizten Teilen des Kessels geschaffen werden. Es ist schwer, für alle Anlagen mit einigen Sätzen das für jeden Fall Richtige anzugeben. Wenn aber der Kesselwärter die Einrichtungen seiner Anlage genau kennt und mit diesen vollständig vertraut ist, dann wird er das Richtige treffen.

Die nachstehenden Verhaltungsmaßnahmen werden in der Regel für den Großteil der Anlagen zutreffen.

I. Verhalten bei starken zischenden Geräuschen.

Ungewöhnlich starke Geräusche können durch Austreten von Dampf oder Dampfwassergemisch an irgendeiner Stelle des Kessels, des Überhitzers, des Speisewasservorwärmers oder der Dampfleitung verursacht sein. Sie können von Rissen in den Wandungen, seien es Mantel, Böden oder Rohre, herrühren, sie können auch durch schadhafte Dichtungen oder Verschraubungen hervorgerufen werden.

Die erste Aufgabe für den Kesselwärter besteht darin, den Ort festzustellen, an dem das Geräusch auftritt.

1. Undichtheiten am Kesselkörper.

Der Kessel ist sofort außer Betrieb zu nehmen und von der Dampfleitung abzusperren. Dabei ist im einzelnen wie folgt vorzugehen:

a) Bei Großwasserraumkesseln:

Feuer so rasch als möglich vom Rost entfernen!

Wasserstand, wenn nötig, durch Nachspeisen mit allen Speisevorrichtungen einhalten! Wasser nicht unter den »Niedrigsten Wasserstand« sinken lassen. Dampf vorsichtig unter Vermeidung von Stößen durch das Sicherheitsventil entweichen lassen, bis kein Überdruck im Kessel mehr vorhanden ist!

Mauerwerk durch Öffnen des Kaminschiebers und der Feuertüre langsam abkühlen lassen!

Kann der Wasserstand im Kessel trotz Verwendung aller verfügbaren Speisevorrichtungen nicht gehalten werden, so ist die Speisung einzustellen und für möglichst rasche Abkühlung des Mauerwerks zu sorgen!

Genaue Besichtigung der undichten Stelle und Verständigung des Kesselprüfers durch den Betreiber!

b) Bei Wasserrohrkesseln:

Einwirkung des Feuers beseitigen!

Bei Wanderrosten: Kohlenzufuhr absperren, etwaigen Unterwind abstellen, unverbrannte Kohle nach vorne herausräumen, Rost auf schnellsten Gang schalten und brennende Kohle in den Schlackentrichter fahren. Dort vorsichtig ablöschen.

Bei Kohlenstaubfeuerungen: Mühle abstellen! Kohlenstaub-
zufuhr zum Brenner unterbrechen! Verbrennungsluftventilatoren
ausschalten. Sonst wie oben geschildert verfahren!

c) Bei Kesselsonderbauarten sind die von den Herstellern
herausgegebenen Betriebsvorschriften einzuhalten.

2. Undichtheiten am Überhitzer:

a) Wenn feuer- und wasserseitig absperrbar, den Überhitzer abschalten!

b) Wenn nur dampfseitig absperrbar, Überhitzer absperren und
Kessel abstellen!

c) Wenn Überhitzer überhaupt nicht absperrbar, dann Kessel von
der Dampfleitung absperren und wie bei Undichtheiten am Kesselkörper selbst verfahren.

3. Undichtheiten am Rauchgasspeisewasservorwärmer:

a) Ist der Vorwärmer vom Heizgasstrom ausschaltbar eingerichtet,
so ist er abzuschalten. Fällt der Wasserstand im Kessel trotz
kräftiger Speisung, so ist der Vorwärmer auch von der Speiseleitung abzuschalten. Der Kessel wird dann durch die Umgehungsleitung (Notspeiseleitung) mit Wasser versorgt. Das
Sicherheitsventil des Vorwärmers ist zu lüften. Entweichen dem
Ventil nach kürzerer Zeit keine kräftigen Dampfschwaden mehr,
so ist anzunehmen, daß die Gasumführungsklappen dicht abschließen; der Vorwärmer kann dann durch Öffnen der Putztüren langsam abgekühlt werden. Läßt dagegen der Austritt
von Dampfschwaden aus dem Sicherheitsventil auch nach längerer Zeit nicht nach oder wird der Feuerungsbetrieb des Kessels
nach Öffnen der Putztüren wegen Zugmangels wesentlich beein-
trächtigt, so ist dies ein Zeichen dafür, daß die Rauchgasklappen
nicht dicht schließen. Die baldige Außerbetriebsetzung der zugehörigen Kesselanlage ist dann unvermeidlich.

b) Ist der Vorwärmer vom Rauchgasstrom nicht ausschaltbar, so
ist das Sicherheitsventil des Vorwärmers zu öffnen, die Einwirkung des Feuers auf den Kessel zu beseitigen und der Kessel
außer Betrieb zu nehmen.

4. Undichtheiten an Dampfleitungen:

Kann das schadhafte Leitungsstück nicht abgeschaltet oder not-
dürftig abgedichtet werden, so ist die Dampfzuführung aufzuheben und gegebenenfalls die Kesselanlage außer Betrieb zu
nehmen.

5. Undichtheiten an Speiseleitungen:

a) Treten starke Undichtheiten an Speiseleitungen auf, die die Ver-
sorgung des oder der Kessel mit Wasser gefährden, so ist während

einer kurzen Unterbrechung der Wasserzufuhr bei eingeschränktem Feuerungsbetrieb der Schaden zu beheben. Gelingt dies nicht, dann kann eine vorübergehende Außerbetriebsetzung der davon betroffenen Kessel nicht umgangen werden.

b) Treten plötzlich starke Schläge in der Speiseleitung auf, so ist dies meistens ein Zeichen dafür, daß kälteres Speisewasser mit Dampf in Berührung kommt. Entweder ist dann das durch den Dampfraum gehende Speiserohr zu kurz oder schadhaft, oder ist der Wasserstand im Kessel zu weit unter die zulässige Marke gesunken. Daher ist sofort der Wasserstand zu prüfen! Ist er in Ordnung, so ist der Kessel außer Betrieb zu setzen. Verhaltungsmaßnahmen wie bei 1.

II. Verhalten bei Wassermangel.

Abgesehen von den unter I genannten Fällen kann Wassermangel auch dann auftreten, wenn der Kesselwärter das Wasserstandsglas nicht beachtet, wenn er sich von einem falschen Wasserstand täuschen läßt oder wenn der Kessel durch Versagen oder Undichtheit des Ablaß- oder Abschlammventils zuviel Wasser verliert.

1. Ist das Wasser im Wasserstandsglas noch sichtbar, so ist gegebenenfalls nach Ausschaltung sämtlicher Regelvorrichtungen der normale Wasserstand im Kessel wieder herzustellen.

2. Ist das Wasser im Wasserstandsglas nach ordnungsgemäßem Ausblasen desselben nicht mehr sichtbar, so ist in jedem Fall die Dampfabgabe des Kessels durch Schließen des Absperrventils sofort einzustellen, die Zuführung von Speisewasser durch Schließen des Speiseabsperrventils abzustellen und die Feuerung einzustellen.

Kann man durch Einblick in den Feuerraum keine Veränderung der Kesselwandungen, wie glühende oder verbeulte Wandungsteile, feststellen, so ist das Speiseventil vorsichtig zu öffnen. Treten dabei nach Zufuhr von Speisewasser starke Schläge auf, so ist das Wasser im Kessel unter die Einmündung des Speiserohrs gesunken. Die Speisung ist dann sofort wieder einzustellen und der Kessel wie unter I, 1a und b beschrieben außer Betrieb zu nehmen. Werden beim Einblick in den Feuerraum glühende Kesselteile oder Beulen an Kesselwandungen (Flammrohr- oder Wasserrohrverbeulungen) festgestellt, so ist jede Zufuhr von Speisewasser zu unterlassen und sonst wie unter I, 1a und b geschildert zu verfahren.

3. Hat die Ablaßvorrichtung versagt oder läßt sich ein Abschlammventil nicht mehr schließen und bleiben alle Bemühungen, diesen Schaden unter Druck zu beheben, erfolglos, so kann eine Außerbetriebsetzung des Kessels nicht mehr vermieden werden. Bis zur endgültigen Druckentlastung ist durch Zufuhr von genügend Speisewasser auf die Einhaltung des niedrigsten Wasserstandes zu achten.

III. Verhalten bei zu hohem Wasserstand.

Durch zu hohen Wasserstand können Wasserschläge in Rohrleitungen und Dampfverbrauchern auftreten, die vielfach zu schweren Schäden führen.

Ist der Wasserstand durch zu vieles Speisen über die Einmündung des Dampfzuführungsrohres zum Wasserstandsglas gestiegen, so ist die Kesselleistung durch Zugeinschränkung herabzumindern. Hierauf ist durch vorsichtiges Öffnen einer Ablaßvorrichtung der Wasserspiegel bis zum normalen Stand abzusenken. Nach dem Schließen der Ablaßvorrichtung ist aber zu prüfen, ob diese einwandfrei dicht hält.

G. Schäden an den Wandungen von Dampfkesseln.

Nach den Betriebsvorschriften für Kesselwärter haben die Kesselwärter auffallende Erscheinungen an Nietnähten und an Schweißnähten, besonders an solchen von Wasserkammern, undichte und schadhafte Stellen, starke Verrostungen und ungewöhnliche Erscheinungen am Kesselkörper, Beschädigungen am Mauerwerk, Einsturz von Schutzgewölben u. dgl. dem Vorgesetzten unverzüglich zu melden.

Außerdem haben die Kesselwärter oder andere hierfür geeignete Personen den Kessel und seine Feuerzüge nach jeder Reinigung zu befahren und genau zu untersuchen. Dabei sind besonders stark beanspruchte Stellen, z. B. Krempen an Böden, Kammerhälse und Stutzen, Nietnähte und Schweißnähte, die Durchgangsöffnungen der Wasserstandsvorrichtungen, die Mündungen der Speise- und Entleerungsvorrichtungen sorgfältig auf ihren Zustand zu prüfen.

Zu dieser verantwortungsvollen Tätigkeit muß der Kesselwärter die Arten jener Veränderungen der Kesselwandungen kennen, welche die Betriebssicherheit des Kessels vermindern oder Betriebsstörungen und u. U. Zerknalle verursachen können.

Die nachstehende Zusammenstellung der wichtigsten Kesselschäden soll das Auffinden solcher Schäden erleichtern.

1. Schwächung der Wandungen.

Die meisten Anfressungen auf der Wasserseite eines Kessels haben zunächst die Form von kleinen narbenartigen Grübchen mit scharfen Rändern. Sie sind mit einem schwarzen Pulver angefüllt. Vor allem findet man diese Rostgruben an der Sohle des Kesselmantels, in der Nähe der Ablaßöffnung und an den Flammrohrscheiteln. Sie sind auf die Einwirkungen von Luft und Kohlensäure zurückzuführen, die mit dem Speisewasser in den Kessel gelangen, dort ausgetrieben werden und sich als Bläschen an den Wandungen, besonders unter dem Kesselschlamm festsetzen; sie sind ein Zeichen dafür, daß das Speisewasser nicht genügend entgast ist.

Erreichen die Rostgruben im Laufe der Zeit bedenkliche Tiefen, so wird eine Ausbesserung des Kessels nötig. Diese ist nur nach vorheriger Verständigung der zuständigen Überwachungsstelle vorzunehmen.

Auf der Feuer- und Außenseite eines Kessels werden Wandschwächungen meist durch Austreten von Kesselwasser infolge Undichtheiten, durch feuchtes Mauerwerk oder durch schädliche Bestandteile in den Heizgasen hervorgerufen.

Bild 127 zeigt z. B. die stark abgezehrte untere Verbindungsrundnaht der Feuerbüchse eines Quersiederkessels mit dem Kesselmantel.

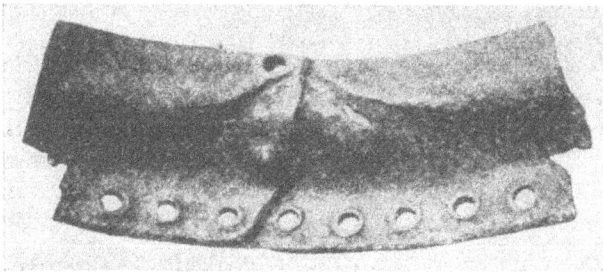

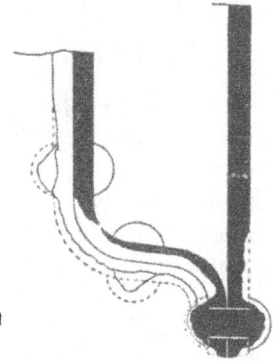

Bild 127. Anfressungen an der Verbindung des Mantels mit der Feuerbüchse eines stehenden Quersiedekessels.

Dieser Teil des Feuerbüchsmantels ist durch die Rostabmauerung verdeckt, während der Kesselmantel bis zur Nietnaht mit einer Isolierung versehen war.

Infolge einer starken Undichtheit an der Längsnaht der Feuerbüchse hatte sich das austretende Wasser hinter der Rostabmauerung und in der dort befindlichen Asche festgesetzt und die starken, z. T. durchgehenden Abrostungen des Feuerbüchsmantels bewirkt. Außerdem waren auch einige Verschlußdeckel undicht gewesen. Das Leckwasser aus diesen Deckeln hatte die Isoliermasse stark durchnäßt, sich am unteren Rand des Kesselmantels angesammelt und dort Abrostungen hervorgerufen.

Die Entstehung und das Fortschreiten solcher Ausrostungen kann meist vermieden werden, wenn von Zeit zu Zeit, mindestens nach jeder Reinigung, nach Undichtheiten geforscht wird. Diese sind in der Regel an weißen Ausblühungen an den undichten Stellen zu erkennen. Erleichtert wird das Auffinden von Undichtheiten während des Betriebes bei stehenden Quersieder-, Feuerbüchs- und ähnlichen Kesseln, wenn die Verkleidung nicht ganz bis zur unteren Verbindungsnietnaht des Mantels mit der Feuerbüchse reicht, da das an irgendeiner Stelle des Mantels austretende Leckwasser zwischen der Verkleidung und dem Mantel herabläuft und dann unten offen austritt.

Abrostungen der vorher geschilderten Art an Kesselwandungen können auch durch feuchtes Mauerwerk hervorgerufen werden. In Bild 128 ist eine derartige Ab-rostung an einem Boden des Un-terkessels eines Batteriekessels dargestellt. Auch bei Flammrohr-kesseln kommen unter der Mauer-zunge der Seitenzüge häufig Ab-rostungen vor, wenn das Mauer-werk feucht und wenn zwischen der Mauerzunge und dem Kessel-mantel kein Schutz — Blech, Schiene, Asbestplatte — einge-legt ist.

Erhöhte Abrostungsgefahr be-steht bei Kesseln, die nur zeit-weise betrieben werden.

Gefährliche feuerseitige Ab-rostungen werden auch durch

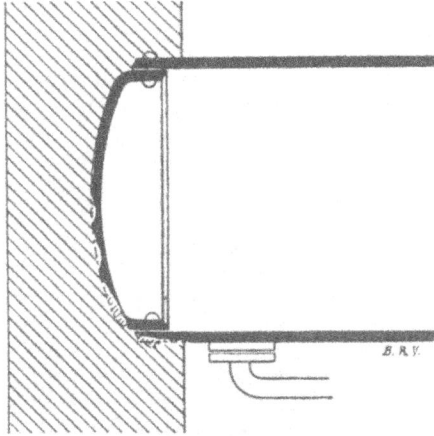

Bild 128.
Abfressungen am Boden eines Batteriekessels.

Heizgase unter gewissen Bedingungen verursacht. Sie sind schwer zu er-kennen, weil sich solche Abzehrungen ohne merkbaren Übergang nicht nur auf kleine Stellen, sondern auf größere Wandungsteile erstrecken.

Am häufigsten kommen diese Schäden bei Verheizung von stark schwefelhaltiger Kohle vor, die auf der Feuerseite einen gelblich-weißen Belag verursacht. Dieser Belag ist an sich ungefährlich. Tritt aber Feuchtigkeit hinzu, entweder durch Undichtheiten oder durch einen mangelhaft entwässerten Rußbläser, so entsteht Schwefelsäure, die die Wandungen angreift und die gleichmäßigen Abzehrungen hervorruft. Darum sind Rußbläser stets gut zu entwässern. Diese Abzehrungen findet man vielfach auch an Vorwärmern, die zu kalt gespeist werden.

Gleichmäßige Abzehrungen können aber auch durch mechanische Einwirkungen, besonders durch die Schleifwirkung des Flugkokses und der Flugasche entstehen. Sie zeigen sich bei Wasserrohren meist an den beiden Seiten der Rohre. Der Übergang von der vollen zur ge-schwächten Wanddicke erfolgt ebenfalls ganz allmählich, so daß eine solche Schwächung durch eine Besichtigung allein nur schwer wahrzu-nehmen ist. Man kann sie jedoch durch vergleichende Messung von zwei senkrecht zueinander stehenden Rohrdurchmessern oder durch Ab-klopfen ermitteln.

Flächen- oder muldenartige Abzehrungen an Wasserrohren sind vielfach durch die Schleifwirkung eines falsch eingesetzten Drehruß-bläsers verursacht, dessen Dampfstrahl nicht in die Rohrgassen bläst, sondern auf das Rohr auftrifft. Eine genaue Nachprüfung des richtigen Einbaues der Rußbläser ist daher erforderlich.

Bild 129. Ausschleifungen an einem Mantelschuß, hervorgerufen durch Undichtheiten an der Rundnaht.

Furchenartige Abzehrungen, wie in Bild 129 dargestellt, sind auf die Schleifwirkung des aus einer undichten Naht austretenden Dampfwassergemisches zurückzuführen.

Werden solche Wandschwächungen festgestellt, so ist in jedem Fall Mitteilung an die zuständige Überwachungsstelle erforderlich, die über die sachgemäße Ausbesserung oder über die zu treffenden Maßnahmen entscheiden wird.

2. Formänderung der Wandungen.

Diese kann auch ohne vorherige Schwächung der Wandung eintreten, wenn die Wandung nicht mehr durch Wasser gekühlt und bis zur Rotglut erhitzt wird. Durch Wassermangel bedingte Einbeulungen treten am häufigsten an Flammrohr-, Lokomobil- und Lokomotivkesseln auf, bei denen die Flammrohrscheitel bzw. Feuerbüchsdecken eingedrückt werden und unter Umständen aufreißen können (s. Bild 130).

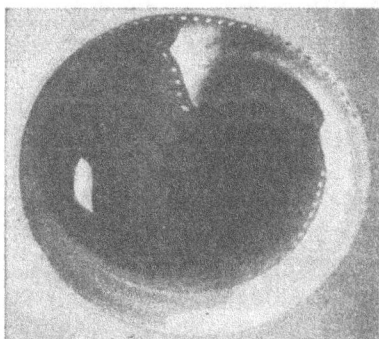

Bild 130. Stark eingebeultes Flammrohr, von vorne gesehen.

Vielfach sind solche Verbeulungen auch auf einen zu starken Kesselsteinansatz zurückzuführen, der eine genügende Kühlung der Wandung verhindert. Sie treten bei Walzen- und Batteriekesseln besonders an der Feuertafel, bei Quersieder- und Feuerbüchskesseln am unteren Teil der Feuerbüchswände oder an der Feuerbüchsdecke, bei Flammrohrkesseln am Flammrohrscheitel und seitlich am Flammrohr nächst der Bodenaushalsung auf.

Ausbeulungen an Wasserrohren sind ebenfalls in der Regel auf wasserseitige Niederschläge in den Rohren zurückzuführen, sie können aber auch durch einen ungenügenden Wasserumlauf verursacht sein.

Beim Auffinden von Verbeulungen ist stets die Überwachungsstelle zu verständigen!

3. Trennung der Wandungen.

Die gefährlichsten aller Kesselschäden sind Rißschäden, die den Zerknall eines Kessels herbeiführen können.

An Nietnähten treten sie als Nietlochrisse auf. Vom Nietloch aus zur Stemmkante führende Risse heißen Kantenrisse. Sie sind, sofern sie nicht undicht sind, weniger bedenklich. Gefährlicher dagegen sind die Stegrisse, die sich von einem Nietloch zum anderen Nietloch erstrecken. Da Nietlochrisse fast immer ihren Ausgang von den Auflageflächen der Bleche aus nehmen, sind sie weder von der Wasserseite noch von der Feuerseite aus zu erkennen. Anzeichen für das Vorhandensein solcher Stegrisse sind jedoch wiederholt an ein und derselben Stelle auftretende Undichtheiten, die daher nicht ohne weiteres verstemmt oder gar geschweißt werden dürfen. In solchen Fällen ist der zuständige Kesselprüfer zu verständigen, der nach Herausnahme mehrerer Niete die sauber ausgeriebenen Nietlöcher untersucht, die Ursache der Undichtheiten feststellt und für Abhilfe sorgen wird.

Wie wichtig solche Mitteilungen für den Kesselprüfer sind, geht aus den beiden folgenden Beispielen hervor.

An einem Zweiflammrohrkessel, dessen Mantellängsnähte durch Doppellaschennietung hergestellt waren, hatten sich an einer der Längsnähte immer an der gleichen Stelle während des Betriebes trotz mehrmaligen Verstemmens Undichtheiten bemerkbar gemacht. Die Durchführung der Nietlochuntersuchung ergab dann in einer Nietlochreihe des Mantelbleches einen durchgehenden, sich über die ganze Schußlänge erstreckenden Riß, der aus Bild 131 nach Abnahme der Lasche sichtbar

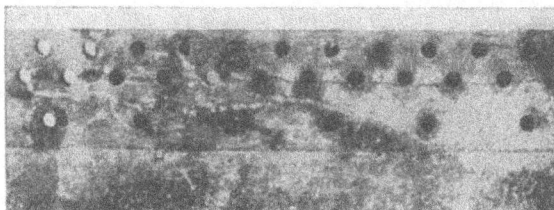

Bild 131. Durchgehender Riß in der Nietnaht des Mantels eines Flammrohrkessels.

ist. Ein Kesselzerknall konnte durch das rechtzeitige Auffinden dieses Schadens verhindert werden.

Beim Wasserdruckversuch an einem Steilrohrkessel trat an einem Niet der Bodenrundnaht des Unterkessels eine Undichtheit auf, die trotz Nachstemmens nicht beseitigt werden konnte. Das ordnungsgemäß geschlagene Niet hatte, wie nach seiner Herausnahme festgestellt werden konnte, das Nietloch vollkommen ausgefüllt, die Undichtheit also nicht selbst veranlaßt. Bei der hierauf durchgeführten Nietlochuntersuchung wurden jedoch Risse im Mantelblech festgestellt, die, wie die Prü-

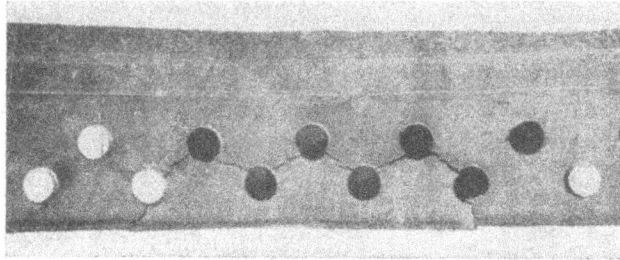

Bild 132. Risse in der Bodenrundnaht einer Steilrohrkesseltrommel.

Bild 133. Durch Entnieten freigelegte Auflagefläche.

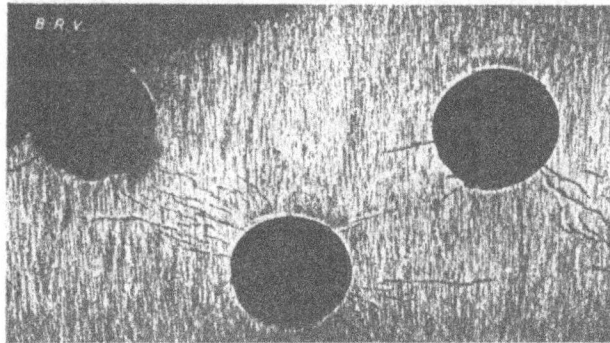

Bild 134. Haarrisse, durch leichtes Überhobeln sichtbar gemacht.

fung benachbarter Nietlöcher zeigte, über den ganzen Umfang des Mantels verliefen. Die Innenansicht eines Stückes des schadhaften, konisch ausgedrehten Mantels nach Wegnahme des Bodens ist aus Bild 132 ersichtlich.

Wie schwer solche Risse zu erkennen sind, geht aus Bild 133 hervor, das einen anderen Teil der gleichen Rundnaht zeigt. Die tatsächliche

Bild 135. Draufsicht auf die Wasserseite einer Bodenkrempe
mit beginnenden Krempenabbrüchen.

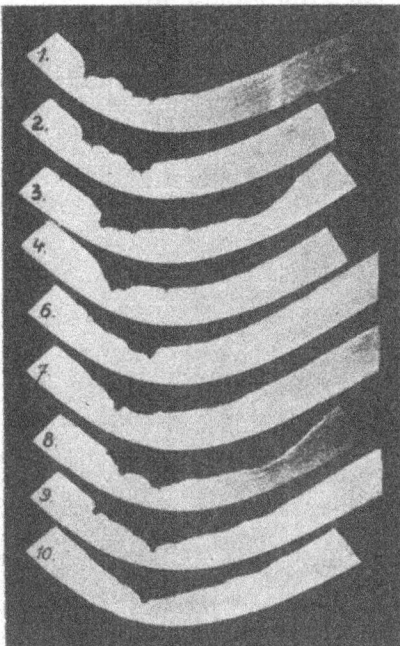

Bild 136. Querschnitt durch die in Bild 135
dargestellte Bodenkrempe.

Bild 137. Querschnitt durch eine der furchenartigen
Anrisse mit Anriß (95 fache Vergrößerung).

Beschaffenheit des Bleches veranschaulicht Bild 134, das dieselbe Stelle wie Bild 133, jedoch mit leicht abgehobelter Oberfläche, wiedergibt.

Risse in Form von Anbrüchen treten ferner vielfach in den Krempen von gepreßten oder gekümpelten Kesselbauteilen, wie Böden aller Art, Flammrohraushalsungen, Stirnplatten von Feuerbüchsstehkesseln u. a., auf.

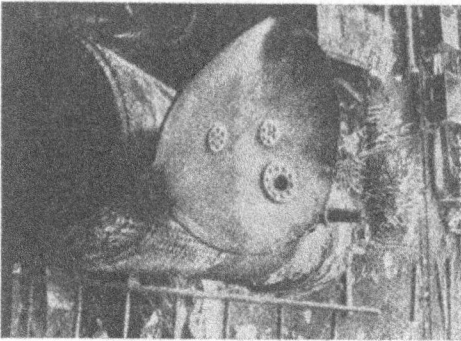

Bild 138. Aufgeklappter Boden eines Oberkessels mit Krempenriß.

Sie gehen stets von der Wasser- bzw. Dampfseite aus und beginnen, sofern sie im Wasserraum liegen, als längliche, nicht zusammenhängende, aber in einer Richtung verlaufende Rostgruben. Nach einiger Zeit vereinigen sich diese Gruben zu Furchen, wie sie aus Bild 135 in Ansicht und aus Bild 136 im Schnitt ersichtlich sind. Am Grunde dieser keilförmigen Ausfressung bildet sich dann ein feiner Riß (Bild 137), der bei der hohen Beanspruchung sich rasch vergrößert und die Trennung des gewölbten Bodenteils vom zylindrischen Teil verursachen kann (Bild 138).

Schwerer zu erkennen sind solche Krempenanbrüche, wenn sie im Dampfraum liegen (Bild 139). Die Gefährlichkeit der ohne Furchenbil-

Bild 139. Bodenkrempe mit Rissen im Dampfraum.

dung scharfkantig in das Blech eindringenden Risse zeigt Bild 140, das zwei Schnitte durch die gleiche Krempe wiedergibt.

Da Krempenanbrüche oft rasch fortschreiten, ist es unbedingte Pflicht eines jeden Kesselwärters und Betreibers, bei jeder sich bietenden Gelegenheit die Krempen, besonders flach gewölbter Böden, in sauber gereinigtem Zustand auf solche Schäden hin zu untersuchen und bei irgendwelchen Anzeichen von Rissen die Überwachungsstelle zu verständigen.

Kessel mit Wasserkammern, deren Umlaufblech mit der Deckel- und der Rohrplatte noch durch Feuerschweißung verbunden ist, sind

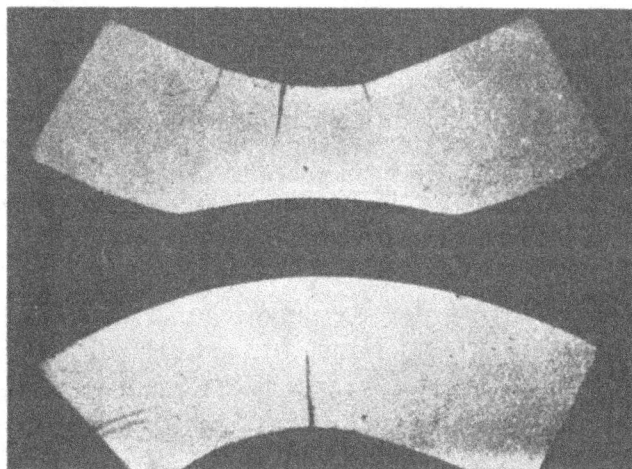

Bild 140. Zwei Querschnitte der rissigen Bodenkrempe.

beim Auftreten von Undichtheiten an den Schweißstellen c bis d (Bild 141) sofort außer Betrieb zu nehmen. Bei mehreren Kesselzerknallen wurde das Umlaufblech, dessen Schweißnaht mangelhaft ausgeführt war, zum Teil vollkommen abgerissen. Wenn auch die meisten solcher Kessel

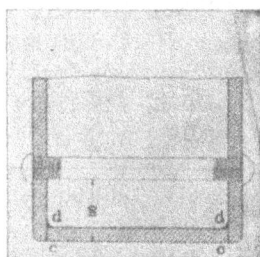

Bild 141.
Aufgerissene Wasserkammer.

Bild 142. Feuerbuchskessel mit eingebeulter Feuerbuchswand und ausgebauchter Seitenwand.

nun durch aufgeschweißte Laschen gesichert sind, so empfiehlt es sich doch, diese Stellen immer wieder auf Undichtheiten hin zu untersuchen.

Viel zu wenig Beachtung wird von seiten der Kesselwärter vielfach den Stehbolzen geschenkt, die bei Feuerbüchs-, Schiffs- und Wasserkammerkesseln verwendet werden. Stehbolzen sind meist an ihren Enden bis zu einer gewissen Tiefe angebohrt, um einen Bruch der Bolzen durch den aus den Bohrungen austretenden Dampf sofort zu erkennen. Statt den gebrochenen Stehbolzen möglichst rasch zu erneuern, herrscht leider die Unsitte, die Bohrungen, aus denen das Dampfwassergemisch austritt, zu vernageln. Die Folgen eines solchen leichtfertigen Verfahrens zeigt der schwere Schaden an einem Lokomotiv-(Feuerbüchs-)Kessel, an dem vier nahe beieinander liegende Stehbolzen der rechtsseitigen Feuerbüchswand abgerissen und vernagelt waren. Nach kurzer Zeit riß nun eine größere Anzahl weiterer Stehbolzen ab und die beiden Seitenwände wurden so stark ausgebeult, daß der restliche Teil der Stehbolzen aus der Feuerbüchsseitenwand herausgezogen wurde. Durch den ausströmenden Dampf kamen zwei Menschen ums Leben (s. Bild 142).

H. Betriebsführung der Kesselanlage in wirtschaftlicher Hinsicht.

Im nachfolgenden soll noch auf einige Punkte hingewiesen werden, die zu berücksichtigen und zu befolgen sind, um den Kesselbetrieb möglichst wirtschaftlich gestalten und führen zu können.

Der zum Verheizen gelangende Brennstoff ist trocken einzulagern, soferne er nicht unmittelbar nach seinem Eintreffen verfeuert wird. Damit die Gewähr besteht, daß der Brennstoff auf der zur Verfügung stehenden Feuerung einwandfrei verheizt werden kann, ist die Art des Brennstoffes der Feuerung anzupassen, andernfalls ist die Feuerung entsprechend zu ändern bzw. durch eine andere Feuerung zu ersetzen. Die Feuerung selbst muß sich in einem ordentlichen Zustand befinden und ihrer Eigenart entsprechend bedient und gewartet werden.

Besonders ist darauf zu achten, daß bei der Verbrennung keine unverbrannten Gase entstehen und ein starkes Rauchen des Schornsteins vermieden wird. Um die Feuerung vor zu raschem Verschleiß zu bewahren, soll sie nicht überanstrengt werden.

Die Kesselheizfläche ist sowohl auf der Feuer- wie auch auf der Wasserseite stets rein zu halten, um einen guten Wärmeübergang von den Gasen auf den Kesselinhalt zu ermöglichen. Das Kesselmauerwerk ist dicht und auch sonst instand zu halten, um das Einsaugen von Falschluft zu vermeiden und die Wärmeverluste durch Abstrahlung und Leitung zu vermindern. Der Rauchgasschieber ist so einzustellen, daß eine bestmögliche Verbrennung erreicht und der Dampfdruck gerade gehalten werden kann. Dadurch werden die unvermeidlichen Abgasverluste auf ein Mindestmaß beschränkt und der Kesselwirkungsgrad gesteigert.

Um einen Anhalt darüber zu gewinnen, mit welcher Belastung und mit welchem Wirkungsgrad der Kessel und die Feuerung arbeiten, ist es zweckmäßig, den täglichen Brennstoffverbrauch und den Verbrauch an Speisewasser zu bestimmen. Ersteres geschieht durch Abwiegen des Brennstoffes, letzteres mit Hilfe eines Wassermessers.

Das Speisen des Kessels sollte, wenn möglich, ununterbrochen, und zwar entsprechend dem jeweiligen Dampfverbrauch erfolgen. Dadurch ist es leichter möglich, einen gleichmäßigen Druck zu halten als beim stoßweisen Speisen. Als Speisewasser sollte aus Brennstoffersparnisgründen möglichst heißes und reines Wasser Verwendung finden. Daher ist für eine restlose Rückführung des Dampfkondensates Sorge zu tragen.

Ist in einem Betriebe mit stark schwankender Belastung zu rechnen, so sollte der Heizer rechtzeitig von dem Mehr- oder Minderbedarf an Dampf verständigt werden, um die Möglichkeit zu haben, den Feuerungsbetrieb und die Wasserstandshaltung im Kessel rechtzeitig entsprechend einregeln zu können.

Die gezogenen Rückstände sind bei kleineren Anlagen, ehe sie auf den Schlackenhaufen gefahren werden, auf ihren Ausbrand zu untersuchen. Brennbare Bestandteile sind sorgfältig auszulesen und wieder zu verfeuern. Es kann dadurch viel gespart werden.

Die Verbrennungsverhältnisse sind beim Vorhandensein geeigneter Meßinstrumente genauestens zu verfolgen. Mit Hilfe dieser Einrichtungen, vorausgesetzt, daß sie gut instand gehalten und mit Bedacht bedient werden, kann zur Brennstoffersparnis viel beigetragen werden.

Sind Überhitzer und Rauchgasvorwärmer vorhanden, so ist durch öfteres Ablesen der Temperaturen ihre Arbeitsweise zu verfolgen. Werden die gewünschten Temperaturen nicht mehr erreicht, so ist dem Grunde hierfür sofort nachzugehen. Man halte sich dabei stets vor Augen, daß heißer Dampf Dampfersparnis und heißes Wasser Brennstoffersparnis und Kesselentlastung bedeuten. Die Temperaturmeßgeräte

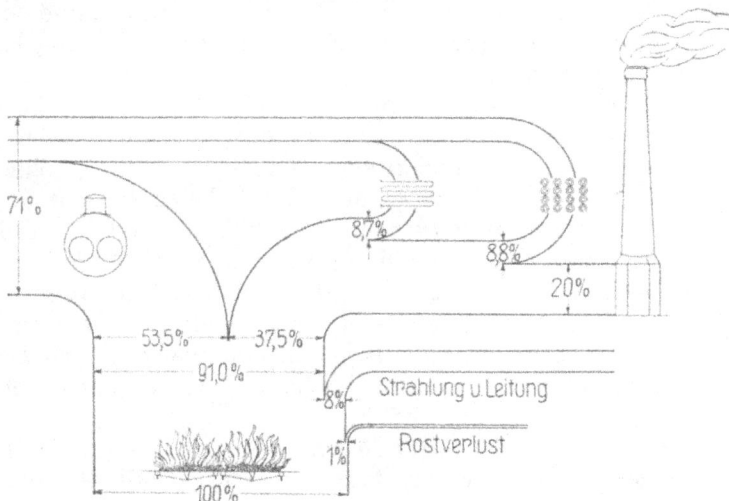

71%
8,7%
8,8%
20%
53,5%   37,5%
91,0%
Strahlung u.Leitung
Rostverlust
100%

Bild 143. Wärmestrombild.

sollten von Zeit zu Zeit auf ihre richtige Anzeige hin geprüft werden. Diese Maßnahme bezieht sich übrigens auf alle technischen Meßgeräte.

In Bild 143 ist ein Wärmestrombild wiedergegeben, in dem bei einer Anlage, bestehend aus Kessel, Überhitzer und Rauchgasvorwärmer, die Ausnutzung der Brennstoffwärme und die auftretenden Verluste ersichtlich sind.

Von 100% der im Brennstoff enthaltenen Wärme wurden

$$53,5\% \text{ zur Dampferzeugung,}$$
$$8,7\% \quad » \quad \text{Dampfüberhitzung,}$$
$$8,8\% \quad » \quad \text{Speisewasseraufwärmung,}$$

zusammen 71,0% ausgenützt.

Verloren gingen

$$20,0\% \text{ durch den Schornstein,}$$
$$1,0\% \quad » \quad \text{den Rost,}$$
$$8,0\% \quad » \quad \text{Leitung, Strahlung, Ruß usw.,}$$

zusammen 29,0%.

J. Betriebsvorschriften für die Kesselwärter von Landdampfkesseln.

18. April 1932.

Allgemeines.

1. Die Kesselwärter haben die nachfolgenden Betriebsvorschriften für die Bedienung von Landdampfkesseln zu beachten.
2. Die Kesselwärter haben sich den Dampfkesselprüfern und sonstigen zuständigen Stellen gegenüber auf Aufforderung über die Kenntnis der Vorschriften auszuweisen.
3. Das Betreten der Kesselräume durch Unbefugte ist verboten und darf nicht geduldet werden. Das Verbot ist anzuschlagen.
4. Der Kessel muß unter sachkundiger Aufsicht bleiben, solange sich Feuer auf dem Rost befindet oder die Beheizung nicht abgestellt ist. Der Kesselwärter darf vor der Ablösung und der ordnungsmäßigen Übergabe des Kessels seinen Posten nicht verlassen.
5. Die Kesselanlage ist stets rein, gut beleuchtet und frei von allen nicht dahin gehörigen Gegenständen zu halten. Die vorgeschriebenen Ausgänge der Kesselanlage müssen während des Betriebes stets unverschlossen und frei bleiben. Andere, etwa versperrte Ausgänge sind zu kennzeichnen.
6. Werkzeuge, Bedarfsgegenstände und sonstige Ersatzteile für den Betrieb sollen stets vorhanden sein und geordnet aufbewahrt werden.

Inbetriebsetzung des Kessels.

7. Wenn der Kessel geöffnet war, so ist vor dem Schließen festzustellen, daß fremde Gegenstände aus ihm entfernt sind. Alle zum Kessel gehörigen Vorrichtungen müssen gangbar, ihre Verbindungen mit dem Kessel frei und die Entleerungsvorrichtungen geschlossen sein.

8. Das Anheizen muß vorsichtig und darf erst dann erfolgen, wenn der Kessel so weit mit Wasser gefüllt ist, daß der Wasserstand mit Sicherheit als genügend erkannt werden kann.

9. Rauchschieber, Zugdrehklappen usw. müssen vor dem Anheizen geöffnet werden, damit Rauchgasverpuffungen nicht eintreten können.

Es ist verboten, das Brennmaterial besonders zum Zwecke des leichteren Anzündens mit Petroleum oder anderen leicht entzündlichen Brennstoffen zu übergießen.

10. Während des Anheizens ist der Dampfraum des Kessels durch Öffnen der Sicherheitsventile oder anderer Vorrichtungen mit der äußeren Luft zu verbinden.

Dichtungen sind nachzusehen und erforderlichenfalls vorsichtig nachzuziehen.

11. Vor Beginn und während des Anheizens sind alle Ausrüstungs- und Zubehörteile, besonders die Wasserstandsvorrichtungen, unter Benutzung aller Hähne oder Ventile zu prüfen; das Manometer ist zu beobachten.

Betrieb des Kessels.

12. Hähne und Ventile sind vorsichtig zu öffnen und zu schließen. Besondere Sorgfalt ist bei Benutzung von Entleerungsvorrichtungen anzuwenden. Dampfleitungen und Überhitzer sind beim Anwärmen zu entwässern unter Berücksichtigung der Eigenart der Anlage. Dampfleitungen dürfen nur langsam angewärmt werden.

Die Entnahme von heißem Wasser aus Dampfkesseln für Gebrauchszwecke ist unzulässig, soweit nicht in Ausnahmefällen besondere Einrichtungen hierfür genehmigt sind.

13. Der Wasserstand muß stets in ausreichender Höhe gehalten werden. Er darf im Betrieb im allgemeinen nicht unter die Marke des niedrigsten Wasserstandes sinken. Kann der Wasserstand nicht mehr mit Sicherheit als genügend erkannt werden, so ist sofort die Einwirkung des Feuers zu unterbrechen und dem zuständigen Vorgesetzten unverzüglich Anzeige zu erstatten.

14. Die Wasserstandsvorrichtungen sind sämtlich zu benutzen und sauber zu halten. Alle Hähne und Ventile sind täglich nach Bedarf mehrmals zu prüfen. Sie sind langsam und vorsichtig zu öffnen und zu schließen. Mängel, insbesondere Verstopfungen, sind sofort zu beseitigen. Die Wasserstandsgläser sind gut zu beleuchten. Schutzvorrichtungen an ihnen sind stets in Ordnung zu halten.

15. Alle Speisevorrichtungen sind stets in brauchbarem Zustand zu erhalten, möglichst abwechselnd zu benutzen, zum mindesten aber öfter auf ihre Betriebsfähigkeit hin zu prüfen.

16. Das Manometer ist zeitweise vorsichtig auf seine Gangbarkeit zu prüfen. Hierbei ist danach zu sehen, ob die Zeigerstellung mit dem Abblasen der Sicherheitsventile übereinstimmt, ob der Zeiger beim vorsichtigen Schließen des Hahnes ohne Hemmung auf den Nullpunkt sinkt und beim langsamen Wiederöffnen auf den früheren Stand zurückgeht. Eine erhebliche Unstimmigkeit zwischen dem Anzeigen des Manometers und dem Abblasen der Sicherheitsventile ist dem Vorgesetzten zu melden.

17. Der Dampfdruck soll die festgesetzte, auf dem Fabrikschild angegebene und am Manometer durch eine rote Marke bezeichnete, höchste Spannung nicht überschreiten. Steigt der Druck zu hoch, so ist der Kessel aufzuspeisen und der Zug zu vermindern. Blasen dabei die Sicherheitsventile nicht ab, so sind sie sofort nachzusehen.

18. Die Sicherheitsventile sind regelmäßig auf ihren ordnungsgemäßen Zustand zu prüfen. Jede eigenmächtige Änderung der Ventile oder ihrer Belastung, insbesondere jedes Überlasten und Unwirksammachen, ist verboten.

19. Beim Abschlacken und bei der Handbeschickung des Rostes ist gebotenenfalls der Zug zu vermindern.

20. In Betriebspausen ist der Kessel nach Bedarf aufzuspeisen und der Zug zu vermindern.

21. Gegen Ende des Kesselbetriebes ist die Zufuhr von Brennstoff einzustellen, der Dampf soweit wie möglich wegzuarbeiten und der Kessel nach Bedarf aufzuspeisen; erforderlichenfalls sind die Absperrvorrichtungen, besonders die der Wasserstandsvorrichtungen und die der Speiseleitung, zu schließen. Die Einwirkung des Feuers ist aufzuheben und hernach der Rauchschieber zu schließen.

22. Das Decken des Feuers nach Beendigung des Betriebes ist nur gestattet, wenn der Kessel unter sachkundiger Aufsicht bleibt. Dabei darf der Rauchschieber nicht ganz geschlossen werden.

23. Die Kesselwärter haben den Zustand der Kessel, der Kesselmauerung und der Zugführung, besonders auch der Gewölbe, zum Schutze einzelner Kesselteile gegen die Einwirkung heißer Gase (besonders der Schutzgewölbe unterhalb der Wasserkammern bei Wasserrohrkesseln) zu beobachten.

Auffallende Erscheinungen an Nietnähten und an Schweißnähten, besonders an solchen von Wasserkammern, undichte und schadhafte Stellen, starke Verrostungen und ungewöhnliche Erscheinungen am Kessel, Beschädigungen am Mauerwerk, Einsturz von Schutzgewölben sind dem Vorgesetzten unverzüglich zu melden.

Vor Leckwasser und ausströmendem Dampf sind alle Teile des Dampfkessels und seiner Einmauerung sorgfältig zu schützen.

24. Schäden sind baldigst zu beseitigen. Bei gefahrdrohenden Schäden ist der Kessel sofort außer Betrieb zu setzen.

Reinigen und Entleeren des Kessels.

25. Mit dem Entleeren des Kessels darf erst begonnen werden, wenn das Feuer und die glimmende Flugasche entfernt sind und das Mauerwerk genügend abgekühlt ist.

Muß der Kessel aus zwingenden Gründen unter Dampfdruck entleert werden, so hat dies mit größter Vorsicht und bei möglichst niedrigem Druck zu geschehen.

Damit der Kessel völlig ausläuft, ist für Luftzutritt zu sorgen.

26. Einlassen von kaltem Wasser in den entleerten heißen Kessel ist untersagt.

27. Bei Frostgefahr sind außer Betrieb gesetzte Kessel und Rohrleitungen gegen Einfrieren zu schützen.

28. Außer Betrieb gesetzte Kessel und Rohrleitungen sind sorgfältig gegen die Einwirkung von Feuchtigkeit, insbesondere auch gegen die Einwirkung von Grundwasser zu schützen.

29. Der zu befahrende Kessel muß von den mit ihm verbundenen und unter Dampf gehenden Kesseln in allen Rohrverbindungen durch genügend starke Blindflanschen oder durch Abnehmen von Zwischenstücken sicher und sichtbar abgetrennt werden.

Gemeinschaftliche Feuerungseinrichtungen sind sicher abzusperren. Der Kessel und die Züge sind gut zu lüften.

30. Kesselstein und Schlamm sind aus dem Kessel gründlich zu entfernen. Der Kesselstein darf nicht mit zu scharfen Werkzeugen abgeklopft werden.

31. Die Züge und die äußeren Kesselwandungen sind gründlich von Flugasche und Ruß zu reinigen.

32. Nach jeder Reinigung haben die Kesselwärter oder andere hierfür geeignete Personen den Kessel und seine Feuerzüge zu befahren und genau zu untersuchen.

Dabei sind besonders stark beanspruchte Stellen, z. B. Krempen an Böden, Kammerhälse und Stutzen, Nietnähte und Schweißnähte, die Durchgangsöffnungen der Wasserstandsvorrichtungen, die Mündungen der Speise- und Entleerungsvorrichtungen sorgfältig auf ihren Zustand zu prüfen. Mängel sind dem Vorgesetzten zu melden (siehe auch Ziffer 23).

33. Beim etwaigen Anstrich des Kesselinneren ist mit Vorsicht zu verfahren. Der Anstrich ist möglichst dünn aufzutragen.

Die Verwendung von Stoffen, die betäubende oder leicht entzündliche Gase entwickeln, ist verboten.

14*

34. Zur Beleuchtung beim Befahren der Kessel und Züge dürfen leicht entzündliche Brennstoffe nicht benutzt werden.

Bei Benutzung elektrischer Lampen ist darauf zu achten, daß die Handlampen und Kabel den Vorschriften des VDE entsprechen und in Ordnung sind. Unter anderem müssen die Lampen mit einem sicher befestigten Überglas und mit Schutzkorb versehen sein und dürfen keine Schalter haben. Die Spannung muß bei Wechselstrom durch Schutztransformatoren mit getrennter Wicklung auf 42 Volt oder weniger herabgesetzt werden. Der Schutztransformator muß unmittelbar an der festverlegten Netzleitung oder nahe am Stecker angeschlossen sein.

35. Gelegentlich der Reinigung eines Kessels sind die Ausrüstungs- und Zubehörteile zu untersuchen und erforderlichenfalls instandzusetzen.

VIII. Die Niederdruckdampfkesselanlagen.

A. Vorbemerkung.

Als Niederdruckdampfkessel im Sinne der Niederdruckdampfkessel-Verordnung vom 27. 8. 36 gelten diejenigen Dampfkessel, deren Dampfspannung 0,5 kg/cm² = 0,5 atü nicht übersteigt. Derartige Kessel sind weder genehmigungs- noch revisionspflichtig; sie bedürfen jedoch einer einmaligen Abnahmeprüfung, sofern sie nicht typenmäßig zugelassen sind.

In Werkstoff, Bauart und Ausrüstung müssen die Niederdruckdampfkessel den anerkannten Regeln der Technik entsprechen; eine Ausnahme besteht darin, daß als Werkstoff auch Gußeisen zum Bau der Kessel verwendet werden darf. Dies ist dadurch begründet, daß bei dem niedrigen Druck und der Verwendung einwandfreien Gußeisens die Gefahren, die mit dem Betrieb jeden Dampfkessels verbunden sind, als gering angesehen werden können. Aus dem gleichen Grunde brauchen Niederdruckdampfkessel auch nicht unter ständiger Überwachung und Bedienung stehen.

In der Hauptsache werden Niederdruckdampfkessel zu Heizzwecken mit einem Betriebsdruck bis 0,1 atü verwendet. Dienen sie zu Kochzwecken, so werden sie mit einem Betriebsdruck bis 0,4 atü betrieben. In gewerblichen Anlagen (Molkereien, Wäschereien usw.) dagegen beträgt ihr Betriebsdruck meist bis 0,5 atü.

Zur Verwendung als Niederdruckdampfkessel können an sich alle Kesselbauarten herangezogen werden. Jedoch wurden im Laufe der Zeit für diesen Zweck besondere Bauarten ausgebildet.

1. Kesselbauarten.

a) Gußeiserne Gliederkessel.

Für Raumheizung werden meistens gußeiserne Gliederkessel, die zur Verfeuerung von Koks geeignet sind, verwendet. Sie bestehen aus einzelnen hohlen Gliedern, die zur Aufnahme des Wassers und des Dampfes dienen und die mittels schmiedeiserner konischer Nippel untereinander verbunden werden. An den Außenseiten der Glieder sind Dichtleisten angegossen, durch welche die Kanäle zur Führung der Heizgase

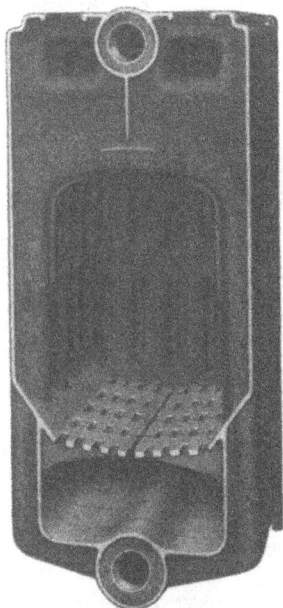

Bild 144. Einzuggliederkessel mit oberem Abbrand der Strebelwerke Mannheim.

Bild 145. Mehrzuggliederkessel mit oberem Abbrand der Nationalen Radiatoren-Ges., Berlin.

gebildet werden. Der Rost ist bei diesen Kesseln mit den Kesselgliedern aus einem Stück gegossen und wassergekühlt.

Bei gußeisernen Gliederkesseln unterscheidet man Kessel mit oberem und Kessel mit unterem Abbrand sowie Kessel ohne Feuerzüge und Kessel mit Feuerzügen. (Ein- und Mehrzugkessel.)

Ein Kessel mit oberem Abbrand ist dadurch gekennzeichnet, daß die ganze im Füllschacht aufgespeicherte Brennstoffmenge gleichzeitig in Glut und damit zur Verbrennung gelangt. Die durch den Rost dem Brennstoff zugeführte Verbrennungsluft zieht mit den Verbrennungsgasen durch die aufgeschüttete Füllschicht und gelangt beim Einzugkessel (Bild 144) unmittelbar in den Schornstein, beim Mehrzugkessel zunächst in die Züge (Bild 145).

Bei dieser Anordnung des Verbrennungsraumes ist es ohne weiteres klar, daß nach dem Aufgeben von frischem Brennstoff, solange die Brennstoffschicht noch nicht vollständig in Glut geraten ist, die vorhandenen flüchtigen Bestandteile, die durch die erfolgende Erwärmung entweichen, nicht vollkommen verbrennen können, da hierzu der notwendige Sauerstoff und die vor allem erforderliche Zündtemperatur fehlen. Daher neigen Kessel mit oberem Abbrand in diesem Feuerzustand stark zu Kohlenoxydbildung. Eine Verminderung der Kohlenoxydbildung kann dadurch erreicht werden, daß man die Brennschicht nicht zu hoch hält, die Kessel also öfter mit geringen Brennstoffmengen beschickt.

Auch das Offenstehenlassen der in die Feuerungstüre eingebauten Luftrosetten zwecks Zuführung von sog. Oberluft zum Nachverbrennen der Gase bringt eine gewisse Besserung. Den gleichen Zweck verfolgen

Bild 146. Koksgliederkessel mit unterem Abbrand der Strebelwerke Mannheim.

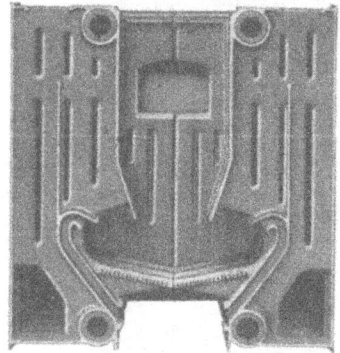

Bild 147.
Buderus-Lollar-Kohlenkessel.

außerdem die Einrichtungen, welche die Zuführung von mehr oder minder stark vorgewärmter Zweitluft ermöglichen.

Es darf jedoch nicht unterlassen werden, darauf hinzuweisen, daß die Zuführung von Zweitluft bei derartigen Kesseln dann zum Nachteil werden kann, wenn keine unverbrannten Gase zum Nachverbrennen zugegen sind oder die Temperatur zum Entzünden des Gasluftgemisches fehlt (Abbrand- und Anheizzustand).

Bei den Kesseln mit unterem Abbrand (Bild 146) gerät die aufgespeicherte Brennstoffmenge nur bis zu einer bestimmten Schichthöhe über dem Rost in Glut; die Verbrennungsgase werden etwa im ersten Drittel der Füllhöhe seitlich in die Kesselzüge geleitet. Durch die Einhaltung einer stets gleichbleibenden Höhe der Verbrennungszone wird erreicht, daß die Verbrennung fast vollkommen verläuft und das Auftreten von unverbrannten Gasen in geringen Grenzen bleibt. Bei diesen Kesseln ist daher, solange Koks verheizt wird, das Zuführen von Zweitluft nicht erforderlich.

In letzter Zeit ist man dazu übergegangen, in gußeisernen Gliederkesseln Kohle statt Koks zu verheizen. Da die vorstehend beschriebenen Koksgliederkessel mit unterem Abbrand nicht mit Zweitluftzuführung versehen sind, erfolgte, abgesehen davon, daß die Leistung
abfiel, in ihnen die Verbrennung von Kohle unter Luftmangel und starker
Rauchentwicklung. Man war sich daher klar, daß man, um beide Mängel
zu beheben, die Verbrennung durch Zuführen von Nachverbrennungsluft
verbessern mußte.

Wie aus dem Bild 147 ersichtlich, wird bei den Kohlenkesseln die
Zweitluft dem Aschenfallraum entnommen, in schmalen Kanälen über
die ganze Kessellänge — was wichtig ist — seitlich der Feuerung hoch-

Bild 148. Rostansicht mit Regulierklappe für Zu-
satzluft der Nationalen Radiatoren-Ges., Berlin.

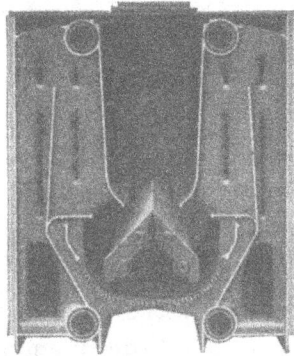

Bild 149.
Buderus-Lollar-Kohlenkessel
mit Schrägrost.

geführt und oberhalb des glühenden Brennstoffbettes den abziehenden
Gasen beigemischt. Bei dieser Art Luftzuführung wird eine innige
Mischung der Zweitluft und der Feuergase und, da dies in der heißesten
Zone erfolgt, eine gute Nachverbrennung erreicht.

Um die Zweitluftzuführung nach Bedarf regeln zu können, sind die
Zweitluftzuführungskanäle mit Regelklappen, die von Hand bedient
werden können, versehen (s. Bild 148).

In Bild 149 ist eine andere Kesselbauart zum Verheizen von Kohle
dargestellt. Sie unterscheidet sich von den bereits gezeigten Kohlenkesseln
dadurch, daß an Stelle des üblichen Planrostes ein Schrägrost derart
eingebaut ist, daß der Kessel in zwei Verbrennungsräume unterteilt wird.

Der Brennstoff gelangt aus dem oberhalb des Schrägrostes befindlichen Füllschacht auf die beiden Schrägroste; die Unterteilung in Verbrennungsraum und Füllschacht gewährleistet eine gleichbleibende
Brennschichthöhe auf den Schrägrosten. Die Zweitluftzuführung erfolgt
auf die gleiche Weise, wie vorher beschrieben.

Bild 150 zeigt einen weiteren Schrägrostkessel, der sich zur Verheizung von minderwertigen Brennstoffen, wie Lohe, Rohbraunkohle usw. eignet. Durch die Anordnung eines Vorrostes wird der Brennstoff getrocknet und entgast ehe er auf den eigentlichen Verbrennungsrost gelangt.

b) Schmiedeiserne Kessel.

Der bekannteste unter den schmiedeisernen Niederdruckdampfkesseln ist der eingemauerte Flammrohrröhrenkessel (Bild 151).

Er besteht aus einem zylindrischen Mantel mit eingenieteten Böden, die durch ein durchgehendes Flammrohr und durch eine Anzahl links und rechts vom Flammrohr liegender Heizrohre miteinander verbunden sind. Auf das Flammrohr ist ein Füllschacht aufgesetzt, der den Kesselmantel nach oben durchdringt. Unter der unteren Füllschachtöffnung ist etwas unter dem Flammrohrmittel der Verbrennungsrost angeordnet, der aus gewöhnlichen Planroststäben besteht.

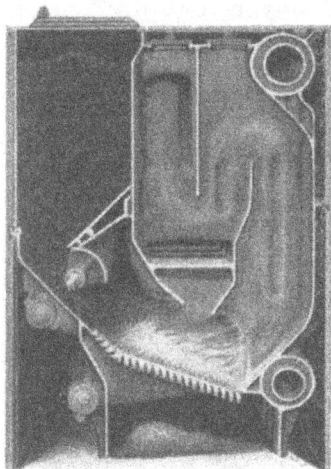

Bild 150. Gliederkessel für minderwertigen Brennstoff der Nationalen Radiatoren-Ges., Berlin.

Durch die beschränkte Größe der Rostfläche — diese ist in ihrer Breite durch die Flammrohrweite und in ihrer Länge durch die Größe der Füllöffnung bzw. durch den Schüttkegel des Brennstoffes begrenzt — ist auch der Größe und damit der Leistung dieser Kessel eine Grenze

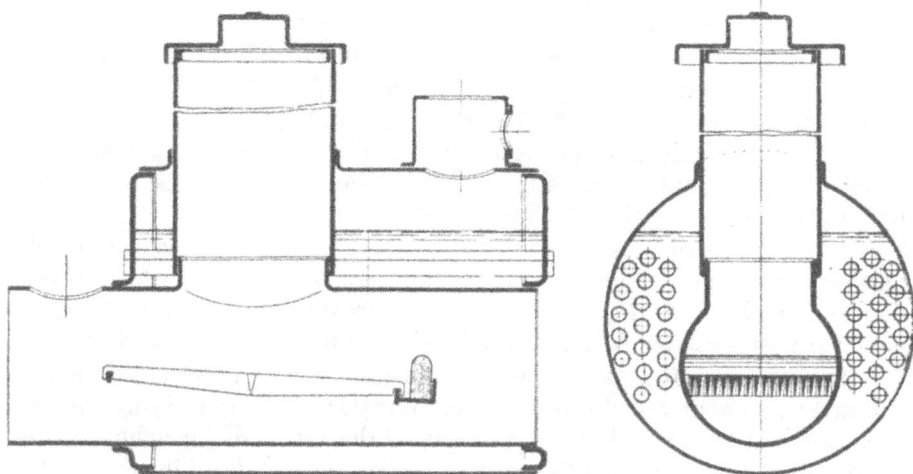

Bild 151. Schmiedeiserner Flammrohr-Röhrenkessel.

gesetzt. Man kann derartige Kessel nur bis zu einer Größe von etwa 60 m² Heizfläche herstellen.

Die Rauchgase ziehen vom Rost weg (unterer Abbrand) durch das Flammrohr nach hinten (1. Zug), gelangen durch die Heizrohre nach vorne (2. Zug), um dann den Kesselmantel bestreichend (3. Zug) zum Fuchs abzuziehen. Die beiden Umkehrkammern und der 3. Zug werden durch die Einmauerung gebildet.

Die Arbeitsweise dieser Kessel ist besonders dann befriedigend, wenn eine öftere Betriebsunterbrechung nicht erfolgt. Der verhältnismäßig große Wasserinhalt stellt einen Wärmespeicher dar und macht diese Kessel gegenüber Belastungsschwankungen unempfindlich. Bei nicht durchgehendem Betrieb bedingt er allerdings größere Anheizverluste. Infolge ihrer hohen Anschaffungskosten und des großen Platzbedarfes werden diese Kessel heute nur mehr selten neu aufgestellt.

Unter den neueren Bauarten der schmiedeisernen Kessel ist zunächst der Stahlringgliederkessel (Bild 152) zu erwähnen.

Dieser Kessel besteht je nach der erforderlichen Heizfläche aus einer verschiedenen Anzahl stehender, hohler Ringe, deren Abstände bzw. Zwischenräume zur Gasführung dienen. Der innerste Ring begrenzt den Füllschacht zur Aufnahme des Brennstoffes. Unter den Ringen ist der Rost angeordnet, der wassergekühlt ist und dessen Roststäbe aus Rohren bestehen. Die einzelnen Ringglieder sind untereinander durch Nippel verbunden.

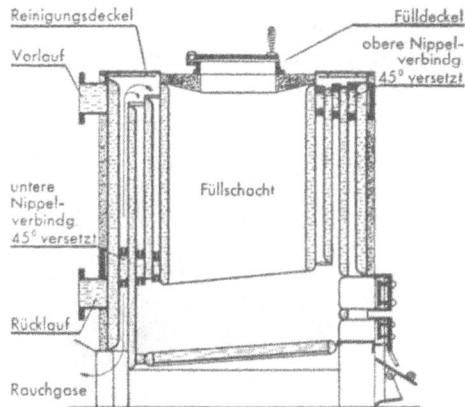

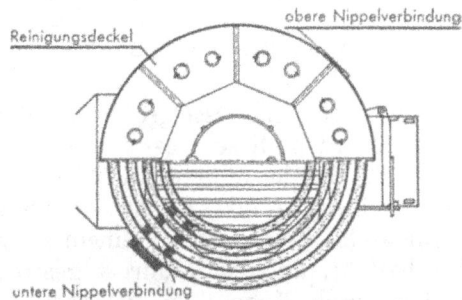

Bild 152. Stahlringgliederkessel der Kreuzstromwerke G. m. b. H., Hagen/Westf.

Wie schon erwähnt, ist man heute bestrebt, an Stelle des Kokses mehr Kohle zu verheizen. Hand in Hand ging damit der Wunsch, auf einem kleinen Raum größere und leistungsfähigere Kesseleinheiten unterzubringen und dabei nach Möglichkeit an Werkstoff zu sparen.

Kessel, die diesen Voraussetzungen entsprechen, sind u. a. der Kofferkessel und der Hollandkessel.

Bild 153 zeigt eine Ausführungsart des Kofferkessels. In einem
zylindrischen Kesselmantel, der im unteren Teil durch eine ebene Platte
begrenzt wird, ist ein unten offenes Flammrohr eingebaut, das zur
Aufnahme der Feuerung dient. Das Flammrohr endigt in einer
durch ebene Wandungen begrenzten Umkehrkammer, die mit Ausnahme des Bodens vollkommen vom Wasser umspült wird. Eine weitere Umkehrkammer ist neben dem Flammrohr unmittelbar an der
vorderen Stirnwand eingebaut. Die beiden Rohrwände der Umkehrkammern sind durch eine Anzahl Rauchröhren miteinander verbunden.
Die Rauchgase streichen vom Rost aus durch das Flammrohr zur hinteren Umkehrkammer, gelangen durch die Rauchröhren zur vorderen
Umkehrkammer und verlassen den Kessel durch einen Unterzug, wobei
sie noch einen Teil der ebenen Platte des Mantels beheizen.

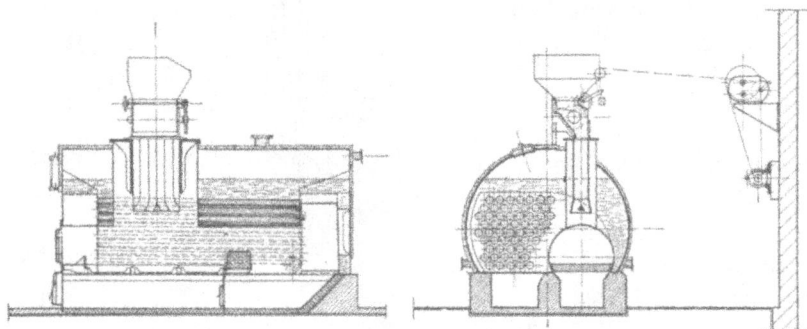

Bild 153.
„Weck"-Kofferkessel „Mittelkessel" mit Kohlenselbstheizer D.R.P. ang.

Je nach der Kesselgröße und der Art des zu verheizenden Brennstoffes werden diese Kessel mit verschiedenen Feuerungsanlagen ausgerüstet. Bei der in dem Bild 153 dargestellten Feuerung wird die Kohle
durch einen in den Kessel eingebauten Füllschacht mit Hilfe eines
Kohlenselbstheizers, der in einem selbsttätig arbeitenden Walzenbeschik-
ker besteht, auf den Planrost gestreut. Bei anderen Kesseln wird die
Kohle durch einen dem Planrost vorgebauten Rostbeschicker in der
üblichen Weise auf den Rost aufgegeben. (Siehe auch S. 37/38.) Größere
Kofferkessel werden auch mit Kleinwanderrosten ausgerüstet. Mit allen
drei Feuerungsarten ist beabsichtigt, die Kohle möglichst rauchfrei zu
verheizen.

Der Aufbau des Hollandkessels ist aus dem Bild 154 zu ersehen.
In einem zylindrischen Kesselmantel sind als Heizfläche und zur Feuerführung ein sehr großes Flammrohr, einige weite und eine große Anzahl
enger Rauchrohre eingebaut. Die Verbrennungsgase durchziehen im
1. Zug das Flammrohr, gelangen im 2. Zug durch mehrere weite Rohre
nach einer Umkehrkammer und durchziehen im 3. Zug nach vorne die

vielen engen Rohre, um nochmals umkehrend durch weite Rohre (4. Zug) nach hinten in den Fuchs zu entweichen.

Das Flammrohr, das zur Aufnahme der Feuerung dient, ist sehr weit gehalten, wodurch ein großer Verbrennungsraum geschaffen wird. Durch Ausstattung der Feuerung mit Unterwind und Zuführung von vorgewärmter Zweitluft in den Verbrennungsraum ist dafür gesorgt, daß die Verheizung von gasreichem Brennstoff rauchlos vor sich gehen kann. Als Feuerungen kommen hand- und mechanisch beschickte Roste sowie der Doby-Stoker zum Einbau.

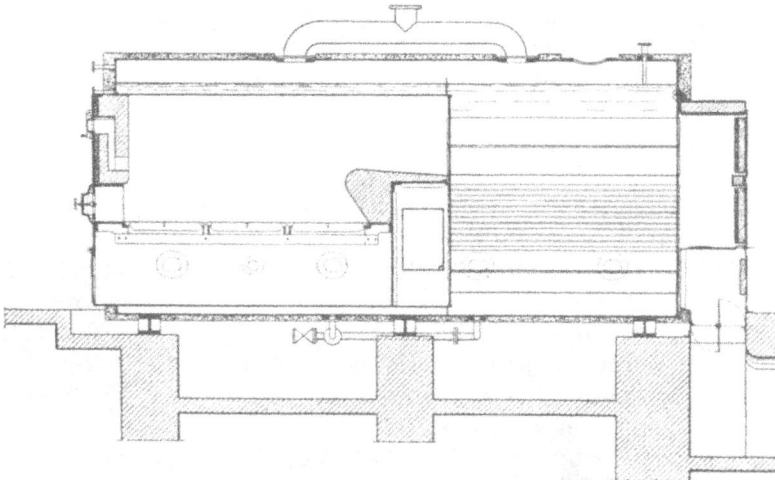

Bild 154   Einteiliger V. K. W.-Holland-Kessel mit Planrostfeuerung.

In gewerblichen Anlagen, wie in Molkereien und Wäschereien, die in der Regel mit dem für Niederdruckkessel zulässigen Höchstdruck von 0,5 atü arbeiten, hat der schmiedeiserne stehende Quersiederkessel und ähnliche, die auch für Hochdruckkessel in Betracht kommen, am meisten Eingang gefunden.

Hinsichtlich der Ausführung und Beschreibung dieser Kessel sei auf S. 83/84 verwiesen.

2. Ausrüstungsteile.

Nach den gesetzlichen Bestimmungen muß ein Niederdruckdampfkessel nachstehende Ausrüstungsteile erhalten:

Ein Wasserstandsglas.
Eine Wasserstandsmarke.
Ein Manometer.
Eine Standrohreinrichtung.
Ein Fabrikschild.

Um vom sicherheitstechnischen und wirtschaftlichen Standpunkt aus eine möglichst einwandfreie Betriebsführung zu erzielen, sollen derartige Kessel darüber hinaus noch folgende Ausrüstungsteile besitzen:

Eine Alarmeinrichtung für zu hohen Druck.
Eine Alarmeinrichtung für zu niederen Wasserstand.
Eine Entleerungseinrichtung.
Einen Verbrennungsregler.
Einen Heizgasschieber.

a) Das Wasserstandsglas.

Die gesetzlichen Bestimmungen über Niederdruckdampfkessel verlangen ausdrücklich ein Wasserstandsglas. Die Anordnung von Schwimmerwasserständen, Probierhähnen u. dgl. ersetzen daher das Wasserstandsglas nicht.

Dagegen sind eingehendere Vorschriften über die Ausführung des Wasserstandsglases nicht vorhanden, außer dem Hinweis, daß die Ausführung der Ausrüstungsteile den anerkannten Regeln der Technik zu entsprechen hat.

Man trifft daher noch vielfach Wasserstandseinrichtungen an, die vom Kessel nicht absperrbar sind, bei denen die Ausblasevorrichtung fehlt oder die nicht bis ins Kesselinnere durchstoßen werden können. Derlei Einrichtungen sind natürlich vom Standpunkte der Betriebssicherheit aus als nicht einwandfrei zu bezeichnen.

Grundsätzlich sollten Wasserstandsgläser für Niederdruckdampfkessel den gleichen Anforderungen entsprechen, die an diese Vorrichtungen bei Hochdruckkesseln gestellt werden und über die auf S. 102 berichtet wurde. Dagegen steht natürlich nichts im Wege, die Wasserstandsgläser für Niederdruckdampfkessel wegen des geringeren Druckes leichter zu bauen.

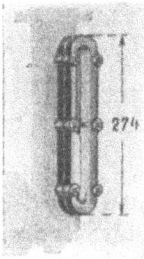

Bild 155.
Nicht absperrbares Reflexionswasserstandsglas der Strebelwerke Mannheim

Ein häufig anzutreffendes Wasserstandsglas ist in Bild 155 dargestellt. Als Glas findet dabei ein sog. Reflexionsglas Verwendung, das entweder an einem weiten, mit dem Wasser- und dem Dampfraum des Kessels ohne Absperrvorrichtung in Verbindung stehenden Rohr oder an der Kesselstirnwand unmittelbar befestigt ist. Gegen diese Einrichtung ist nichts einzuwenden, weil sie große, freie Durchgangsquerschnitte aufweist, die sich nicht verlegen.

b) Die Wasserstandsmarke.

Im Gegensatz zum Hochdruckdampfkessel, bei dem die Wasserstandsmarke in Höhe des niedrigsten Wasserstandes angebracht sein muß, hat beim Niederdruckdampfkessel die Wasserstandsmarke den Betriebswasserstand zu kennzeichnen, bei dessen Einhaltung sicher verhütet wird, daß vom Wasser nicht berührte Kesselteile durch übermäßige Erwärmung zu Schaden kommen. Die Wasserstandsmarke muß, damit sie ihren Zweck voll erfüllt, möglichst nahe am Glas angebracht werden.

c) Das Manometer.

Das Manometer hat den jeweils herrschenden Dampfdruck im Kessel anzuzeigen. Es kann sowohl an den Dampf- als auch an den Wasserraum des Kessels angeschlossen werden. Im ersteren Falle ist dem Manometer ein Wassersack vorzuschalten, um es der unmittelbaren Einwirkung des Dampfes zu entziehen. Außerdem ist es auch gegen die strahlende Kesselwärme zu schützen. Um das Manometer jederzeit abnehmen und die Leitung durchblasen zu können, sollte in die Manometerleitung stets ein Absperrhahn oder besser ein Dreiweghahn eingebaut werden.

Das Manometer darf, um es leicht ablesen zu können, nur ein Anzeigebereich bis höchstens 1 atü besitzen und muß beim höchstzulässigen Dampfdruck mit einer deutlichen Marke versehen sein.

Für Niederdruckdampfkessel können als Manometer Röhrenfeder- oder Membranmanometer verwendet werden. Hinsichtlich der Bauart und Arbeitsweise dieser Manometer wird auf die früheren Abhandlungen verwiesen.

d) Die Standrohreinrichtung.

Die Standrohreinrichtung soll eine Überschreitung des für den Kessel zulässigen Betriebsdruckes zuverlässig verhindern. Sie darf nicht absperrbar sein.

Die einfachsten Ausführungsarten von Standrohren sind in den Bildern 156 und 157 dargestellt.

Bei dem Schenkelstandrohr nach Bild 156 ist der abfallende Schenkel a an den Dampfraum des Kessels oder an die abgehende Dampfleitung vor dem Dampfabsperrventil angeschlossen. Der aufsteigende Schenkel b steht mit der Außenluft in offener Verbindung. Vor der Inbetriebnahme des Kessels werden die beiden Schenkel bis zur Höhe h mit Wasser gefüllt. Der Überdruck im

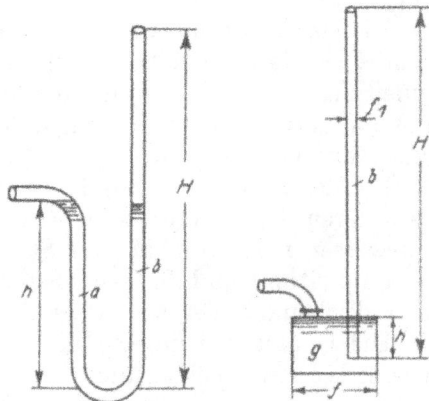

Bild 156.   Bild 157.
Normale Standrohrausführungen.

Kessel drückt dann das Wasser aus dem Schenkel a so lange in den Schenkel b, bis die Wassersäule in b dem entsprechenden Druck das Gleichgewicht hält. Ist durch einen weiteren Druckanstieg alles Wasser aus dem Schenkel a verdrängt, so schüttet das Standrohr über, d. h.

das Wasser wird auch aus dem Schenkel b verdrängt, so daß nun der Dampf ungehindert entweichen kann.

Soll ein Standrohr bei einem Druck von 0,5 atü überschütten, also im Kessel kein höherer Druck als 0,5 atü entstehen können, so darf Schenkel b höchstens 5 m hoch sein. Bei gleichem Rohrdurchmesser ist dann der Schenkel a 2,5 m hoch auszuführen.

Für andere Drücke kommen unter den gleichen Voraussetzungen folgende Schenkelhöhen in Frage:

Druck	Schenkel a	Schenkel b
0,1	0,5 m	1,0 m
0,2	1,0 m	2,0 m
0,3	1,5 m	3,0 m
0,4	2,0 m	4,0 m

Beim Standrohr nach Bild 157 ist der abfallende Schenkel a durch das Gefäß g ersetzt. Der Schenkel b darf auch bei dieser Ausführung nur 5 m Länge besitzen, außerdem muß der wirksame Inhalt des Topfes g mindestens gleich dem Inhalt des Schenkels b sein, damit dort wirklich eine Wassersäule von 5 m Höhe entstehen kann. Es muß also folgende Beziehung bestehen: $f \times h = f_1 \times H$, wobei f den Querschnitt des Topfes und f_1 den Querschnitt des Schenkels bedeuten.

Die vorstehenden Standrohrausführungen haben jedoch den Nachteil, daß beim Ausschütten der Standrohre das Absperrwasser verloren geht und damit ein Ausdampfen des Kessels durch das Standrohr eintreten kann.

Diesem Mißstand wird dadurch abgeholfen, daß man am oberen Standrohrende einen Überschütttopf anordnet, von dem aus eine Rücklaufleitung r zum Standrohr zurückführt (Bild 158). Der Überschütttopf muß mindestens so groß sein, daß er das gesamte Standrohrabsperrwasser aufnehmen kann.

Bei der Bemessung des Fallschenkels bzw. des wirksamen Inhaltes des unteren Topfes muß außerdem berücksichtigt werden, daß das Absperrwasser nicht nur in den Steigrohrschenkel, sondern auch in die Rücklaufleitung und in den oberen Topf verschoben wird. Daher ist der Fallschenkel oder der untere Topf entsprechend groß auszuführen.

Die Rücklaufleitung r (Bild 158), die mindestens der Höhe H des Schenkels b entsprechen muß, hat den Zweck, das in den Topf gedrückte Wasser beim Sinken des Druckes zum Auffüllen des Standrohres in den Schenkel b zurückzuleiten. Damit dies rasch erfolgen kann, darf die Rücklaufleitung in ihrer Weite nicht zu gering gewählt werden.

Günstig wirkt sich auch das Anbringen einer Vorausströmleitung v aus. Sie ist in ihrer Länge etwas kürzer als der Standrohrschenkel b und hat den Zweck, das Ausschütten des Standrohres zu melden. Werden die Vorausströmleitungen genügend weit gemacht, so kommt das eigentliche Standrohr in den seltensten Fällen zum Ausschütten, weil durch die Vorausströmleitung so viel Dampf abströmt, daß eine weitere Drucksteigerung verhindert wird.

Da es sich nicht vermeiden läßt, daß beim Überschütten von Standrohren, selbst wenn sie mit Überschüttöpfen versehen sind, Absperrwasser mit fortgerissen wird, sollte stets eine geeignete Einrichtung getroffen werden, die es ermöglicht, das Standrohr sofort wieder zu füllen.

Der in den meisten Fällen dafür vorgesehene Prüftrichter ist hiezu jedoch nicht geeignet, weil durch ihn, solange Dampf ausströmt, kein

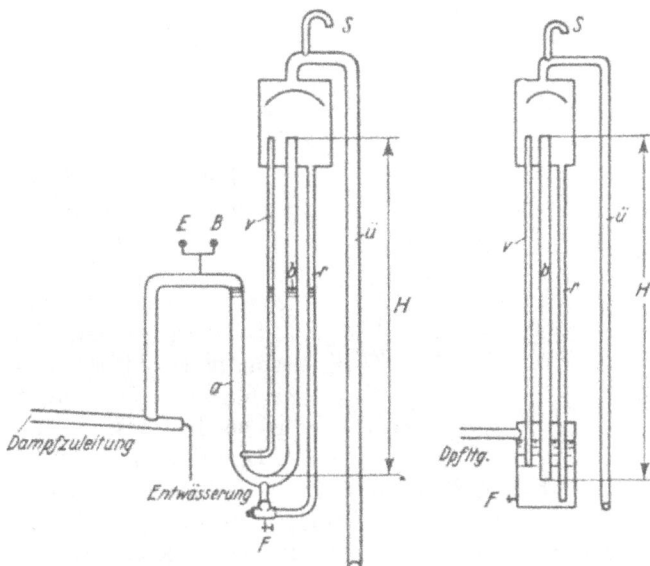

Bild 158. Standrohr mit Überschüttopf, Rücklaufleitung und Vorausströmleitung.

Wasser nachgefüllt werden kann. Er dient lediglich dazu, bei drucklosem Kessel festzustellen, ob das Standrohr genügend Absperrwasser enthält.

Die einfachste Füllart besteht darin, daß man die Standrohreinrichtung mit einem Füllhahn F versieht, der im Bedarfsfalle mittels eines abnehmbaren Schlauches an eine Druckleitung angeschlossen wird. Gleichzeitig dient er als Entleerungshahn für das Standrohr.

Damit beim Überschütten der Standrohre etwa mitgerissenes Wasser durch Verschmutzen bzw. durch Verbrühen keinen Schaden anrichten kann, muß der Überschüttopf mit einer bis zum Boden herabführenden Überschüttleitung $ü$ versehen werden, die gefahrlos ausmündet. Es ist zweckmäßig, diese Überschüttleitung an der höchsten Stelle mit einer genügend weiten Belüftungsschleife S zu versehen.

Außerdem sollte man auch die Dampfzuführungsleitung zum eigentlichen Standrohr mit einem Entlüftungsventil E und einem Belüftungsventil *B* ausrüsten. Ersteres hat den Zweck, etwa eingeschlossene Luft abzuführen, letzteres soll verhindern, daß bei einer etwaigen Unterdruckbildung im Kessel, die beim Abheizen eintreten kann, das Standrohr leergesaugt wird.

Wird zur Verbindung des Standrohres mit dem Kessel eine lange Dampfzuleitung benötigt, die vom Kessel aus zunächst fällt und dann zum Standrohr nochmals ansteigt, so ist diese Leitung, um Stöße und Schläge zu verhindern, unbedingt gut zu entwässern.

Sind in einer Anlage mehrere nicht absperrbare Kessel aufgestellt, so genügt es, diese nur mit einem gemeinsamen Standrohr zu versehen; dessen lichte Weite jedoch der Gesamtleistung der angeschlossenen Kessel entsprechen muß. Die angeschlossene Gesamtheizfläche darf jedoch 100 m² nicht übersteigen.

Sollen jedoch die Kessel absperrbar ausgeführt werden und für mehrere Kessel nur ein Standrohr Verwendung finden, so ist auch hiegegen nichts einzuwenden, wenn die Absperrvorrichtungen in der Anschlußleitung zum Standrohr so beschaffen sind, daß das Innere eines jeden Kessels wahlweise entweder mit dem Standrohr oder durch eine besondere, unverschlossene Ausblaseleitung mit der Atmosphäre in Verbindung steht. Man verwendet hiezu die in dem Bild 159 dargestellten Dreiwegventile. Dabei ist zu berücksichtigen, daß in allen Stellungen der Dreiwegabsperrung mindestens der sonst für das Standrohr eines jeden Kessels vorgeschriebene freie Querschnitt vorhanden sein muß. Hinsichtlich der angeschlossenen Heizfläche gilt das oben Gesagte.

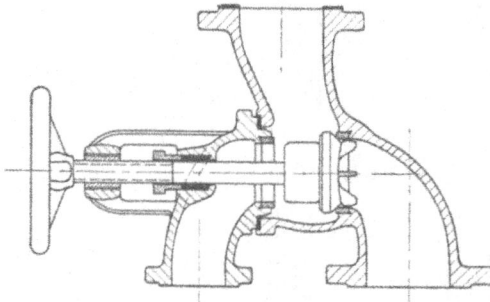

Bild 159. „Koswa"-Sicherheitswechselventil der Firma Buschbeck u. Hebenstreit, Bischofswerda/Sa.

e) Das Fabrikschild.

Das Fabrikschild, das Angaben über den Namen des Kesselherstellers, die laufende Fabriknummer, das Jahr der Kesselherstellung, den höchstzulässigen Betriebsdruck und über die Dampf- bzw. Wärmeleistung des Kessels in kg/h bzw. kcal/h enthalten muß, hat den Zweck, die Zugehörigkeit des Kessels zur Prüfungsbescheinigung festzustellen. Das Schild ist an einer gut sichtbaren Stelle des Kessels dauerhaft mit abstempelbaren Nieten zu befestigen.

Bei gußeisernen Gliederkesseln kann von der Anbringung dieses Fabrikschildes abgesehen werden, wenn am Kessel der Hersteller oder das Herstellerzeichen und an jedem ausgebauten Kesselglied Hersteller und Herstellungsjahr eindeutig feststellbar sind. Durch ein besonderes Schild muß aber die Kesselleistung angegeben werden.

f) Die Signaleinrichtung für zu hohen Druck und zu niederen Wasserstand im Kessel.

Pfeifen für zu hohen Druck und zu niederen Wasserstand tragen zur Erhöhung der Betriebssicherheit bei, wenn sie beim Ertönen vom Kesselwärter gehört werden können. Sie verfehlen ihren Zweck aber ganz, wenn dies nicht der Fall ist.

Druckpfeifen sind so anzuordnen, daß beim Dampfausströmen kein Wasser mitgerissen werden kann. Sie sind also auf genügend hohe Rohrstutzen aufzusetzen und so einzustellen, daß sie kurz vor dem Erreichen des zulässigen höchsten Druckes zuverlässig und laut ertönen.

Wassermangelpfeifen sollen einen zu niederen Wasserstand im Kessel unabhängig von den Druckverhältnissen melden. Am wirksamsten sind Wassermangelpfeifen, wenn sie so angeordnet sind, daß ihre Zuleitungen vom Kessel aus gerade in die Höhe steigen. Ist dies jedoch aus baulichen Gründen nicht möglich, dann muß die Zuleitung mit der größtmöglichen Steigung verlegt werden, damit im gegebenen Augenblick das in der Pfeifenleitung befindliche Wasser in den Kessel zurücklaufen kann.

Besitzt der Kesselraum nicht die zum Anbringen der Pfeifenleitung erforderliche Höhe und ist es trotzdem erwünscht, die Pfeife im Kesselraum selbst anzuordnen, so ist es zweckmäßig, die Pfeifenleitung nach dem Bild 160 zu verlegen. Diese Anordnung hat zudem den Vorteil, daß das mitgerissene Wasser, das meistens rostige Bestandteile enthält, abläuft und der Pfeife nur reiner Dampf entströmt. Trifft man diese Maßnahme nicht und verlegt man die Zuleitung in einer ein-

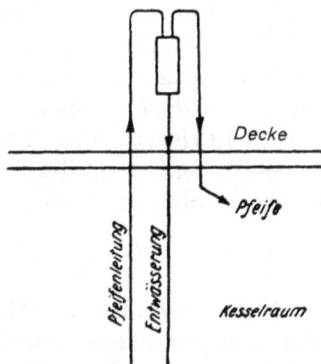

Bild 160. Anordnung herabgezogener Wassermangelpfeifen.

fachen Schleife, so verlegen sich die Pfeifen meistens in dem Augenblick, wo sie wirken sollen.

Die Pfeifenleitungen sollen wegen der Verstopfungsgefahr nicht unter 20 mm Lichtweite ausgeführt werden; kurze Bögen sind zu vermeiden. Die Höhenlage der Pfeife hat sich nach dem Kesseldruck zu richten.

Ein anderer von der Firma Samson AG. in Frankfurt a. M. hergestellter Wassermangelrufer besteht aus einem Topf, der in Höhe des Betriebswasserstandes dampf- und wasserseitig mit dem Kessel absperrbar in Verbindung steht. In seinem Inneren befindet sich ein

Schwimmer, der den Bewegungen des Wasserstandes im Kessel folgt. Sinkt das Wasser im Kessel unter den zulässigen niedrigsten Wasserstand, so öffnet der Schwimmer ein Nadelventil, auf dem eine Pfeife angebracht ist. Der ausströmende Dampf bringt die Pfeife zum Ertönen. Diese Einrichtung kann auch so ausgebildet werden, daß bei Wassermangel eine elektrische Klingelleitung in Tätigkeit gesetzt wird. Die Wirksamkeit dieses Wassermangelrufers ist von der Reinhaltung der Anschlüsse und des Nadelventils abhängig.

Schließlich ist noch der Wassermangelrufer der Firma Siemens & Halske in Berlin zu erwähnen. Dieser steht mit einem Thermostaten (Wärmefühler), der in die Pfeifenleitung eingesetzt wird, in Verbindung. Bei dieser Art von Wassermangelrufern ist zu beachten, daß das Pfeifenleitungswasser beim Ausstoßen frei ablaufen kann und daß eine Erwärmung des Thermostaten von außen vermieden wird.

g) Die Entleerungseinrichtung.

Mit den Entleerungseinrichtungen muß man den Kessel zur gründlichen Reinigung oder bei erforderlichen Ausbesserungsarbeiten vollständig entleeren können. Sie sind aber auch notwendig, um während des Betriebes den Kessel rasch und gefahrlos ablassen zu können, wenn in ihn zuviel Wasser gelangt ist, was namentlich bei Kesseln mit selbsttätiger Zusatzspeisung der Fall sein kann. Bei Gliederkesseln mit zweiteiligen Gliedern ist es außerdem erforderlich, daß beide Gliederhälften je einen Entleerungshahn erhalten, um prüfen zu können, ob die unteren Nippeldurchgänge jeder Seite frei sind und daher ein einwandfreie Wasserzirkulation in den Gliedern stattfindet.

h) Der Verbrennungsregler.

Der Verbrennungsregler hat die Aufgabe, die Verbrennung auf dem Rost dem jeweiligen Dampfbedarf anzupassen. Er wird von den Druckverhältnissen im Kessel beeinflußt und regelt die Zufuhr von Verbrennungsluft zum Rost. Man bezeichnet diese Art der Regelung als Feinregelung.

Die gebräuchlichsten Reglerbauarten sind der Membranregler, der Schwimmerregler und der Federregler. Alle diese Regler stehen durch eine Kette mit der meistens in die Aschenfalltüre eingebauten Luftklappe in Verbindung und öffnen bzw. schließen diese Klappe je nach ihrer Einstellung und den Druckverhältnissen im Kessel mehr oder minder weit. Ihre einwandfreie Arbeitsweise ist von der leichten Gangbarkeit aller reibenden Teile abhängig.

Der Membranregler (Bild 161) in dessen Gehäuse eine Gummi- oder Metallmembrane eingespannt ist, wird an den Dampfraum des Kessels angeschlossen. Der auf der Membrane lastende Druck hebt diese mehr oder weniger an und bewirkt so über einen Druckstift bzw. einen Hebel die Beeinflussung der Luftklappe. Um die Membranen vor Beschädigung — Brüchigwerden usw. — zu schützen, ist durch Zwischenschaltung eines genügend großen Wassersackes, soweit nicht das Gehäuse selbst einen Wasserverschluß besitzt, dafür zu sorgen, daß kein Dampf zur Membrane gelangt. Auch sonst ist der Regler gegen die strahlende Kesselwärme zu schützen.

Infolge seiner gedrungenen Bauart beansprucht er wenig Platz, was bei ungünstigen Raumverhältnissen für seine Anwendung oft ausschlaggebend ist.

Bild 161. Membran-Verbrennungsregler der Strebelwerke Mannheim.

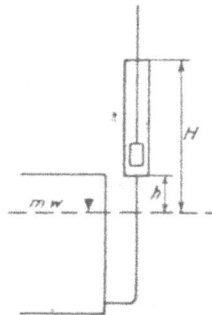

Bild 162. Schwimmerregler.

Ohne jede mechanische Einrichtung arbeitet der Schwimmerregler (Bild 162), der daher sehr zuverlässig ist.

Er besteht aus einem zylindrischen Gefäß, das mit dem Wasserraum des Kessels in Verbindung steht. Je nach dem im Kessel herrschenden Druck steigt das Wasser in dem Gefäß mehr oder weniger hoch an und hebt oder senkt den im Gefäß befindlichen Schwimmer, der mit der Verbrennungsluftklappe in Verbindung steht. Die erforderliche Höhe des Reglers über dem Betriebswasserstand richtet sich nach den Druckverhältnissen. Bei seiner Verwendung dürfen jedoch nachstehende Punkte nicht außer acht gelassen werden.

Um ein Wegdrücken von Kesselwasser durch den Regler zuverlässig zu verhindern, muß die Reglerhöhe H vom Betriebswasserstande aus gemessen mindestens 500 mm höher sein als die Überschütthöhe des Standrohres. Damit ferner der Regler im Bedarfsfalle auch bei niederem Druck ansprechen kann, ist die Höhe h entsprechend klein zu wählen.

Da die Schwimmerregler der inneren Verrostung stark ausgesetzt sind, sollen sie aus starkwandigen Rohren hergestellt werden; für die Schwimmer verwendet man zweckmäßig Kupferblech.

Der von der Firma Samson AG. in Frankfurt a. M. hergestellte Federregler (Bild 163) besteht in der Hauptsache aus einem Metall-

15*

federbalg, der die Drucksteigung und Drucksenkung im Kessel durch Dehnen und Zusammenziehen auf das Gestänge der Reglereinrichtung überträgt.

Bild 163. Federregler der Samson A.G., Frankfurt a. M.

i) Der Heizgasschieber.

Der in den Abgaskanal eingebaute Heizgasschieber hat die grobe Feuerregelung zu besorgen. Bei seinem Einbau ist darauf zu achten, daß Undichtheiten im Abgaskanal, die eine Verschlechterung der Zugverhältnisse bedingen, möglichst vermieden werden. Der Schieber muß leicht gangbar sein und bequem bedient werden können.

Damit ·bei einem versehentlich erfolgten vollständigen Abschluß des Schiebers ein Austritt der Rauchgase in den Kesselraum sicher unterbunden wird, ist durch Anordnen eines entsprechend großen Abzugsloches im Schieber die Möglichkeit zu schaffen, daß die sich auf dem Rost bildenden Gase auch bei geschlossenem Schieber in den Schornstein gefahrlos abziehen können.

B. Ausführung von Dampfheizungsanlagen.

1. Niederdruckdampfheizung mit ununterbrochener Kondensatrückführung.

In Bild 164 ist eine gewöhnliche Niederdruckdampfheizungsanlage mit ununterbrochener Kondensatrückführung und einem Niederdruckdampfkessel dargestellt.

Bei der gleichzeitigen Verwendung von mehreren Kesseln wird über den Kesseln ein kleiner Dampfverteiler angeordnet, der mit den Kesseln absperrbar in Verbindung steht. Auch die Kondensatrückführungsleitungen münden dann in ein gemeinsames Kondensatsammelrohr, das an jeden einzelnen Kessel absperrbar angeschlossen ist. Durch diese Anordnung kann jeder Kessel für sich ab- und zugeschaltet werden, was sich nicht nur betrieblich, sondern auch wirtschaftlich günstig auswirkt.

Vom Dampfverteiler zweigen die Hauptdampfleitungen absperrbar ab; sie werden, wenn die Kessel im Keller aufgestellt werden, was allgemein üblich ist, unter der Kellerdecke verlegt.

Die zu den verschiedenen Heizeinrichtungen führenden Steigleitungen sind entweder frei vor den Wänden oder in den Mauerschlitzen unter Putz angeordnet, desgleichen die Fallkondensatstränge von den Heizkörpern. Diese werden gesammelt zu den Kesseln bzw. dem Kondensatsammelrohr zurückgeführt.

Die Entlüftung des gesamten Rohrnetzes und der Heizkörper erfolgt am zweckmäßigsten durch die Kondensatleitungen, die zu diesem

Zwecke trocken, also außer dem Druckbereich des Kessels, verlegt werden müssen. Soll z. B. eine Heizung mit einem Kesseldruck von 0,05 atü betrieben werden — das Standrohr ist dann normalerweise für einen Überschüttdruck von etwa 0,1 atü eingerichtet —, so müssen die Entlüftungspunkte der Kondensatleitungen mindestens 1,3 m über dem Betriebswasserstand des Kessels liegen, damit mit Sicherheit vermieden wird, daß das Kesselwasser, das durch den Druck im Kessel in der Kondensatleitung hoch gedrückt wird, die Entlüftung unterbindet. Zweckmäßig münden die Entlüftungsschleifen in einen Trichter aus, der mit der Kondensatleitung in Verbindung steht. Hiedurch wird ein Verlust von Kondenswasser vermieden.

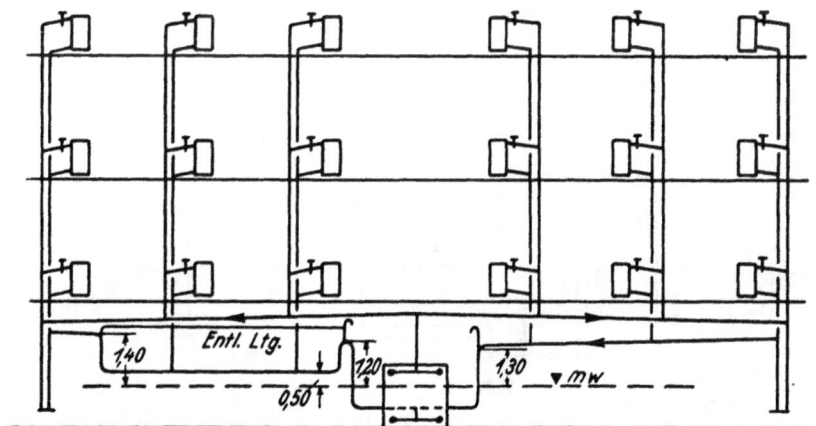

Bild 164. Normale $^1/_{10}$ atü-Dampfheizung mit ununterbrochener Kondensatrückführung.

Ist eine trockene Anordnung der Kondensatleitungen aus irgendwelchen Gründen nicht möglich, so muß man sie naß, d. h. unter den Kesselwasserstand verlegen. Die Entlüftung des Rohrnetzes und der Heizkörper hat dann auf andere Weise zu erfolgen. Entweder entlüftet man sämtliche Kondensatfallstränge über Dach oder man ordnet besondere Luftleitungen an, wie dies auf der linken Seite des Bildes 164 angedeutet ist. Das »Überdachentlüften« birgt den Nachteil in sich, daß etwa auftretende Dampfverluste nicht so leicht bemerkt werden können.

Um zu verhindern, daß bei einer umfangreichen Sammelkondensatleitung, die in den Druckbereich des Kessels verlegt werden muß — also weder naß noch trocken angeordnet werden kann —, größere Wassermengen vom Kessel in die Kondensatleitungen gedrückt werden, schaltet man in die Kondensatleitung, wie ebenfalls in Bild 164 links dargestellt, eine den Druckverhältnissen entsprechend hohe Stauschleife ein. Damit das auf diese Weise angestaute Kondenswasser nicht in den Kessel

gesaugt werden kann, ist außerdem die obere Umkehrung der Stauschleife ausreichend zu belüften (Belüftungsschleife).

2. Niederdruckdampfheizung mit unterbrochener Kondensatrückführung.

Ist aus baulichen Gründen oder bei Anwendung höherer Drücke
ein entsprechendes Tieflegen des Kesselraumes nicht möglich, so muß
man auf die vorbeschriebene Art der unmittelbaren Kondensatrückführung in die Kessel verzichten und den Weg der unterbrochenen

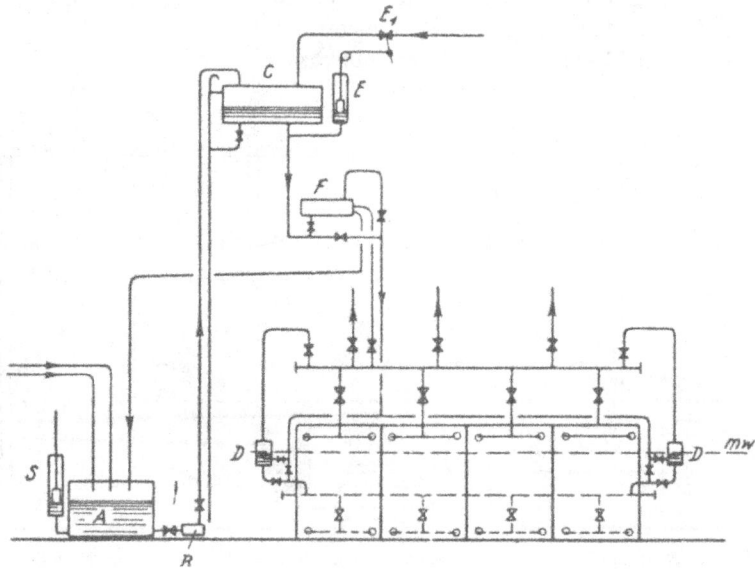

Bild 165.   Pumpen-Kondensatspeisung.

Kondensatrückführung, die mit Pumpen oder Rückspeisern
erfolgt, beschreiten.

Die am meisten angewendete Art der Kondensatrückführung mittels Pumpen ist in Bild 165 dargestellt.

Das anfallende Kondensat wird in einem Behälter A gesammelt
und läuft von diesem einer Pumpe B zu, die es in einen entsprechend
hoch angeordneten Behälter C drückt. Von hier aus gelangt das Kondensat mit natürlichem Gefälle über die Kesselfüller D in die Kessel.
Die Kesselfüller, die in der Regel mit Schwimmerventilen arbeiten,
sind in der Höhe des Betriebswasserstandes angeordnet. Das An- und
Abstellen der Pumpe wird von einem Schwimmer S betätigt, der den
Pumpenmotor je nach dem Wasserstand im Behälter A ein- oder aus-
schaltet.

Zur Wahrung der notwendigen Betriebssicherheit werden meist
zwei Pumpen verwendet, deren zugehörige Schwimmer so eingestellt

sind, daß die Pumpen nacheinander, also bei verschieden hohem Wasserstand, eingeschaltet werden. Ebenfalls aus Gründen der Betriebssicherheit sollten auch stets für je zwei bis drei Kessel zwei Kesselfüller vorgesehen werden. Um die Kessel beim Versagen der Kesselfüller nicht zu gefährden, ist für ihre Umführung und Ausbaumöglichkeit durch entsprechende Anordnung von Umgehungsleitungen und Absperrvorrichtungen zu sorgen.

Außerdem ist eine Zusatzspeisung vorzusehen, damit beim Versagen der Pumpen oder beim Ausbleiben des Stromes ein Wassermangel in den Kesseln vermieden wird. Das Zusatzwasser wird am zweckmäßigsten dem Hochbehälter über ein von einem Schwimmer E betätigtes Ventil $E\,1$ zugesetzt. Auf dessen einwandfreie Arbeitsweise ist besondere Sorgfalt zu verwenden.

Damit das Kondensat möglichst heiß in die Kessel gelangt, wird es nachgewärmt. Dies geschieht entweder im Hochbehälter C oder in einem Kondensatnachwärmer (Gegenstromapparat) F, der in die Fallleitung eingeschaltet wird. In diese sollte zur Prüfung des Wasserstandes im Hochbehälter auch stets ein Druckmesser eingebaut werden, der im Gesichtskreis der Bedienung liegt.

Die Überlaufleitung des Hochbehälters ist bis zum Heizraum herabzuführen, sie soll sichtbar ausmünden. Damit beim Füllen und Entleeren des Hochbehälters dort kein Unterdruck entstehen kann, muß die Überlaufleitung am höchsten Punkte genügend ent- und belüftet werden.

In dem Bild 166 ist eine der vielen Bauarten von Kesselfüllern dargestellt. Die Kesselfüller werden in Höhe des Betriebswasserstandes angebracht; sie stehen dampf- und wasserseitig mit den Kesseln und außerdem mit dem Hochbehälter durch die Falleitung in Verbindung. Innerhalb der Füller befindet sich ein Schwimmer, der die Bewegung des Kesselwasserstandes mitmacht. Sinkt der Wasserstand unter eine bestimmte Höhe, so öffnet der Schwimmer das Zulaufventil und das Wasser aus dem Hochbehälter läuft in die Kessel. Ist der Wasserstand dann wieder auf seine nor-

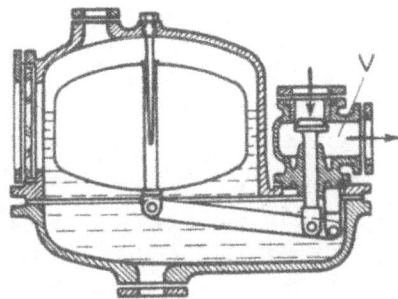

Bild 166. Selbsttätiger Kesselfüller der Firma O. F. Scheer u. Cie in Feuerbach.

male Höhe gestiegen, so schließt der Schwimmer das Zulaufventil wieder ab. Dieses Spiel wiederholt sich ständig. Auf diese Weise ist eine gleichmäßige Wasserstandshaltung in den Kesseln gewährleistet.

Das richtige Arbeiten der Kesselfüller setzt allerdings voraus, daß sie sich in Ordnung befinden und von Verunreinigungen freigehalten

werden. Deshalb werden zweckmäßigerweise den Kesselfüllern Schmutzfänger vorgeschaltet. Kesselfüller und Schmutzfänger sind absperr- und
umführbar einzurichten.

An Stelle der Kondensatrückführung durch Hochbehälter und
Kesselfüller können die Pumpen das Wasser auch unmittelbar in die
Kessel drücken. Wenn man jedoch die Speisung von dem Wasserstand

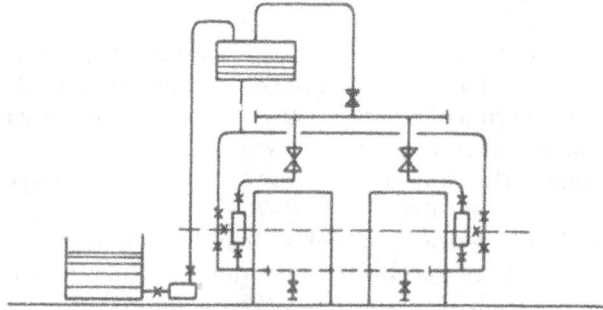

Bild 167. Pumpen- und Druckspeisung.

jedes einzelnen Kessels beeinflussen will, wird die Ausführung des elektrischen Teiles der Anlage ziemlich umfangreich.

Ist die erforderliche Höhe für die Anordnung des Hochbehälters
nicht vorhanden, so kann zu folgender Ausführung gegriffen werden.

Die Kondensatpumpen fördern das Wasser in einen in geringer Höhe
über dem Kesselwasserstand liegenden zweiten Behälter, der dampf- und
kondensatseitig mit den Kesseln in Verbindung steht (Bild 167). Durch
den Anschluß dieses Behälters an den Dampfraum des Kessels herrscht
bei genügend weiter Dampfzu-
leitung im Behälter der gleiche
Dampfdruck als wie in den Kesseln. Dadurch ist nur eine geringe
zusätzliche Druckhöhe erforderlich,
um das Wasser vom Behälter in
die Kessel zu fördern.

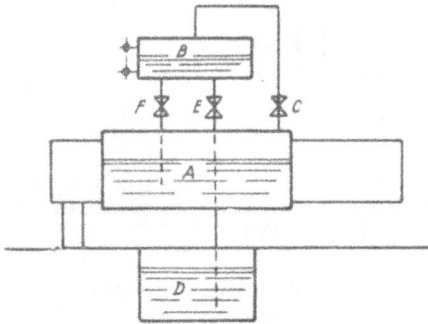

Bild 168. Kondensatspeisung ohne Pumpen.

Bei der in Bild 168 dargestellten Ausführung erfolgt das Speisen
einer Kesselanlage mit frei auslau-
fendem Kondensat ohne Pumpen.

In diesem Bild stellt A den zu
speisenden Kessel, B ein mit dem
Dampfraum des Kessels durch die Dampfleitung C absperrbar in Verbindung stehenden Sammler und D die Kondensatsammelgrube dar.
Außerdem ist der Wasserraum des Behälters B mit dem Wasserraum
des Kessels durch die Leitung F und mit der Kondensatsammelgrube
durch die Leitung E absperrbar verbunden.

Um das Kondenswasser aus D in den Kessel A zu befördern, schließt man zunächst die Ventile E und F und öffnet das Ventil C, so daß sich der Sammler mit Dampf füllt. Sodann schließt man das Ventil C wieder und wartet einige Zeit bis sich ein Teil des Dampfes in B kondensiert hat. Dadurch entsteht in B ein Unterdruck. Jetzt öffnet man das Ventil E, worauf der äußere Atmosphärendruck das Wasser durch die Leitung mit dem Ventil E in den Behälter B drückt. Ist dieser entsprechend mit Wasser gefüllt, so schließt man das Ventil E und öffnet die Ventile C und F. Das Wasser läuft nun durch den Höhenunterschied der beiden Wasserspiegel in den Kessel. Der Vorgang muß dann wiederholt werden.

Diese Speiseart hat noch den Vorteil, daß das Kondensat durch die Berührung mit dem Dampf gleichzeitig angewärmt wird. Durch Anordnung einer Schwimmerschaltung ist es auch möglich, das Schalten der Ventile selbsttätig zu regeln.

IX. Niederdruck-Warmwasserheizkessel.

A. Vorbemerkung.

Als Niederdruck-Warmwasserheizkessel sind alle Kessel anzusehen, die vollständig mit Wasser gefüllt sind und mit der Außenluft in offener, nicht absperrbarer Verbindung stehen. Ihre Bauarten sind die gleichen wie bei den Niederdruckdampfkesseln.

Die Sicherheit dieser Kessel gegen Überdruck besteht demgemäß darin, daß sie offen betrieben werden. Die übliche Anordnung einer solchen Kesselanlage ist in Bild 169 dargestellt. Von der nicht absperrbaren Vorlaufleitung der Kessel führt eine Leitung von entsprechender Lichtweite zu einem erhöht angeordneten Ausdehnungsgefäß, das entweder offen oder geschlossen ausgeführt sein kann. Geschlossene Ausdehnungsgefäße müssen durch eine entsprechend weite Belüftungsschleife mit der Außenluft in Verbindung stehen. Die Größe der Ausdehnungsgefäße richtet sich nach der Zunahme des gesamten Wasserinhaltes der Anlage bei der Erwärmung. Das Überlaufwasser wird durch eine genügend weite Leitung, die bis zum Heizraum herabgezogen wird und sichtbar ausmünden muß, abgeleitet.

Sind die Kessel im Vor- und Rücklauf absperrbar eingerichtet, so müssen sie entsprechend dem Bild 170 mit Sicherheitsvorlauf- und Sicherheitsrücklaufleitungen (SV und SR) ausgerüstet werden. Diese haben den Zweck auch bei abgesperrten Kesseln die Verbindung mit der Außenluft herzustellen und das durch die Sicherheitsvorlaufleitungen abströmende Wasser durch die Sicherheitsrücklaufleitungen den Kesseln wieder zuzuführen. Die Sicherheitsleitungen können durch sog. Wechsel-

ventile (s. Bild 171) (Dreiwegventile) ersetzt werden, die in die Vor-
und Rücklaufleitungen eingebaut werden. Je nach der Ventilstellung

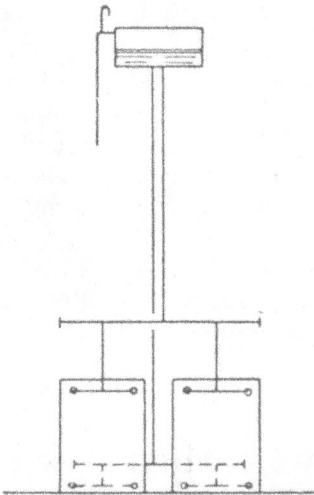

Bild 169. Normaler Anschluß eines Ausdehnungsgefäßes bei **nicht absperrbaren** Kesseln.

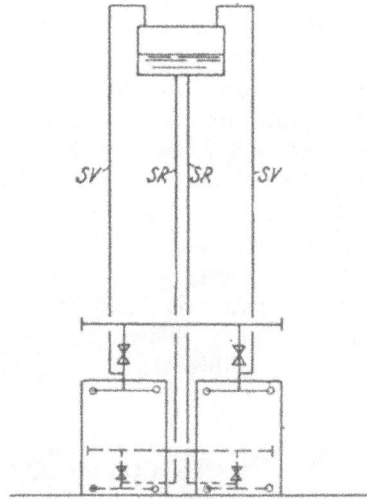

Bild 170. Anschluß eines Ausdehnungsgefäßes bei **absperrbaren** Kesseln.

stehen die Kessel dann entweder mit den Heizleitungen oder mit der
Außenluft in Verbindung (Bild 159).

B. Ausrüstungsteile.

Niederdruck-Warmwasserkessel sollen folgende Ausrüstungsteile
erhalten:

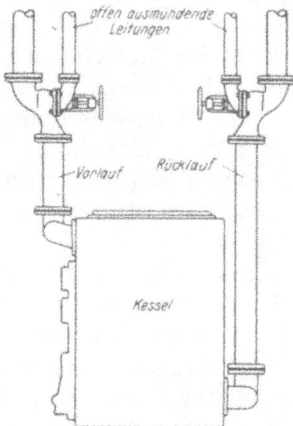

Bild 171. Dreiwegventile im Vor-
und Rücklauf.

ein Thermometer in der Vorlaufleitung zur
Feststellung der Heizwassertemperatur,
einen absperrbaren Wasserstandshöhenmes-
ser (Hydrometer) mit Marke zur Feststellung der Wasserstandshöhe in der
Anlage,
einen Verbrennungsregler,
einen Entleerungshahn und
einen Heizgasschieber.

Die gebräuchlichsten Verbrennungsregler sind in den Bildern 172 und 173 dargestellt. Der erstere, der mit seinem Wärmefühler in das Wasser eintaucht, beruht darauf, daß die im Fühler eingeschlossene, leicht
siedende Flüssigkeit bei der Wassererwärmung sich ausdehnt und dabei den Feder-

kolben zusammendrückt. Da der am Federkolben befindliche Bolzen mit dem Kolbenboden fest verbunden ist, macht der Bolzen die Kolbenbewegung mit und drückt den Gewichtshebel, an dem die Verbrennungsluftklappe mittels einer Kette befestigt ist, in die Höhe. Die Schwere der Luftklappe wird durch das am Hebel verschiebbare Gewicht ausgeglichen. Bei entsprechender Einstellung dieser Gesamteinrichtung kann man jede beliebige Verbrennung und damit jede

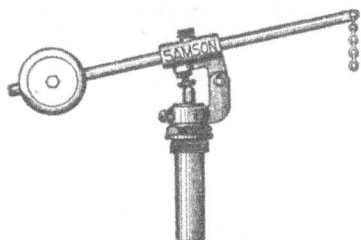

Bild 172. Verbrennungsregler der
Samson A.G., Frankfurt a. M.

Bild 173.
Verbrennungsregler der Strebelwerke Mannheim.

gewünschte Wasservorlauftemperatur erreichen und einhalten. Bei steigender Wassertemperatur im Kessel wird die Luftklappe mehr geschlossen, bei fallender Temperatur weiter geöffnet.

Der zweite Regler, der aus parallelogrammartig angeordneten Stahlrohren besteht, wird von dem in seiner Temperatur zu regelnden Wasser durchströmt, wobei sich das Rohrsystem, welches in der Längsrichtung durch einen Querbalken fest verbunden ist, in der Querrichtung ausdehnt. Diese Bewegung der Stahlrohre wird in geeigneter Weise auf den Gewichtshebel, der mit der Luftklappe in Verbindung steht, übertragen.

C. Ausführung von Warmwasserheizungsanlagen.

1. Vorbemerkung.

Im allgemeinen unterscheidet man die Warmwasserheizungsanlagen in

Anlagen mit oberer Verteilung,
Anlagen mit unterer Verteilung,
Anlagen, die mit natürlichem Umtrieb (Schwerkraft) arbeiten und
Anlagen, bei denen der Umtrieb mit Pumpen bewerkstelligt wird.

Welche Art der Heizung zu wählen ist, hängt von verschiedenen Umständen ab und ist Sache des Gestalters der Heizungsanlage.

2. Schwerkraftheizung mit oberer Verteilung.

In Bild 174 ist eine Anlage mit oberer Verteilung und Schwerkraftbetrieb gezeichnet.

Vom Kessel ist eine Hauptsteigleitung (Hauptvorlaufleitung) bis zum Dachboden angeordnet, wo sie sich verteilt und in einzelnen Fallsträngen zu den darunter befindlichen Geschossen bzw. zu den dort aufgestellten Heizkörpern führt. Die Rücklaufleitungen von den Heizkörpern fallen strangweise nach abwärts und werden unter der Kellerdecke als Sammelrücklaufleitungen zum Kessel zurückgeleitet. Der höchste Punkt der Steigleitung steht mit dem darüber angeordneten Ausdehnungsgefäß durch eine entsprechend weit bemessene Ausdehnungsleitung, die in diesem Falle zugleich Entlüftungsleitung für das ganze Rohrnetz ist, in nicht absperrbarer Verbindung.

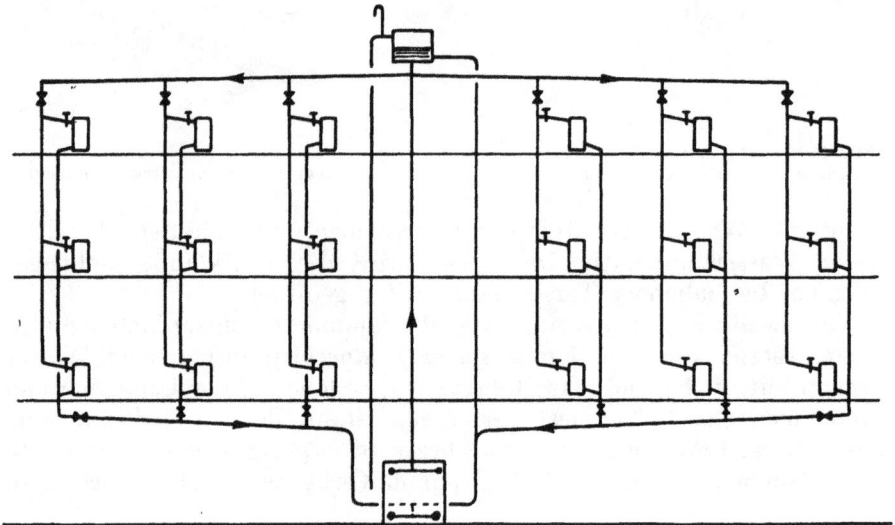

Bild 174. Schwerkraftwarmwasserheizung mit oberer Verteilung.

Damit die Entlüftung einwandfrei vor sich geht, müssen sämtliche Vor- und Rücklaufleitungen mit Steigung zur Entlüftungsstelle verlegt werden.

Das Ausdehnungsgefäß, das als geschlossen anzusehen ist, erhält eine belüftete Überlaufleitung und wird, damit sein Wasserinhalt zum Schutze gegen Einfrieren an dem Wasserumlauf teilnimmt, mit einem Rücklaufstrang in Verbindung gebracht. Die Wasserbewegung im Rohrnetz ist durch die Pfeilrichtungen gekennzeichnet. Das in den Heizkörpern durch Wärmeabgabe abgekühlte Wasser fällt infolge seines größeren spezifischen Gewichtes nach unten und drückt das im Kessel erwärmte Wasser nach oben.

Werden in den Vor- und Rücklaufsträngen Absperrvorrichtungen eingebaut, so ist darauf zu achten, daß mindestens die Hauptvorlaufleitung und der Rücklaufstrang vom Ausdehnungsgefäß von diesen Einrichtungen frei bleibt, um die geforderte offene Verbindung zwischen Kessel und Außenluft zu gewährleisten. Die genannten Absperrvorrichtungen, die bei ausgedehnten Anlagen meistens anzutreffen sind, haben den Zweck, bei irgendwelchen Vorkommnissen jeden Strang für sich entleeren zu können. Natürlich müssen die betreffenden Absperrvorrichtungen entsprechende Entwässerungs- und Belüftungshähnchen erhalten.

3. Schwerkraftheizung mit unterer Verteilung.

Eine Warmwasserheizungsanlage mit unterer Verteilung und Schwerkraftbetrieb ist in Bild 175 dargestellt.

Sie unterscheidet sich von der vorangegangenen dadurch, daß die

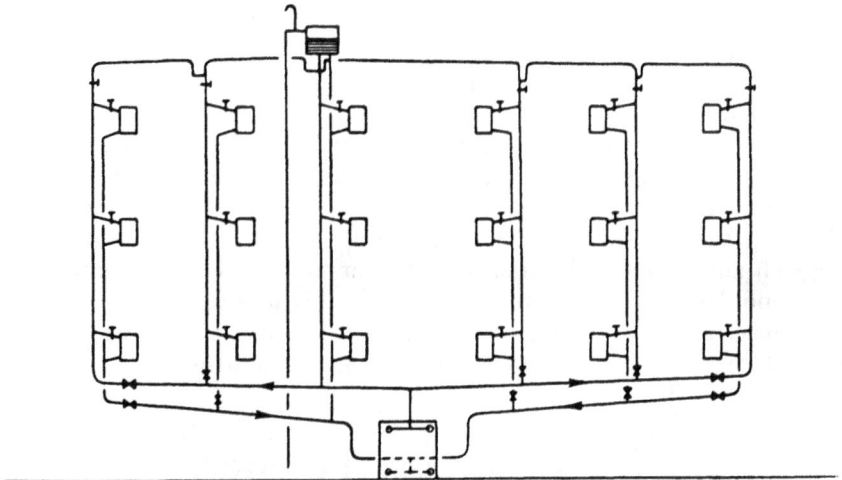

Bild 175. Schwerkraftwarmwasserheizung mit unterer Verteilung.

Hauptverteilungsleitung (Vorlauf) vom Kessel weg mit der Sammelrücklaufleitung unter der Kellerdecke verlegt ist. Das Vorlaufwasser gelangt in diesem Falle durch Steigstränge zu den Heizkörpern in den einzelnen Geschossen. Der Weg des Heizwassers ist in dem Bild durch Pfeile gekennzeichnet.

Damit bei dieser Rohrnetzanordnung eine einwandfreie Entlüftung erfolgen kann, müssen am oberen Ende der Steigstränge besondere Entlüftungsleitungen von etwa $^3/_8{}''$ Stärke aufgesetzt werden. Diese können im Notfall auch durch Entlüftungshähne ersetzt werden. Kommen, was unbedingt richtiger und zweckmäßiger ist, Luftleitungen zum Einbau, so sollen diese in beheizten Räumen naß und unter Einschaltung eines Luftsackes verlegt werden. Am besten werden sie gesammelt mit dem Ausdehnungsstrang in Verbindung gebracht. Liegen sie über dem Wasserstand des Ausdehnungsgefäßes — trockene Verlegung —, so besteht trotz bester Isolierung Einfriergefahr. Das Einschalten eines Luftsacks bei naß verlegten Luftleitungen verfolgt den Zweck, Gegenzirkulationen im Rohrnetz zu verhindern.

Im übrigen gilt das gleiche wie bei den Anlagen mit oberer Verteilung.

4. Pumpenheizung.

Wird eine Anlage in der waagrechten Ausdehnung zu umfangreich, so kann es möglich sein, daß eine einwandfreie Arbeitsweise bei Schwerkraftbetrieb nicht mehr erreicht wird; auch kommt eine derartige Anlage wegen der notwendig werdenden großen Rohrdurchmesser verhältnismäßig teuer in den Anschaffungskosten. Beide Gründe sind dann die Veranlassung, daß man vom Schwerkraftbetrieb zum Pumpenbetrieb übergeht. Die wirtschaftlichste Höhe des zu wählenden Pumpendruckes, der sich in der Regel zwischen 1 bis 8 m WS bewegt, ist von Fall zu Fall verschieden.

Bei Pumpenheizungen wird in der Regel untere Verteilung gewählt. Die Pumpen können sowohl in den Vor- als auch in den Rücklauf eingeschaltet werden. Bei der Wahl des Pumpendruckes und der Einbaustelle der Pumpe ist jedoch die Höhenlage des Ausdehnungsgefäßes im Vergleich zum höchstgelegenen Heizkörper und die Führung der Sicherheits- und Luftleitungen entsprechend zu berücksichtigen.

Hinsichtlich der Rohrführung und Entlüftung sind die gleichen Grundsätze wie bei Schwerkraftheizungen maßgebend.

X. Warmwasserbereiter.

A. Vorbemerkung.

Die natürlichste Warmwasserbereitung erfolgt mittels Heizgase. Auf sie kann jedoch hier nicht näher eingegangen werden. Es sollen vielmehr diejenigen Einrichtungen besprochen werden, die im Heizungsfach am meisten anzutreffen sind.

Diese sind unter den Sammelnamen Dampfumformer, Gegenstromapparate und Boiler bekannt. Sie haben alle den Zweck, mittels Dampf oder heißem Wasser anderes Wasser zu erwärmen. Die gebräuchlichsten Arten dieser Warmwasserbereiter sind in den Bildern 176, 177 und 178 dargestellt.

B. Ausführungen.

Der nach Bild 176 hergestellte Apparat besteht aus einem zylindrischen Mantel mit aufgeschraubtem, unterteiltem Deckel. Im Inneren des Apparates ist eine große Zahl von engen Heizrohren in Schlangenform angeordnet, die zur Aufnahme des Heizmittels dienen; um die

Rohre herum befindet sich das zu erhitzende Wasser. Beim Erwärmen
dieses Wassers spielt sich folgender Vorgang ab: Der ankommende
Dampf oder das Heizwasser tritt in das obere Heizrohrbündel ein,
durchströmt dieses und gibt seine Wärme an das Wasser ab. Am unteren
Rohrbündel tritt das Dampfkondensat bzw. das abgekühlte Heizwasser
aus. Das ankommende, zu beheizende Wasser tritt am Außenmantel
unten ein, bestreicht die Heizschlangen auf einem möglichst langen
Weg, sich dabei erwärmend, und tritt am gleichen Ende des Außen-
mantels oben aus. Bei dieser Führung von Heizmitteln und Wasser im
Gegenstrom wird die beste Heizwirkung erreicht.

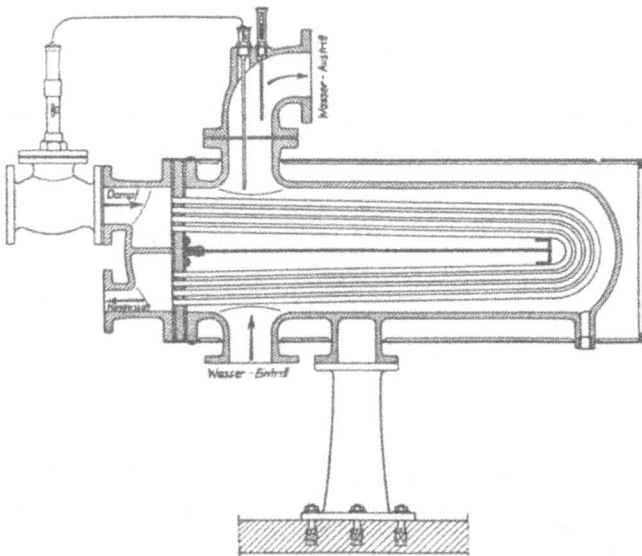

Bild 176. Gegenstromapparat der F. C. Scheer u. Cie. in Feuerbach.

Diese Bauart der Warmwasserbereiter findet in der Regel dort Anwendung, wo das zu beheizende Wasser immer das gleiche bleibt, also
bei Warmwasserheizungen, bei denen an Stelle eines befeuerten Heizkes-
sels die Heizwassererwärmung durch Dampf oder neuerdings durch
Hochdruckheißwasser stattfindet, ferner dort, wo es sich um die Aufwärmung eines Kondensates oder eines verhältnismäßig weichen Wassers oder um geringe Temperaturerhöhung des Wassers handelt. Hartes
Wasser würde durch die Ausscheidung von Wasserstein das enge Rohrbündel viel zu rasch verlegen und damit die Heizwirkung stark beeinträchtigen.

Für die Gewinnung von heißem Wasser für Gebrauchszwecke bedient man sich der Boiler. Man unterscheidet dabei Schlangenrohr-
und Mantelboiler. Siehe Bild 177 und 178.

Die erforderlichen Anschlüsse und die Arbeitsweise sind aus den Bildern ohne weiteres zu ersehen.

Der Mantelboiler hat gegenüber dem Schlangenrohrboiler den Vorzug, daß bei ihm der Boilerinhalt auf die ganze Boilerlänge und den ganzen Boilerumfang beheizt wird.

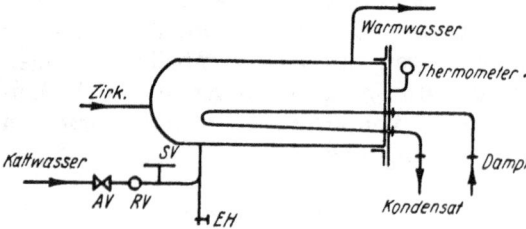

Bild 177. Schlangenrohrboiler.

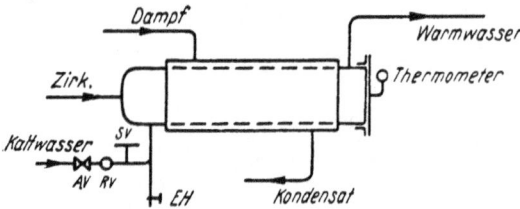

Bild 178. Mantelboiler.

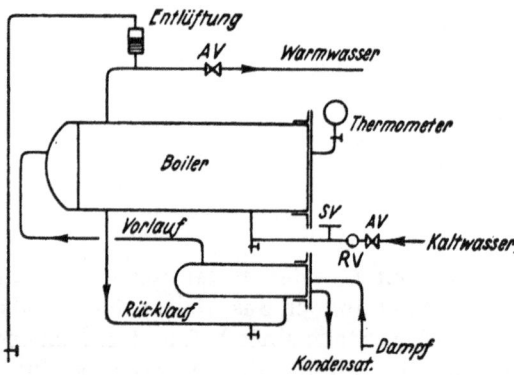

Bild 179. Boiler mit außerhalb liegender Beheizung.

In Bild 179 ist noch eine weitere Ausführungsart von Boilerheizung gezeigt. Bei ihr ist die Heizfläche außerhalb des Boilers in einem besonderen Warmwasserbereiter untergerbacht. Zu dieser Ausführung greift man, wenn nur sehr hartes Wasser zur Verfügung steht. Bei dieser Anordnung bleibt der Boiler selbst von Wasserstein frei, der Warmwasserbereiter dagegen muß häufig gereinigt werden.

C. Ausrüstung.

An Ausrüstungsteilen sind für die Warmwasserbereiter erforderlich:

1. ein Kalt- und ein Warmwasserabsperrventil, um den Boiler jederzeit abschalten zu können;

2. ein Thermometer, um die Wasseraustrittstemperatur zu ermitteln; am zweckmäßigsten werden zwei Thermometer angeordnet, und zwar eines am Scheitel und eines etwa im Boilermittel;

3. ein Sicherheitsventil, um den Boiler gegen zu hohen Druck, der bei der Erwärmung des Wassers auftreten kann, zu sichern;

4. ein Rückschlagventil, um ein Zurückdrücken des heißen Wassers in die Kaltwasserzulaufleitung zu verhüten, und

5. eine Entleerungseinrichtung.

Schließlich sind noch ein Druckmesser und ein Wassertemperatur-regler wünschenswert.

Sicherheitsventil und Druckmesser müssen, damit sie ihren Zweck erfüllen, zwischen Boiler und Rückschlagventil eingebaut sein.

Die gebräuchlichste Art von Temperaturreglern ist in Bild 180 wiedergegeben. Dieser Regler besteht im wesentlichen aus einem Ventil, einem Unterteil und einem Tauchkörper (Wärmefühler). Im Unterteil befindet sich ein als Abdichtung dienendes, federndes Metallrohr, dessen oberes Ende mit dem Unterteil dicht verlötet ist, während das untere Ende durch einen Boden verschlossen wird. Mit diesem Boden ist ein Stift im Inneren des Metallrohres fest verbunden, der über die Verschraubung des Unter-teiles mit dem Ventilkörper ein Stück hervorragt und auf die Spindel des in Ruhestellung durch eine Feder geöffneten Ventils drückt. Das Innere des Unter-teiles und der mit diesem durch ein Kupferrohr ver-bundene Tauchkörper ist mit einer gegen Wärme-schwankungen sehr empfindlichen Flüssigkeit gefüllt. Im Inneren des Temperaturfühlers ist ebenfalls ein federndes Metallrohr in gleicher Weise eingebaut wie beim Unterteil. Der Boden dieses Metallrohres ist je-

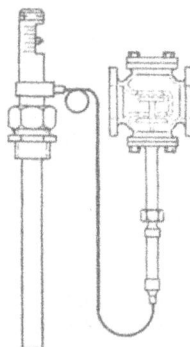

Bild 180.
Temperaturregler
der Samson A.G.,
Frankfurt a. M.

doch durch einen am freien Ende verschraubten Stift festgehalten. Seine Lage kann aber durch die Verschraubung des Stiftes geändert werden, wodurch sich gleichzeitig die Größe des Raumes für die Aus-dehnungsflüssigkeit ändert.

Der Arbeitsgang des Reglers ist folgender: Im Ruhestand liegt der Kolbenstift lose auf dem Ventilstift, das Ventil ist offen. Durch die Er-wärmung des Temperaturfühlers, der im Boiler eingebaut ist, dehnt sich die Flüssigkeit im Temperaturfühler aus und drückt den Metall-schlauch im Unterteil zusammen. Dadurch wird das Ventil immer mehr geschlossen und der weitere Durchgang von Heizdampf vermindert. Wird das Boilerwasser nun wieder kälter, so zieht sich die Ausdeh-nungsflüssigkeit zusammen, der Metallschlauch dehnt sich wieder aus und öffnet das Dampfventil weiter.

Das Einstellen des Reglers auf die gewünschte Wassertemperatur erfolgt mit Hilfe der Verschraubung am Temperaturfühler, die eine Ver-längerung bzw. Verkürzung des Metallschlauches im Temperaturfühler bewirkt.

Das Ventil ist mit dem Ventilaufsatz genau senkrecht nach unten hängend einzubauen; der Temperaturfühler muß vom Wasser voll-ständig umspült werden. Steigt die Wassertemperatur des Boilers über die eingestellte Temperatur hinaus, so ist entweder das Dampfventil undicht oder der Temperaturregler beschädigt.

D. Hinweis auf Betrieb.

Warmwasserbereiter müssen so gebaut und angeordnet werden, daß ihre Heizflächen zur Reinigung gut zugänglich sind und die Außenwandungen gegen Wärmeverluste hinreichend geschützt werden.

Soll ein Boiler mit dem Gebrauchswarmwassernetz im Umlauf verbunden werden, so muß der Umlaufanschluß etwa im Boilermittel erfolgen. Bei Verwendung von Umwälzpumpen kann der Anschluß ohne Nachteil auch tiefer liegen.

Die Ausrüstung ist stets gut instand zu halten; die Wirksamkeit des Sicherheitsventils ist durch öfteres kräftiges Lüften nachzuprüfen.

Die Heizflächen sind zur Erreichung einer guten Wärmeübertragung sauber zu halten. Um die Wassersteinbildung möglichst zu verringern, soll mit der Wasseraustrittstemperatur nicht zu hoch gegangen werden.

XI. Rohrleitungen, Entwässerungen, Entlüftungen.

Bei der Rohrverlegung sind folgende allgemein gültige Regeln zu beachten:

Dampfleitungen müssen, von kurzen Anschlußleitungen und senkrechten Leitungen abgesehen, in Richtung des Dampfstromes mit Gefälle verlegt werden, damit das sich bildende Niederschlagswasser (Dampfkondensat) einwandfrei in der Dampfrichtung abfließen kann. Müssen Anschlußleitungen entgegen der Dampfrichtung entwässert werden, so sind sie mit starker Steigung anzulegen und genügend weit herzustellen.

Kondensatleitungen müssen zur Erreichung eines raschen Ablaufens des Kondenswassers mit möglichst starkem Gefälle in der Wasserlaufrichtung angeordnet werden. Die Bildung von Wassersäcken ist unbedingt zu vermeiden, da durch sie der Abzug von Luft verhindert wird, was mancherlei Störungen verursachen kann.

Wasserführende Leitungen — hier sind Kalt- und Warmwasserleitungen gemeint — müssen zur einwandfreien Entlüftung nach dem Entlüftungspunkt hin mit Steigung verlegt werden.

Damit sich Rohrleitungen nicht durchhängen und durchbiegen, müssen sie je nach ihren Abmessungen und ihrem Gewicht in entsprechenden Abständen einwandfrei unterstützt werden. Senkrechte Leitungen werden mit Rohrschellen befestigt, waagrecht liegende Leitungen werden entweder pendelnd aufgehängt oder sie werden auf Rollschlitten gelagert.

Da sich die Rohrleitungen durch die Erwärmung ausdehnen, ist für genügende Ausdehnungsmöglichkeit Sorge zu tragen, da sonst ein Ausbiegen erfolgt. Dies ist besonders bei langen, geraden Rohrstrecken zu beachten. Kommen sog. Federbogen oder andere Federungen zum Einbau, so erfüllen diese ihren Zweck nur dann, wenn die beiden Enden der Rohrleitung festgehalten werden (Festpunkte). Anschlußleitungen dürfen wegen der Gefahr des Abreißens nicht zu kurz sein; auch hier ist federnder Anschluß von Wichtigkeit.

Für eine ausreichende Entwässerungsmöglichkeit der Dampfleitungen ist zu sorgen. Hierzu bedient man sich im Niederdruckfach am zweckmäßigsten der Wasserschleife, weil bei ihr, soweit sie richtig bemessen ist, Dampfverluste unbedingt vermieden werden.

In dem Bild 181 sind drei verschiedene Entwässerungsarten mit Wasserschleifen dargestellt. Die Schleifenhöhe H richtet sich nach dem Dampfdruck. Sie wird mindestens um $\frac{1}{2}$ m höher gewählt als dem Druck in m WS entspricht, um ein Durchschlagen des Dampfes sicher zu verhindern. Der Dampfknotenpunkt D muß selbstverständlich über dem Ablaufpunkt W des Wassers liegen. Kommt eine Doppelschleife zur Anwendung, so soll die obere Umkehrung der Schleife mit einer Belüftung versehen werden. Dadurch wird ein Absaugen des Absperrwassers bei etwaiger Unterdruckbildung verhindert.

Bild 181. Entwässerung von Dampfleitungen.

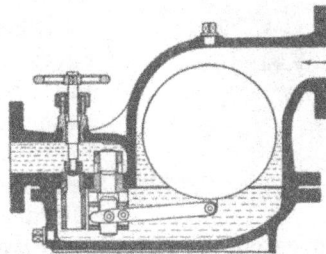

Kommen diese Schleifen wegen Platzmangels oder aus Schönheitsrücksichten oder wegen zu hohen Druckes nicht zum Einbau, so bedient man sich der Kondenstöpfe, der Dampfstauer und der Schnellentleerer usw. In den Bildern 182, 183 und 184 ist je eine Ausführungsart dieser Einrichtungen dargestellt, von denen sich eine sehr hohe Anzahl verschiedener Bauarten auf dem Markte befinden.

Der Kondenstopf (Bild 182) besteht aus einem Gehäuse, in dessen Innerem sich eine Schwimmerkugel befindet. Diese betätigt über einen Hebel ein Ablaufventil oder einen Ablaufschieber. Beim Konden-

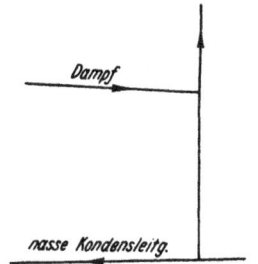

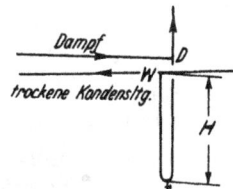

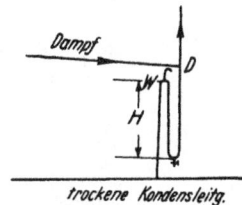

Bild 182. Kondenstopf mit Umführungsventil der Firma F. C. Scheer in Feuerbach.

16*

satanfall füllt sich der Kondenstopf mit Wasser, das den Schwimmer langsam anhebt. Nach Erreichen einer bestimmten Schwimmerstellung wird die Ablauföffnung geöffnet und der Dampfdruck drückt das im Kondenstopf befindliche Wasser in die angeschlossene Kondensatleitung. Der Schwimmer sinkt dann infolge seines Eigengewichtes wieder hinunter und schließt die Ablauföffnung. Bei der beschriebenen Arbeitsweise der Kondenstöpfe sind Dampfverluste nicht ganz zu umgehen. Die Wirksamkeit der Kondenstöpfe ist abhängig

1. von der guten Instandhaltung aller beweglichen Einrichtungen,
2. von der Reinhaltung des Wasserauslaßventils,
3. von der richtigen Führung der Kondensatabflußleitung; diese wird am zweckmäßigsten vom Kondenstopf weg mit Gefälle angelegt; muß sie hochgeführt werden, dann darf der höchste Punkt der Kondensatleitung nicht höher liegen, als dem im Kondenstopf herrschenden Druck in m WS entspricht, damit der Dampfdruck imstande ist, das Wasser wegzudrücken;
4. von der einwandfreien Entlüftungsmöglichkeit des Kondenstopfes, wenn nicht vorher in anderer Weise genügend dafür gesorgt ist.

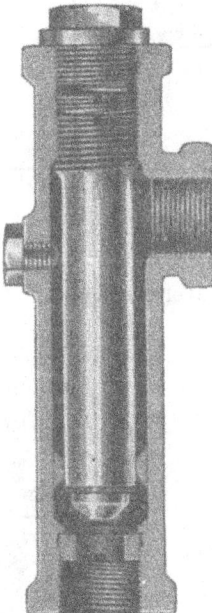

Bild 183. Samson-Dampfstauer.

Die Arbeitsweise des Dampfstauers (Bild 183), der aus einem Gehäuse und einer Ausdehnungspatrone besteht, beruht auf demselben Grundsatz, wie die der Verbrennungs- und der Temperaturregler (s. S. 231), weshalb auf die Beschreibung seiner Arbeitsweise hier verzichtet werden kann. Dagegen soll auf seine richtige Einstellung näher eingegangen werden.

Zum Einstellen des abgebildeten Dampfstauers, der es ermöglicht, Heizeinrichtungen vollständig wasser- und luftfrei zu halten, also die ganze wirksame Heizfläche zu beheizen, ist es erforderlich, daß der Heizkörper unter Dampfdruck steht. Die Patrone wird dann so weit zurückgeschraubt, daß der Dampf durch das Stauergehäuse in die Kondensatabflußleitung frei ausströmen kann. Hiebei werden einerseits etwa vorhandene Unreinigkeiten abgeführt und anderseits nimmt die Patrone, die als Wärmefühler dient, die Temperatur des Dampfes an. In diesem Zustande hat sich der im Innern der Patrone befindliche Federkolben zusammengedrückt und den aus der Patrone vorne herausragenden Ventilkegel vorgeschoben. Nach einigen Minuten dreht man nun die Patrone zunächst so weit hinein, bis man das Gefühl hat, daß der Kegel am Ventilsitz aufsitzt und dreht dann die Patrone so weit zurück, daß aus der geöffneten Kontrollschraube ganz leichte Dampfschwaden entweichen. Die Einstellung ist nun beendet und so getroffen, daß die Arbeitsweise des Stauers einwandfrei vor sich geht; ist Dampf zugegen, so schließt er ab, tritt aber Luft oder Wasser in den Stauer, dann öffnet er. Alle anderen gefühlsmäßigen Einstellungsarten sind zwecklos.

Der Schnellentleerer (Bild 184), eine andere Art Stauer, besteht aus einem Gehäuse mit aufgeschraubtem Deckel und einem innen am Deckel eingeschraubten Metallfederbalg, dessen Boden mit dem Schließkegel fest verbunden ist. In dem Balg befindet sich eine leicht siedende Flüssigkeit, die bei entsprechender Erwärmung verdampft und Druck erzeugt. Durch die Druckbildung wird der Metallbalg gegen das freie Ende hin auseinandergedrückt, wodurch ein Schließen der Abflußöffnung durch den Kegel bewirkt wird. Die Einstellung hat in ähnlicher Weise wie vorstehend beschrieben zu erfolgen.

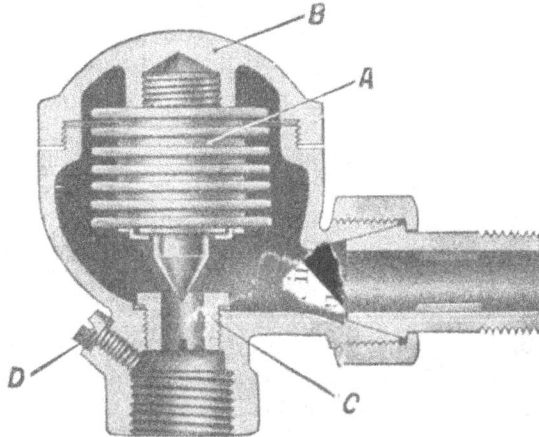

Bild 184. Samson Schnellentleerer.

Wie bereits bei der Besprechung der Heizungsarten erwähnt, ist auch für ausreichende Ent- und Belüftungsmöglichkeit der Rohrleitungen und Heizkörper zu sorgen. Bei Kondensatleitungen, die keine Dampfschwaden enthalten, bedient man sich gewöhnlicher, offener Rohrbögen, die als Rohrschleifen auf die Kondensatleitung aufgesetzt werden. Sind aber mit der Entlüftung unter Umständen Dampfverluste verbunden, so verwendet man selbsttätige Ent- und Belüfter. Ihre Arbeitsweise ist die gleiche wie die der Dampfstauer. Bei wasserführenden Leitungen verbindet man den Entlüftungspunkt mit einem Entlüftungstopf, an dem ein Lufthähnchen angebracht ist.

XII. Verhaltungsmaßregeln zur Führung eines wirtschaftlichen Betriebes bei Heizungsanlagen.

1. Die Kesselheizflächen sind wasser- und feuerseitig möglichst rein zu halten; verschmutzte Heizflächen bedingen einen niedrigeren Kesselwirkungsgrad und damit einen erhöhten Brennstoffaufwand. Starker Wassersteinansatz kann bei gußeisernen Gliederkesseln außerdem Gliederbrüche verursachen.

2. Die Leistung der Kessel darf nicht zu hoch gesteigert werden, da auch hierdurch ein unnötiger Mehrverbrauch an Brennstoff eintritt; umgekehrt hat es keinen Zweck, bei geringer Leistung eine unnötig große Kesselheizfläche in Betrieb zu halten; jeder zuviel unter Feuer stehende Kessel hat einen Abstrahlungsverlust, einen Abgasverlust und einen Rückstandsverlust.

3. Das An- und Aufheizen der Kessel soll langsam erfolgen. Beim raschen An- und Aufheizen, bei dem also mit viel Zug gearbeitet wird, ist der Abgasverlust und damit auch der Brennstoffverbrauch groß. Im normalen Betrieb ist der Kaminschieber so einzustellen, daß der Druck bzw. die Temperatur gerade gehalten werden kann.

4. Der Feuerungsbetrieb ist ordentlich zu führen; dazu gehört u. a. das gleichmäßige Bedeckthalten des Rostes, das rechtzeitige Reinigen des Rostes von Asche und Schlacke und das gleichmäßige Abbrennen beim gleichzeitigen Betrieb mehrerer Kessel.

5. Um den kleinkörnigen Abfall des Brennstoffes mitverbrennen zu können, ist er in die Kessel so aufzugeben, daß er zwischen stückigem Brennstoff zu liegen kommt; er darf aber nicht in zu großen Mengen aufgegeben werden, um den richtigen Abbrand nicht zu stören.

6. Brennbare Bestandteile sind aus der gezogenen Schlacke auszulesen und wieder zu verfeuern.

7. Bei Durchbrand bei Nacht ist der Feuerungsbetrieb so einzustellen, daß der Verbrauch an Brennstoff möglichst gering bleibt.

8. Undichtheiten auf dem Gasweg vom Kessel bis zum Schornstein sind raschestens zu beseitigen.

9. Schadhafte Isolierungen sind wegen der dadurch auftretenden Wärmeverluste sofort auszubessern.

10. Die Wärmeverbrauchseinrichtungen sind daraufhin zu untersuchen, ob ein etwa vorhandener Wärmeschutz instand ist und ob keine Dampfverluste auftreten. Insbesondere ist den Kondenstöpfen, Dampfstauern und Entlüftern eine gebührende Aufmerksamkeit zu schenken. Befinden sich diese Einrichtungen nicht in ordnungsgemäßem Zustande, so kann viel Wärme verloren gehen.

11. Endlich ist auch darauf zu achten, daß nicht durch unnötiges Offenhalten von Fenstern und Türen Wärme vergeudet wird.

Sachverzeichnis.

WÄRMETECHNISCHE BERECHNUNG
DER FEUERUNGS- UND DAMPFKESSELANLAGEN

Taschenbuch mit den wichtigsten Grundlagen, Formeln, Erfahrungswerten und Erläuterungen für Büro, Betrieb und Studium

Von Fachingenieur Friedrich Nuber

8. Auflage. 177 Seiten, 24 Abbildungen. Kl.-8°. 1939. Kartoniert RM. 3.80

Die 8. Auflage ist neu durchgesehen und der fortschreitenden Entwicklung angepaßt. Zur rascheren Auffindung der zum Teil im ganzen Buch verstreuten 48 Rechnungsbeispiele ist ein Verzeichnis aller Beispiele eingefügt worden. Neben einigen Erweiterungen des Teile „Hochdruckdampf" sind insbesondere zwei neue Gesamt-Rechnungen ispiele aus diesem Gebiet als neu zu erwähnen.

Mit 48 Rechnungsbeispielen

RECHENTAFELN FÜR DEN DAMPFKESSELBETRIEB

19 Seiten Text, 40 Rechentafeln mit dreisprachigen Erläuterungen (deutsch, englisch, französisch). Din-A 5. 1935. RM. 6.—

I. Überwachung des Brennstoffs: 1. Eigenschaften deutscher Kohlenarten – 2. Einfluß der flüchtigen Bestandteile – 3. Umrechnung auf Reinkohle – 4. Heizwert aus der Zusammensetzung der Kohle – 5. Oberer und unterer Heizwert – 6. Eigenschaften flüssiger und gasförmiger Brennstoffe – 7. Volumen und Gewicht des Brennstoffs. – II. Überwachung der Feuerung: 8. Feuerungsleistung – 9. Rauchgasvolumen – 10. Umrechnung des Gasvolumens – 11. Theoretisches Rauchgas- und Luftvolumen – 12. Umrechnung auf Molzahl – 13. Luftüberschußzahl – 14. Verbrennungswärme – 15. Wärmeinhalt und Luftgehalt der Rauchgase – 16. Taupunkt der Rauchgase – 17. Schornstein-Zugstärke. – III. Überwachung des Kesselwassers: 18. Natronzahl – 19. Umrechnung der Härtegrade – 20. Salzgehalt des Kesselwassers – 21. Berichtigung der Dichte – 22. Gasgehalt des Wassers – IV. Überwachung der Dampferzeugung: 23. Kesselleistung – 24. Sattdampf – 25. Wärmeinhalt von Dampf und Wasser – 26. Spezifisches Gewicht von Dampf und Wasser – 27. Höchste Verdampfungsfähigkeit – 28. Dampf- und Wasserraum von Behältern – 29. Gefälle-Dampfspeicherung – 30. Gleichdruck-Dampfspeicherung. – V. Verluste und Kosten der Dampferzeugung: 31. Verlust durch Abgaswärme – 32. Verlust durch unvollkommene Verbrennung – 33. Verlust durch Brennbares in den Rückständen – 34. Verlust durch Strahlung und Leitung – 35. Verdampfungszahl und Wirkungsgrad – 36. Vergleichswerte für Wirkungsgrad und Verluste – 37. Wärmeausnutzung im Vorwärmer – 38. Energiebedarf für Hilfsmaschinen – 39. Brennstoffkosten – 40. Kapitalkosten

R. Oldenbourg / München 1 und Berlin

www.ingramcontent.com/pod-product-compliance
Lightning Source LLC
Chambersburg PA
CBHW081535190326
41458CB00015B/5561